中等职业教育改革创新示范教材

电气设备运行与控制专业创新型系列教材

电气照明施工与维护

（第三版）

主　编　鲁晓阳　金国砥
主　审　鲁其银

U0346824

科学出版社

北京

内 容 简 介

"电气照明施工与维护"是电气设备运行与控制专业的一门专业课程，其目标是培养学生具备照明设计、安装、调试等基本技能，并为学生后续课程的学习打基础。本书图文并茂、通俗易懂、可操作性强。全书分为常见光源的识别、触电现场救护及火灾扑救、导线连接与绝缘层恢复、照明设备的安装、照明设计与施工、照明故障分析与排除、照明管理与节约用电 7 个项目，共 19 个任务。在每个任务中，均设有"导读卡"（讲授知识点）、"实践卡"（开展实践操作）、"探讨卡"（引导拓展提高）环节，同时穿插有"议一议""查一查""做一做""评一评"等演练；项目学习结束后配有"开卷有益"（项目小结）、"大显身手"（思考与练习）环节，供读者检查所学知识掌握程度。

本书配有课件、微课、习题答案等数字化资源供教学参考，不仅适合作为职业技术院校电气设备运行与控制等机电类相关专业的教材，也可作为从事电气照明施工与维护人员的岗前培训和自学用书。

图书在版编目（CIP）数据

电气照明施工与维护/鲁晓阳，金国砥主编. —3 版. —北京：科学出版社，2024.6
　ISBN 978-7-03-078343-1

Ⅰ.①电⋯　Ⅱ.①鲁⋯　②金⋯　Ⅲ.①电气照明　Ⅳ.①TM923

中国国家版本馆 CIP 数据核字（2024）第 068926 号

责任编辑：陈砺川 / 责任校对：王万红
责任印制：吕春珉 / 封面设计：东方人华平面设计部

科 学 出 版 社 出版
北京东黄城根北街 16 号
邮政编码：100717
http://www.sciencep.com
三河市骏杰印刷有限公司印刷
科学出版社发行　各地新华书店经销
*
2010 年 3 月第一版　2024 年 6 月第十九次印刷
2013 年 9 月第二版　开本：787×1092 1/16
2024 年 6 月第三版　印张：16 1/2
字数：380 000
定价：52.00 元
（如有印装质量问题，我社负责调换）
销售部电话 010-62136230　编辑部电话 010-62135763-1028

第三版前言

本书依据有关国家职业技能标准和行业职业技能鉴定规范,结合职业学校的教学实际情况编写。本书可供职业学校机电类、电类专业"电气照明施工与维护"课程使用,也可作为相关岗位的培训教材。

本书第二版经全国中等职业教育教材审定委员会审定为中等职业教育改革创新示范教材。第三版是在前一版的基础上,重新梳理职业教育的培养目标,本着"就业与升学并重"的宗旨,坚持"以满足学生多元化发展需要为宗旨,以核心能力培养为本位",与行业、企业的技术发展接轨,与课程标准、职业技能标准对接,融入岗课赛证的教学内容,更加贴近职业学校教学实际,继续遵循"理论教学'由外到内',专业教学'先会后懂',工艺操作强调'习得',技能训练'低起点运行,高标准落实'",全面提高学生素质。本书还增加新知识、新设备、新技术、新工艺,配以相应图文,以方便教师教学及学生的学习。

本书具有以下特点:

(1)坚持立德树人,促进学生全面发展,深入挖掘思政元素,重视课程思政。在小栏目中,有机融入与课程内容相关的科技发展、节能环保、安全教育、工匠精神等内容,体现爱国主义和职业素养教育,弘扬专业精神和职业精神,将党的育人方针落实到课程中。

(2)在教学内容上与时俱进,强调与劳动部门的技能鉴定标准紧密相扣,体现实用性、安全性等原则。比如,除保留了目前市场上依然在使用的荧光灯具的相关知识外,增加新知识、新技术,增添了 LED 灯具、新能源灯具的安装,以及智能控制灯具配置的内容,还为节能减排提供 LED 改造方案,对电气作业安全防范措施和安全用电案例进行了重点点评等。

(3)在形式上,通过大量照明电路应用场景和施工实例,点燃学生学习兴趣。在行文中力求文句简练、通俗易懂、图文并茂。实训过程配有详细的实训操作步骤和示意图,增强实训项目的可操作性。通过引入世界职业院校技能大赛"新型电力系统运行与维护"赛项"照明线路设计与施工"项目,使课程与技能大赛无缝对接。

本书教学建议总学时为 64 学时,各学校可根据教学实际灵活安排。各部分内容学时分配参见下表。另外,读者可从www.abook.cn网站下载与本书配套的数字化资源。

序号	课程内容	学时数			
		讲授	实践	复习评价	合计
1	常见光源的识别	2	2	2	6
2	触电现场救护及火灾扑救	2	2	2	6
3	导线连接与绝缘层恢复	3	3	2	8
4	照明设备的安装	5	5	2	12

续表

序号	课程内容	学时数			
		讲授	实践	复习评价	合计
5	照明设计与施工	5	5	2	12
6	照明故障分析与排除	4	4	2	10
7	照明管理与节约用电	2	2	2	6
8	灵活课程			4	4
	总计	23	23	18	64

　　本书由鲁晓阳、金国砥任主编，负责全书内容统筹及主要编写工作，杭州仪迈科技有限公司的技术总监、高级工程师鲁其银审核了稿件中的主要内容。其中，鲁晓阳、金国砥编写项目一～项目四，沈伟峰、倪浩编写项目五，盛鸿峰、杨勇编写项目六，张婧博、虞建刚编写项目七，金成负责插图工作，全书由鲁晓阳统稿。本书的编写还得到了杭州市中策职业学校、杭州市临安区职业教育中心、浙江启才智能装备有限公司等单位领导的关心与支持，在此对这些专家和同志致以诚挚的谢意。

　　由于编者水平有限，教材中难免存在不足之处，恳请广大读者批评指正。

编　者
2024 年 5 月

第一版前言

职业技术教育的教学质量主要表现在学生专业技能技巧的熟练程度上。因此，实践教育是职业技术教育必不可缺的一种教学形式。加强对学生操作技能的训练，使他们在动手实践中练就过硬的本领，是缩短由学生到劳动者之间的距离、提高职业学校教育水平的一个重要而关键的环节。

本教材紧扣中等职业学校培养目标和专业特点，在编写过程中，注意对接劳动部门制定的职业技能等级鉴定标准，突出学习（或培训）人员的能力本位、理论联系实际的要求，强化操作项目的权重，避免冗长乏味的叙述，行文简练、通俗易懂，具有以下几个特点。

一、图文并茂。教材使用了大量的图表，力求清晰、醒目，便于阅读，内容贴近生活实际，使学生容易接受。

二、操作性强。教材提供了大量的操作实例，步骤清晰，便于实践。在每一单元后配有判断题、填空题和问答题，供学生复习和自我检查。

三、深化改革。教材采用了新课程体系和编排次序，突出重点，讲究实用，注重学做合一、理论联系实际，符合中等职业学校学生的认识规律。

本教材分为认识身边的光源、导线连接与绝缘层恢复、照明设备的安装、照明设计与施工、照明故障分析与排除、电气设备管理与节约用电、触电现场救护及火灾扑救 7 个单元，共 16 个任务。它体系完整，取材适当，插图醒目，较好地体现了科学性、先进性、系统性和效用性，能满足生产第一线对高素质劳动者和专业人才的培养需要，符合我国中等职业教育的现状和未来发展需要。本教材不仅适合作为职业技术学校电气运行与控制等专业的教材，也可以作为技术工人岗前培训教材及自学用书。

本教材由金国砥、刘顺法、杨心珉、严鸣峭编写，金成负责插图，由金国砥负责统稿。在编写过程中，还得到了鲁晓阳、俞艳、陈业、余帆等同志的支持和帮助，在此表示真挚感谢！

由于编者水平有限，书中难免存在不足之处，恳请广大读者批评指正。

编　者

2009 年 12 月

目 录

项目六　照明故障分析与排除 ·· 189

项目七　照明管理与节约用电 ·· 214

项目一

常见光源的识别

项目情景

光是大自然给予人类的最美丽的礼
物，它赋予了世界无限的生机与活力，让
人们感受到宁静与美好。在光的照耀下，
一切都变得如此美丽动人，让人心怀感激
与敬畏，体会到生命的意义和价值。在黑
夜里，中国制造的灯具为世界各地带来光
明，为人们提供舒适、安全、明亮的环境。
现在就让我们来学一学、认一认给生活和
工作提供光明和便利的各种光源吧！

项目目标

➢ **知识目标**

（1）认识光的本质及光与人类的关系。

（2）认识眩光对人的危害。

（3）了解光源的沿革。

（4）认识发光二极管（light emitting diode，LED）在电气照明中的应用。

➢ **技能目标**

（1）掌握电光源种类及特性。

（2）会正确选用电光源。

（3）能采取相应措施避免眩光的伤害。

（4）掌握 LED 在电气照明中的应用。

项目概述

人类的生活离不开光，舒适的光线不但能提高人的工作效率，而且有利于人的身心
健康。电气照明技术实际上是指对光的应用和控制等技术。本项目主要介绍自然光、电
光源的一些基本概念和原理，涉及光的本质、光源种类、光导材料等内容。

任务一　自然光的认知

任务目标▶　（1）认识光的本质及光与人类的关系。

（2）认识眩光对人的危害。

（3）了解光源的沿革。

（4）了解光纤传输特点。

任务描述▶　当太阳普照大地，苍穹一片明亮时，你可曾想过，天空中的亮光是怎样形成的？某个白天，天空却突然变得漆黑一片，路灯纷纷亮起，家家户户打开了电灯，俨然是一片夜晚的景色，你是否思考过这是为什么？

你了解光的本质吗？你知道眩光的危害性吗？你会正确选用电光源吗？请你通过本任务的学习，去认识和掌握它们吧！

导读卡一　关于光的本质

光是人类认识外部世界的工具，是信息的理想载体和传播媒质。据统计，人类感官收到外部世界的总信息中，80%以上是通过眼睛接收的，而光为眼睛获取信息提供了重要条件。

光的本质是电磁波。凡是能发射出一定波长范围的电磁波（包括可见光与不可见光）的物体，称为"光源"。可见光源多用于日常照明与信号显示，不可见光源用于医疗、通信、农业与夜间照相等特殊场合。光有自然光和人造光之分，照明光源一般是人造光源。

光是能量存在的一种形式，可以在没有任何中间媒介的情况下向外发射和传播，这种能量向外发射和传播的过程称为光的辐射。在一种均匀介质（或无介质）中，光将以直线的形式向外传播，称为光线。在真空中，光的传播速度约为 3×10^8 m/s。

现代物理研究证明：光具有波粒二象性（是指某物质同时具备波的特质及粒子的特质），光在传播过程中主要显示出波动性，而在与物质相互作用中，主要显示出粒子性。因此，光的理论也有两种，即光的电磁理论和光的量子理论。

人之所以能感觉出物体的颜色，是因为物体吸收了该波长的可见光。通常人们把包含多种波长的光，称为多色光。太阳光就是从红色到紫色的 7 种色光的混合。把只含单一波长的光，称为单色光。

就光谱而言，光覆盖了电磁波谱一个相当宽（从 X 射线到远红外线）的范围。人类肉眼所能看到的可见光只是整个电磁波谱中的一小部分。

在光生物物理学中，可见光的波长为 400～760nm。不同波长的可见光能给人以不同的色彩感觉，一般来说：400～450nm（紫色）；450～490nm（蓝色）；490～530nm（青色）；530～560nm（绿色）；560～600nm（黄色）；600～650nm（橙色）；650～760nm（红色）。

导读卡二 眩光的危害性

我们知道太阳是自然界中最大的光源，而人类除在白天进行生产和学习外，也要利用夜间进行生产和学习活动，因此人们的活动必须借助人造光源来"延长"白天。而且，白天的工作和学习，有时也需要用人造光来补充阳光的不足。人造光与我们的工作、学习和日常生活有着极为密切的关系。良好的照明装置和合理的亮度，可以减少视力疲倦，保护眼睛，有利于工作、学习和日常生活。因此，对光的质量应给予足够的重视。

在日常生活中，人们有时会遇到一些使人眼睛睁不开、看不清物象，甚至会损伤眼睛的光。我们把这种光称为眩光。

根据对人视觉影响的程度，眩光可分为失能眩光和不舒适眩光。降低视觉功效或可见度的眩光称为失能眩光。失能眩光会降低目标和背景之间的亮度对比，使视力下降，甚至丧失视力。能引起人眼不舒服的感觉，但并不一定降低视觉功效或可见度的眩光，称为不舒适眩光。不舒适眩光会影响人的注意力，长时间就会使人增加视觉疲劳。所以，在视野范围内，人们要尽量避免眩光对眼睛的伤害。特别是青少年处于长身体、学文化的关键阶段，更不能忽视眩光的危害。例如，娱乐场所过分应用强光技术（图1-1），其炫目的彩光会影响人的视神经和中枢神经系统，使人出现头晕眼花等症状，也会引发人产生白内障。

图 1-1 不可忽视激光灯饰的污染

避免眩光伤害的措施：一是限制光源的亮度；二是光源（灯具）悬挂的高度要适当；三是合理地分布光源，避免光源直接进入视线；四是适当提高环境的亮度。表1-1所示是在不同场所正确使用光源，使光与空间形式完美体现的范例。

表 1-1 电光源使用范例

场所	示意图	说明
客厅、室内		根据家居或室内装潢的主题，配用不同的灯饰，营造舒适优美的室内环境。在家中欣赏影片时把客厅的灯光调得柔和些；与亲友共聚时把灯光调亮些，营造热闹气氛
卧室、客房		舒适的休息环境对需要时常外出工作和学习的你来说非常重要。经过一天的工作或学习，回到卧室，将灯调出不同亮度、色光，营造舒适环境，可以驱走一天的疲倦

续表

场所	示意图	说明
工作、娱乐场所	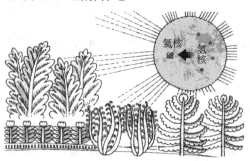	科学地运用光与空间的搭配,不仅能令你心情舒畅,更能让你在紧张的工作环境中效率倍增,在欢快的娱乐环境中尽情享受

导读卡三　自然光现象的解释

1. 太阳的光和热是怎样产生的

在夏天,我们感到太阳的炎热;在冬天,我们感到太阳的温暖,这已经司空见惯,不足为奇了。如果要问,太阳的光和热是怎样产生的(图1-2),或许你不一定能回答得出来。让我们听一听"书本先生"的解释吧!

图1-2　太阳给万物带来了光明和温暖

书本先生的提示

对于太阳能源之谜,自古就有人提出。不过在古代,由于科学技术还不发达,对此问题找不出正确答案。直到1938年,美国科学家贝蒂提出太阳能源的科学理论,才解开了这个谜。贝蒂认为,太阳能源来自太阳内部的热核聚变。

确实,太阳的能源不在其表面,而是在它的核心部分。太阳中心的温度高达$(1.5×10^7)\sim(2×10^7)$℃,压强又十分巨大。在高温、高压条件下,物质的原子结构遭到了破坏,氢原子核通过一些原子核反应结合成氦原子核,即每4个氢原子核结合成1个氦原子核,同时释放出巨大的能量。这个过程在物理学上称为热核聚变。热核聚变反应比化学燃烧释放的能量要大100万倍以上。后来,科学家们又发现太阳上氢的含量极为丰富,足以进行100亿年以上的热核反应而不会停止。也就是说,太阳内部的热核聚变是太阳发光发热的真正原因。

2. 为什么早晨和傍晚的太阳特别红

正午时分，我们抬头看太阳，太阳发出强烈而刺眼的白光，会使我们睁不开眼睛。但是，当我们在清晨或傍晚看太阳时，会发现太阳射出的却是柔和的红光，如图 1-3 所示。难道说，太阳也会变颜色吗？

图 1-3　早晨和傍晚的太阳显得格外红

书本先生的提示

太阳射出的光有红、橙、黄、绿、青、蓝、紫 7 种，当 7 种色光同时射入我们的眼帘时，我们看到的太阳光是白色的。正午，太阳在我们头顶的正上方，光线射入大气距离较短，因此 7 种色光都能透过大气，看上去自然是白色的。而早晨和傍晚，太阳光从斜方向射入大气，通过大气的距离较长，黄、绿、青、蓝、紫这几种色光较容易被大气吸收、反射、散射，因此，大气越厚，这些颜色的光就越难穿过大气来到地面。而红色和橙色的光不易被大气吸收，它们能冲破大气的层层阻挡到达地面。因此，早晨和傍晚看到的太阳光便显得格外红。

当然，不仅仅是早晨和傍晚，在大雾天或大气中的杂质很多的时候，太阳光也会呈现出红色。

3. 晴朗的天空为什么呈蔚蓝色

我们之所以能看到明亮的天空，是由于太阳光在穿过大气层，碰到大气中的气体分子、微小尘埃和微小的冰晶时，不停地向四面八方散射，照亮了我们周围大千世界的缘故，如图 1-4 所示。为什么我们常见的晴朗天空，总是呈蔚蓝色的？

图 1-4　晴朗的天空和明亮的世界

书本先生的提示

在太阳光的红、橙、黄、绿、青、蓝、紫 7 种色光中，红、橙、黄、绿色光不易被大气散射，能够直接穿透大气层很快到达地面。在离地面 10km 以上的大气中，青紫色的光容易被吸收和散射，而在 10km 以下的大气中，最容易散射的是蓝色的光。所以，晴朗的天空总是呈蔚蓝色的。

4. 云层为什么会使白天变成黑夜

2023 年的某个白天，杭州西湖明净的上空，突然，乌云铺天盖地地涌来，云层越来越浓，越来越低，天色也越来越暗，顷刻间，杭州市漆黑一片，伸手不见五指，如图 1-5 所示。于是，路灯纷纷亮起，家家户户打开了电灯，俨然是一片夜晚的景色。一刻钟后，云层渐渐散开、消失，天空转亮，返回白天。云层为什么会使白天变成黑夜呢？

书本先生的提示

原来，云层跟"反射镜"一样，对太阳的入射光有反射作用。当太阳光投射在云层上，部分光线被其反射回宇宙空间，削弱了到达地面的阳光。云层越厚，反射能力越强，到达地面的阳光就越少。这天飘临杭州的乌云是一块积雨云，厚度达 16km。如此厚的云层足以将阳光拒之地表外，使当时杭州城白天沦为黑夜。

5. 黎明前为什么天空特别黑暗

万物生长靠太阳。太阳能给人类带来光明和温暖，它是新一天的开始。然而，黎明前的天空为什么特别黑暗（图 1-6）？

图 1-5　某个白天杭州西湖的上空一片漆黑　　　图 1-6　黎明前天空特别黑暗

书本先生的提示

　　原来，地球上的空气分子和微小尘埃分布是不均匀的，靠近地面的空气分子和微小尘埃较多，在高空则稀少。天亮以前，太阳光照射在当地的高空，那里空气稀薄，散射作用微弱，所以这时天还没"亮"，人们只能看到银河星光闪闪。随着地球的转动，太阳光逐渐往下照射。当太阳光渗入 2000～3000km 高空时，已能散射出很微弱的亮光。这些亮光虽然不能射到地面，但足以把星光冲淡、淹没。这时，天空中原先的星光也不见了，地面又没有增加亮光，于是变得更加昏暗。所以黎明前一刹那比夜里其他时间更昏暗。

议一议

　　对自然光的认识。

查一查

　　上网或翻阅资料，查找有关新型电光源及其应用的相关资料。

　　（1）新型电光源的性质：＿＿＿＿＿＿＿＿＿＿＿＿＿＿＿＿＿＿＿。

　　（2）新型电光源的应用：＿＿＿＿＿＿＿＿＿＿＿＿＿＿＿＿＿＿＿。

温馨提示

　　通过上网学习，你眼前的世界将会变得越来越明朗。

实践卡一　牛奶与水的天空

　　分散手电筒的光，了解为什么天空是蓝色的。

　　（1）实训所需器材。

　　①透明、带盖子的大玻璃瓶或玻璃罐；②清水；③牛奶；④汤匙；⑤手电筒；⑥2～3 本厚书。

只需少量牛奶就可以做这个实验

图 1-7 瓶子、牛奶和汤匙

（2）实训步骤。

① 把水倒进带盖的玻璃瓶或玻璃罐中，基本灌满，然后加入半汤匙牛奶。盖上盖子并摇晃，让牛奶和水完全混合。图 1-7 是实验所用的装了水的瓶子、牛奶和汤匙。

② 把手电筒放在书本上，让光从一侧射向装有牛奶和水的瓶子。从瓶子前方观察瓶中的液体。关上手电筒，再打开，原来乳白色的混合液体现在看起来颜色是不是不同？如果不是，可再加一点牛奶，直到混合液体的颜色呈现出天空那样的淡蓝色。

③ 如果已经能看见淡蓝色的光，试着往瓶里加更多的牛奶。液体的颜色会从淡蓝色变成淡淡的橙色，很像日落时天空的颜色。

☞ 小窍门   如果你无法看到落日红色的效果，试试透过容器直视手电筒。

（3）重点提示。

蓝色的天空——空气分子散射太阳光，形成蓝色的天空。这种散射作用对白光中的蓝色光和紫色光最为强烈。因为我们的眼睛对紫色光不是很敏感，所以只看得见从白光中分离出来的蓝色光。实验中的牛奶颗粒能制造出同样的效果。

深蓝的天空——空气中大量的水汽会使天空的蓝色变淡，所以，当空中大部分的水汽形成云或霜之后，天空的蓝色变深。

实践卡二 造出自己的彩虹

试着让阳光穿过一碗水，造出自己的彩虹。

（1）实训所需器材。

①浅口的碗（或盘子）；②能放在碗里的小镜子；③一块油灰（或橡皮泥）；④纸张；⑤低黏度的胶带。

（2）实训步骤。

① 选一个阳光灿烂的日子，把碗放在阳光强烈的地方，如窗台或桌子上。把镜子斜放在碗里，靠着碗边，并用油灰或橡皮泥固定，如图 1-8 所示。

② 往碗里倒水，水深约 2.5cm，没过镜子的下半部分。转动碗，直至可以看到阳光反射到附近的墙面上。

③ 墙面上会出现镜子反射的普通白光和水反射形成的彩虹。如果在墙上贴一张白纸，彩虹会显得更清晰。

（3）重点提示。

彩虹是天气造成的视觉效果中最美丽的一种。当白色的太阳光照射在悬浮的雨滴上时，雨滴折射光线，把光线分离成光谱中的各种色光，于是彩虹就出现了。我们只有在阳光和阵雨同时出现的时候才能看见彩虹，因为这时的云是一片一片的，而不是布满天空，阳光可以从云后钻出来，照射在雨滴上。彩虹总是出现在与太阳相反的方向。彩虹（图1-9）弧线的内侧是紫色光，外侧是红色光，蓝色光、绿色光、黄色光、橙色光几种颜色在中间。弧线外侧的天空显得比较暗，我们有时会在明亮的彩虹以外隐约看见另一道虹，颜色排列顺序正好相反。

图1-8　将镜子斜放在碗里

图1-9　自然界出现的彩虹

实践卡三 **分解出七色光**

让白光线穿过三棱镜，喜见七色光。

（1）实训所需器材。

①三棱镜（或一块三角形的玻璃）；②小镜子。

（2）实训步骤。

① 选一个阳光灿烂的日子，把三棱镜放在窗台或桌子上，把小镜子斜放在碗里。

② 用小镜子将强烈的白光线穿过三棱镜时，就会分离出美丽的七色彩虹光谱，如图1-10所示。

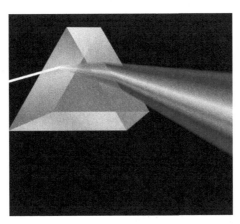

图1-10　三棱镜分离出美丽的光谱

（3）重点提示。

阳光是由 7 种色光叠加的复色光。当来自空中的白色光线穿过玻璃或水时，光线会被折射。不同色光的折射程度不同，于是光线分离成含有彩虹中各种颜色的光谱。雨滴以同样的方式分离光线，也会形成彩虹。

｜评一评｜

请上网或翻阅资料并完成上述 3 个小实验，进一步加深对光本质的认识，并将收获或体会写在表 1-2 中，同时完成评价。

表 1-2　光的认识及实验总结表

课题	光的认识及 3 个小实验							
班级		姓名		学号			日期	
训练收获或体会								
训练评价	评定人	评语				等级		签名
	自己评							
	同学评							
	老师评							
	综合评							

探讨卡一　光导材料——光纤

1927 年，科学家提出用一种透明度很高、像蛛丝一样粗细的玻璃丝——玻璃纤维，这种玻璃纤维由内芯和包皮两层组成，来传导光线，人们称这种玻璃纤维为"光导纤维"，简称"光纤"。光可以在光纤中自由地弯曲前进，能把从光纤一端射入的光线传到另一端。

与传统的电缆相比，利用光纤传输信号具有许多优势。首先，光纤通信具有传输容量大、传输损耗小、不受电磁干扰、体积小、质量轻、便于铺设等一系列优点，且制造光纤的主要原材料是石英砂，在地球上储量丰富，极大地节省了铜材料；其次，电缆传输损耗大，每隔一定距离就要设置一个放大器，而光纤传输损耗小，传输距离长，这就大大减少了传输线路中的费用；再次，在盛夏或严冬，电缆因温度原因，会影响传输信号的质量，而光纤不受电磁干扰和周围环境变化的影响，因此能确保传送高质量的信号。

光纤作为一种重要的信息传输和传感技术，在各个领域都有着广泛应用（表 1-3），为现代社会的发展和进步提供了重要支撑。

表 1-3 光纤的实际应用

领域	实际应用
通信领域	光纤通信是光纤技术最主要的应用之一。光纤作为信息传输的介质，可以实现高速、大容量的数据传输，被广泛应用于电话、互联网、电视、数据中心等领域
医疗领域	光纤在医疗领域有着重要应用，如光纤内窥镜、激光手术系统等。通过光纤技术，医生可以进行微创手术、诊断和治疗，提高了医疗效率和减少了患者的痛苦
照明领域	光纤照明系统可以将光线从光源传输到需要照明的地方，被广泛应用于建筑照明、景观照明、汽车照明等领域。光纤照明具有节能、环保、光线柔和均匀等优点
传感领域	光纤传感技术可以实现对温度、压力、应变等参数的监测，被广泛应用于工业自动化、航空航天、环境监测等领域
国防领域	光纤传感技术在军事领域有着重要应用，如光纤陀螺仪、光纤水听器等设备可以用于导航、侦察、通信等军事用途

探讨卡二 **激光的应用**

1. 激光是现代科技舞台上的一颗明星

所谓激光是指由激光器产生的光。激光是在 1960 年诞生的，但是，激光技术的发展和应用前景却极为诱人，如激光手术、激光鉴别古董真伪、激光切割、激光雷达、激光采矿、激光诱发育种等。它是现代科技舞台上的一颗明星。

激光具有以下显著的特点。

（1）亮度大。世界上什么光源最亮？有人可能会说太阳光最亮。实际上，有的激光器发射的光的亮度，比太阳表面的亮度还要高几十万倍至几百亿倍。

（2）单色性好。太阳光和灯光等复色光，能分解为红、橙、黄、绿、青、蓝、紫 7 种单色光。而激光是目前最好的单色光源，它的单色性比一般单色光源的单色性高 1 万倍。

（3）方向性强。太阳、电灯等一般的光源，它们发出的光是均匀地射向四方，而激光几乎是像一条直线那样沿着一个方向传播。

（4）相干性高。所谓相干性高，就是说，激光器所有点发出的光，宛如从一个点发出的光一样，具有相同的频率、相位和振动方向。

专家认为，激光是继原子能、计算机、半导体之后，20 世纪的又一项重大科技发明。同学们，激光为什么是现代科技舞台上一颗明星的问题，你能回答吗？让我们进一步去看书、上网了解激光的应用吧！

2. 激光武器有很强的杀伤力

激光武器之所以有很强的杀伤力，凭借的是它的三大绝招。

（1）烧蚀。由于激光单色性好，能量极高，一旦射向目标，所击中部位即刻气化，导致目标发生热爆炸。

（2）激波。当目标遭到照射产生汽化的瞬间，气体迅速喷射形成激波。目标在激光和激波的夹击下，顷刻间爆裂飞溅。

（3）辐射。激光武器攻击目标的同时，还能发射紫外线和 X 射线，其辐射效应对目标内部的电子、光学器件造成的损伤破坏，比激光直接辐射的破坏更为有效。

正因为激光有这些特性，不论在战略武器还是在战术武器领域，以"光弹"作为未来作战的武器，将向人们展示出明天战场的新场景，如图 1-11 所示。

图 1-11　激光在军事上的绝招

3. 激光刀是外科医生手中的"利刀"

激光可以作为外科医生的"利刀"，人们称它为"激光刀"，如图 1-12 所示。激光是由激光器发射出来的一束光，它通过可以自由弯曲的玻璃纤维或塑料纤维传输，在纤维端部透镜的聚焦作用下，变成直径只有几埃的"尖锐"光束。这种锋利的激光刀，不仅可以切割大块组织，还可以切割小小的细胞。外科医生可以利用激光刀进行外科手术。现在，激光刀已在普外科、胸外科、神经外科、烧伤外科、泌尿外科等科室得到广泛应用。

图 1-12　激光刀已成为外科医生的得力武器

4. 激光能鉴别文物、古董的真伪

早在 1859 年，德国科学家基尔霍夫发明了光谱分析法。他发现，每种元素的原子都会发射出一种特定波长的光波，形成一组特定的光谱线。不同的原子有不同的特征曲线。正如每个人都有独特的指纹一样，每种元素也有其独特的光谱线。因此，只要看到了某种特征的光谱线，就可以确定存在某种元素。于是考古人员就利用这个原理，将激光聚焦在文物、古董表面的一个极其微小的区域，并使那一点气化，直接观察蒸气云所发的光，然后再通过光谱仪观察光谱，通过对文物、古董的成分和年代进行分析鉴定，就能准确地得出结论，如图 1-13 所示。

图 1-13　激光帮助人们鉴别文物、古董的真伪

由于用来分析的取样点非常小，仅为 $0.01mm^2$，所以用这种方法鉴别真伪，文物、古董自身不会受到损坏。人们把这种方法称为"激光微区光谱分析法"。

任务二　电光源种类与选用

任务目标▶　（1）认识 LED 在电气照明中的应用。
（2）掌握电光源的种类及特性。
（3）会正确选用电光源。
（4）掌握 LED 在照明中的优势。

任务描述▶　　　电光源是人类的发明与创造，是现代人生活中不可缺少的光源。夜幕降临时，它把原本黑暗的天空照得通明，在它的"照看"下，人们能够继续工作和学习，也能尽情享受紧张忙碌后的愉悦。
　　　你了解电光源的种类及特性吗？你知道电光源的铭牌标注吗？你会正确选用电光源吗？请你通过本任务的学习，去认识和掌握这些知识吧！

电光源的种类及特性

1. 电光源分类与原理

在照明工程中，常用电光源按其发光原理分为热辐射光源、荧光粉光源、气体放电光源、场致发光光源、原子能光源和化学光源等几大类，如表 1-4 所示。

表 1-4　电光源分类与原理

分类	示意图	说明
热辐射光源		利用热能激发而发光。把物体加热到 400℃ 以上，就发出红光，随着温度升高，又出现橙、蓝、紫等各种色光。白炽灯就是根据这种热辐射发光原理而制成的人造光源
荧光粉光源	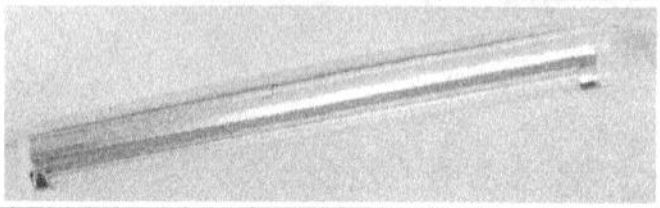	将一定波长的光转变为较长的波使之产生可见光，荧光灯就属于这一类。管壁涂以不同的荧光材料，可以得到不同颜色的光
气体放电光源	 钠灯  金属卤化物灯 　水银灯	放电内管两端有电极，内充以某些气体或金属蒸气，产生电弧放电而发光。如氙灯、钠灯、金属卤化物灯、水银灯等，都属于这一类光源
场致发光光源	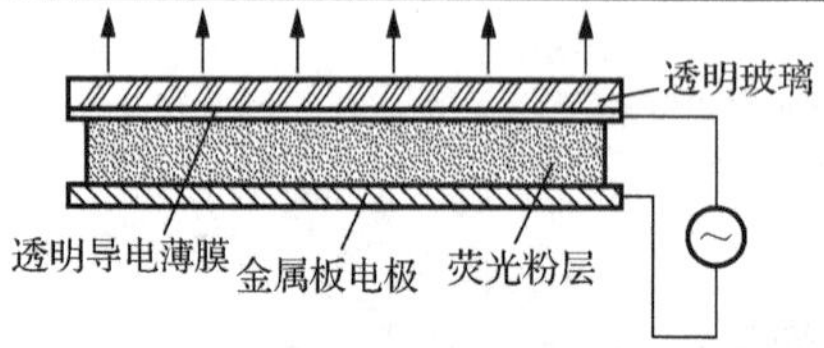 透明玻璃 透明导电薄膜　金属板电极　荧光粉层 场致发光灯	在金属板上涂以荧光粉，覆盖上玻璃板。贴近荧光粉层的玻璃表面经过化学处理，能够导电。将这个导电玻璃面及金属板底面接通电源，荧光粉层产生强电场，使飞行的荧光粉的电子释放能量而发光。场致发光灯就是这类光源。这种光源与电压大小、频率高低有直接关系
原子能光源	 原子能灯	随着对原子能的研究和利用，在 20 世纪 60 年代出现了原子能灯，它是利用放射性同位素灯管内壁涂有荧光粉，使荧光粉受辐射线的激发而发光，即灯光的颜色可以通过改变荧光粉的成分而改变。原子能灯就是这类光源
化学光源	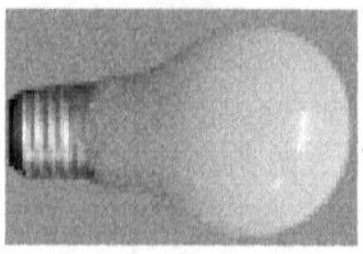	随着化学工业与仿生学的发展，在 20 世纪 70 年代出现了冷光灯，它是根据萤火虫发光的原理，让化学粉末与溶剂发生化学反应而发光。由于这种灯在发光过程中不释放热能，故称为"冷光源"，具有不怕雨打、不怕摇晃，对易燃易爆物或气体不产生任何影响，在医疗、实验室等领域用途很广

续表

分类	示意图	说明
LED 光源		在对当前全球能源短缺的忧虑再度升温的背景下，节约能源是我们未来面临的重要任务。在照明领域，LED 发光产品的应用正吸引着世人的目光，LED 作为一种新型的绿色光源产品，必然是未来发展的趋势

2. 电光源产品的命名

对各种电光源的命名包括特征、参数和结构形式等五部分（图 1-14），其中第四部分和第五部分为补充部分，在生产或流通领域使用中可灵活取舍。

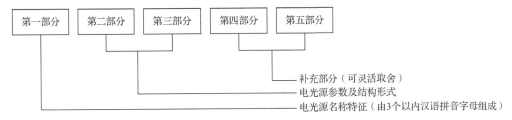

图 1-14　电光源产品的命名

例如，普通白炽灯 220V、40W 的型号为 PZ220G40，PZ 是"普通""照明"两词第一个字的汉语拼音首字母的组合。220 是白炽灯额定工作电压，单位是伏特（V）；40 是白炽灯额定功率，单位是瓦（W）。

又如，直管荧光灯 20W 的型号为 YZ20RR，YZ 表示直管荧光灯；20 表示荧光灯的额定功率；RR 表示发光光色的荧光灯（如 RL 表示冷白色、RN 表示暖白色）。

表 1-5 所示为常用热辐射光源型号命名方法。表 1-6 所示为常用气体放电光源型号命名方法。

表 1-5　常用热辐射光源型号命名方法

光源名称	型号的组成		
	第一部分	第二部分	第三部分
白炽光源普通照明灯	PZ	额定电压/V	额定功率/W
局部照明	JZ		
装饰灯	ZS		
红外线灯	HW		
球形电源指示灯	QD		
锥形电源指示灯	ZD		
小型指示灯	XZ		额定电流强度/A
普通测光标准灯	BDP		额定功率/W
管形照明卤钨灯	LZG		
石英聚光卤钨灯	LSJ		
硬玻璃聚光卤钨灯	LYJ		
红外线卤钨灯	LHW		
光强度标准灯	BDQ	不同规格的顺序号	

表 1-6   常用气体放电光源型号命名方法

电光源名称	型号的组成		
	第一部分	第二部分	第三部分
直管形荧光灯	YZ	额定功率/W	颜色特征
U 形荧光灯	YU		
环形荧光灯	YH		
高压汞灯	G	额定功率/W	—
荧光高压汞灯	GGY		
自镇流型荧光高压汞灯	GYZ		
反射型荧光高压汞灯	GYF		
球形超高压汞灯	GCQ		
球形氙灯	XQ		
管形氙灯	XG		
脉冲氙灯	XM		
低压钠灯	ND	灯管外径/mm	极间距离/mm
高压钠灯	NG		
管形碘化灯	DYG	额定功率/W	—
球形铟灯	YDG		
球形镝灯	DHG		
钠铊铟灯	NTY		结构形式的顺序号

3. 电光源的工作特性

电光源的工作特性通常用一些参数来说明。各电光源厂家在生产电光源时，也会提供相应的参数，供使用者选用时参考。常用相关知识如表 1-7～表 1-10 所示。

表 1-7   电光源的基本参数

参数	说明
额定电压和额定电流	额定电压和额定电流是指电光源按预定要求进行工作所需的电压和电流。在额定电压和额定电流下工作时，电光源具有将电力转化为光的能力（简称功效），能达到预期的使用寿命。如果工作电压低，则工作电流达不到额定值，那么电光源的光通量和功率都低；如果工作电压超过额定电压，则电流也必然超过额定电流。那么灯的光通量和功率会过高，从而造成光源寿命大大缩短或立刻引起灯丝烧毁
额定功率	额定功率是指电光源工作在额定电压和额定电流时所消耗的功率，其单位为瓦（W）或千瓦（kW）
使用寿命	电光源的使用寿命有全寿命、有效寿命和平均寿命 3 种。全寿命是指电光源直到完全不能使用为止的全部时间；有效寿命是指电光源的发光效率下降到初始值的 70%时为止的使用时间；平均寿命是指每批抽样试品有效寿命的平均值。通常所指的电光源使用寿命为平均寿命
光通量输出发光效率	额定光通量是指电光源在额定条件下，向周围空间辐射并产生的可见光总量，单位为流明（lm）。光通量是电光源的一个重要参数，是照明设计的必备数据。但评价电光源的特性优劣则常以发光效率（简称光效）为依据。发光效率是以电光源每消耗 1W 功率所产生的流明光通量表示的，单位是流明/瓦（lm/W）。灯具的发光效率越高越好

续表

参数	说明
光色	指电光源发出的光而引起人们色觉的颜色。通常包括显色性和色温两个方面。显色性是指某一光源在照亮物体时所显示的该物体真实色彩的程度，用来表示电光源光照射到物体表面时，对被照物体表面颜色的影响作用。显色性由显色指数 Ra 计量，范围从 0～100。显色指数越大，显色性越好，即与日光或与日光很接近的人工标准光照射下呈现的色彩一致程度越高。表 1-8 所示是常用电光源的一般显色指数。色温是指人眼观看到的光源所发出的光的颜色，其单位为热力学温度 K。表 1-9 所示的是常用电光源的色温。色温高低不同，对人的心理会产生冷或暖的不同感觉，概括性地分为冷色、中间色和暖色 3 类，如表 1-10 所示是指电光源本身的表观颜色
启燃与再启燃时间	指电光源接通电源到光源达到额定光通量输出所需要的时间。电光源的启燃与再启燃时间影响着电光源的应用范围。一般需要频繁开关电光源的场所不适宜选择启燃与再启燃时间较长的电光源，如应急照明电光源应选用启燃与再启燃时间较短的电光源
温度特性	指电光源对使用环境温度的敏感程度。有些电光源对环境温度比较敏感，温度过高或过低会影响电光源的发光效率或正常工作，如荧光灯温度变化较大时对光通量的影响较大，大部分气体放电光源在环境温度较低时会启燃困难
耐震性能	指电光源在剧烈震动的场所所能承受的损坏程度。有些电光源耐震性能较差，在有剧烈震动的场所易造成损坏，如白炽灯就不适宜安装在有剧烈震动的场所
功率因数	指电光源的有功功率与视在功率之比。一般来说，热辐射发光源功率因数高，气体放电光源功率因数较低。因此，在大量使用气体放电光源的场所，为改善功率因数，应采用无功功率的补偿措施

表 1-8 常用电光源的一般显色指数

电光源名称	显色指数（Ra）	电光源名称	显色指数（Ra）
白炽灯	97	荧光高压汞灯	22～51
荧光灯（日光灯）	75～90	高压钠灯	20～30
卤钨灯	80～94	镝灯	≥85
卤化锡灯	93	氙灯	95～97

表 1-9 常用电光源的色温

电光源名称	色温/K	电光源名称	色温/K
白炽灯	2800～2900	荧光高压汞灯	5500
荧光灯（日光灯）	4500～6500	高压钠灯	2000～2400
卤钨灯	3000～3200	镝灯	5500～6000
卤化锡灯	5000	氙灯	5500～6000

表 1-10 电光源的色温和感觉

色温/K	感觉
>5000	冷
3300～5000	中间
<3300	暖

此外，电光源在工作时，由于交流电源的周期变化，通电光源发出的光通量也会随之变化，从而使肉眼观察到的物体运动显现出不同于其实际运动的现象，即人眼产生闪烁的感觉，称为频闪效应。频闪效应易使人产生错觉而造成事故，所以在灯具安装，特别是采用气体放电灯时，应采取措施将其减轻至无害的程度。常用照明灯的基本工作特

性，如表 1-11 所示。

表 1-11　常用电光源（灯）的基本工作特征

电光源名称	普通白炽灯	卤钨灯	荧光灯	荧光高压汞灯	管行氙灯	高压钠灯	金属卤化物灯
额定功率范围/W	15～1000	500～2000	6～200	500～1000	1500～10000	250～400	250～3500
光效/（lmW^{-1}）	7～19	19.5～21	27～67	32～53	20～37	90～100	72～80
平均寿命/h	1000	1500	1500～5000	3500～6000	500～1000	3000	1000～1500
一般显色指数（Ra）	95～99	95～99	70～80	30～40	90～94	20～25	65～80
启动稳定时间	瞬时		1～3s	4～8min	1～2s	4～8min	4～10min
再启动时间/min	瞬时			5～10		10～20	10～15
功率因数 cosϕ	1	1	0.32～0.7	0.44～0.67	0.4～0.9	0.44	0.5～0.61
频闪效应	不明显		明显				
电压变化对光通量的影响	大	大	较大	较大	较大	大	较大
温度变化对光通量的影响	小	小	大	较小	小	较小	
耐震性能	较差	差	较好	好	好	较好	好
所需附件	无	无	镇流器启辉器	镇流器	镇流器触发器	镇流器	镇流器触发器

导读卡二　**常用电光源的选用**

在选用电光源时，除要了解电光源的特点外，还要了解它的应用场所，才能发挥最大的效能。表 1-12 所示是一些常用电光源的特点和应用场所，供读者在使用时参考。

表 1-12　常用电光源的特点和应用场所

名称	示意图	特点	说明
白炽灯		结构简单、造价低，显色性好，使用方便，有良好的调光性能等	白炽灯是在 19 世纪末出现的电光源，被称为第一代人造光源，其平均寿命为 1000h。在使用过程中，由于灯泡变黑和钨丝变细、电阻增大，使光通量降低约 10%。灯泡寿命的长短、光通量的大小，与电压的大小有直接关系。白炽灯灯头分螺口与卡口两大类，每类中又有一般吊线电灯用的灯头和装在屋顶、墙壁或灯具上的平灯头，带一或两个插座的灯头，同时安装 2 个或 3 个灯泡的双火、三火分灯头。此外，还有防雨、防水专用的灯头。白炽灯除了一般用于日常照明外，还有特殊用途的白炽灯，如蜡烛形白炽灯、装饰用的彩色白炽灯、机车与电车上用的防震灯等

名称	示意图	特点	说明
荧光灯	（直管式） 2D （H形式）　（双D形式）	发光效率高、显色性好、使用寿命长等	荧光灯，又称日光灯，是在 1938 年以后出现的新光源，是第二代人造光源。荧光灯管内壁涂以荧光粉，充有一定量的水银蒸气和少量惰性气体（如氩气或氖气），管两端各有两个电极，与封在管内的涂有氧化钍的螺旋形钨丝和一对触须状钨丝连通。改变管内荧光粉的成分，可以得到不同颜色的光。我国生产的荧光灯的颜色有日光色、冷白色、白色、暖白色和蓝、绿、黄、红色等。荧光灯除了直管外，还有环形、弧形、椭圆形、凹槽形和 U 字形等，常用于家庭、学校、办公室、医院、图书馆、商店等照明。在使用时，荧光灯必须加设一些附件：镇流器和启辉器，以保证电流稳定和提高功率因数。荧光灯的寿命，除了受频率、电流、电压的影响外，频繁地开关（启动次数增多）也会使其寿命缩短
卤钨灯		体积小，显色性好，使用方便等	卤钨灯是在 1959 年前后研制成的一种在石英管中充以卤素的灯，从而使钨再生循环的。它可以使灯保持透明，使灯寿命延长（寿命长达 2000h），由于它体积小、质量轻、功率大，常用于建筑工地、电视摄影等照明
钠灯		发光效率高、使用寿命长、穿透云雾能力强，使用方便等	钠灯的放电石英（或钠铝硼）玻璃管呈一字形。两端有电极与灯头相连，放电管内充以氖气和金属钠（冷凝在管壁上），放电管外罩以玻璃管，两管之间抽成真空。通电后，在氖气里形成放电（钠仍处在金属状态），光呈微弱的橙色，待放电热能逐步使钠蒸发，钠蒸气参与放电发光后，光色逐渐变为黄色，光通量显著地提高。这个启动过程需要 5～10min，钠灯就达到了额定的光通量。钠灯常用于道路、车站、广场、工矿企业等照明
金属卤化物灯		体积小、质量轻、发光效率高、显色性好、使用寿命长等	金属卤化物灯也是充气放电灯的一种。它是由一个透明的玻璃外壳和一根耐高温的石英玻璃放电内管组成。内管充以汞蒸气、惰性气体和卤化物（如碘或溴与镝、铟、铊、锡、钠、钍等金属的化合物），外壳与内管之间充以惰性气体（氩气、氙气等）。金属的原子被激发，发出与天然光光谱相近的可见光。金属卤化物灯被称为第三代人造光源。常用于体育场馆、广场、展览中心等照明
水银灯		使用寿命较长，虽然发光效率较低，但应用却很广泛	水银灯是利用电极在汞蒸气中放电发光的原理制成，其构造基本与金属卤化物灯相同。汞蒸气气压加大后，电弧集中于管子中心，使管电压、亮度和发光效率都得到提高。根据气压的大小，分低压、高压和超高压水银灯 3 种。低压的汞蒸气（气）压为 0.01mmHg（1mmHg=133.322Pa），辐射强烈的短波紫外线；高压汞蒸气（气）压为 1atm（1atm=101325Pa），紫外线减少，可见光大增；超高压的汞蒸气气压为 5～8atm，或者 20～200atm，光色接近白色。 　　水银灯的寿命一般为 5000～12000h。使用时，开关过于频繁也会缩短它的寿命。水银灯常用于工厂或街道的照明，此外还可专供晒图、医疗、放映和舞台效果等照明

续表

名称	示意图	特点	说明
氙灯		功率大、发光效率高（有"小太阳"的美称）、触发时间短、使用方便等	氙灯是将贵重的氙气充入石英玻璃放电管内，两端有钍钨电极，由于弧光放电而发出光的一种灯。光色近似天然光，其功率大、发光效率较高、使用寿命也较长，常用于广场、港口、机场、车站、码头等需要高照度、大面积的照明场所
LED灯		体积小、耗电量低、高亮度、低热量、色彩丰富、使用寿命长、坚固耐用等	1998年白光LED被成功开发，LED灯具照明正式走上历史舞台。白光LED的能耗仅为白炽灯的1/10、荧光灯的1/4，理想寿命可达 $5×10^4$ h，可以工作在高速状态，固态封装、不怕震动；配有通用标准灯头，可直接替换现有卤钨灯、白炽灯、荧光灯。随着LED技术的不断提高，LED灯具成本会不断降低，传统的白炽灯、荧光灯、卤钨灯等必然会被LED灯具所取代

导读卡三　灯具的类型与选用

1. 灯具的作用

图 1-15　台灯

所谓灯具是指透光、分配和改变光源分布的器具，包括除电光源之外的所有固定和保护光源所需要的全部零部件，如灯座、灯罩、灯架、开关、引线等，如图1-15所示的台灯。灯具的主要作用如表1-13所示。

表 1-13　灯具的主要作用

作用	说明
控制光分布作用	不同类型的灯具具有不同的控制光特性，因此在考虑不同场所照明时，应选用符合该场所需求的灯具
保护电光源作用	不仅起保护电光源的作用，而且通过它也可以使电光源产生的热量更有效地散发出去，避免电光源及导线过早老化或损坏
电气、机械安全作用	确保电光源在使用时的安全性和可靠性
美化装饰环境作用	随着灯具材料和制造水平的提高，灯具已不仅仅是照明工具，还是室内外景观美化和装饰的必需品

2. 室内灯具的类型与要求

（1）常用室内灯具的类型。室内常用灯具有台灯、壁灯、吊灯、吸顶灯、镶嵌灯等，如表1-14所示。

表 1-14　常用室内灯具

种类	示意图	说明
台灯		台灯是一种直接安放在书桌上的局部照明用灯具,其电光源主要有白炽灯和荧光灯两种,但近年来还有采用金属卤化物灯作为电光源的台灯
壁灯		壁灯是墙面上的装饰性灯具,造型精巧,光线柔和,可分为全封闭、半封闭、单枝、多枝等形式,通常和其他灯具配合使用,除在走道墙壁上使用外,也用作床头、梳妆台、卫生间、阳台及客厅等照明
吊灯		吊灯是从居室天棚上吊挂下来作全局性照明的灯具。一般利用管子或金属链悬挂在平顶,也有的采用螺旋形导线来吊住灯具,以便随意调节高度。大多数吊灯有灯罩,其材质有金属、塑料、玻璃、竹木等,也有用水晶玻璃片或珠子串联而成的
吸顶灯	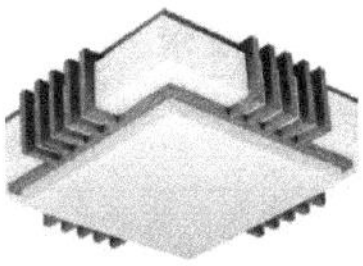	吸顶灯是一种直接安装在居室顶棚上的灯具,其光线由上而下直接投射。吸顶灯的电光源以白炽灯和荧光灯为主,广泛用于客厅、卧室、厨房、卫生间、阳台等处
镶嵌灯		镶嵌灯是嵌装在居室天棚内的隐藏式、半隐藏式灯具,有筒灯、牛眼灯等多种。其最大特点是顶面整体效果好,简洁、完整
槽灯		槽灯是一种隐蔽在沟槽或槽板后面的灯具,它是一种间接照明灯具,靠反光来照明,光质比较柔和。槽灯有组合式、侧向式
落地灯		落地灯是一种直接放置在地面上的、可移动的灯具,常置于沙发、茶几附近。由于落地灯造型美观、光线柔和,能为居室营造一种宁静、高雅的气氛,深受人们的青睐
轨道灯		轨道灯可沿轨道移动,并能转换投射角度,其光源可采用卤钨灯或其他小型射灯

种类	示意图	说明
彩灯		彩灯形式多样，有流线带颗粒的球形彩灯，也有小花形状的流线彩灯等，一通电，就会发出幽幽的彩色光芒，因而成为人们灯具装饰的首选
艺术灯		艺术灯的装饰功能大于照明功能，有能变幻出各种奇异色彩的光导纤维灯，也有让人产生扑朔迷离、星光灿烂感觉的山水壁画灯和太空灯等。艺术灯已逐渐成为居室装饰、受人欢迎的灯具

（2）常用室内灯具的基本要求。在灯具选用时，为发挥灯具最大的效能，应该了解它们适用的场所及其工作的基本要求，如表 1-15 所示，供读者在选用中参考。

表 1-15   常用室内灯具适用场所及基本要求

名称	示意图	说明
台灯		一般在卧室、书房、起居室、办公室等地方使用。在选用时，要求不产生眩光，放置稳定安全，开关方便，可以随意调节光源高度和投光角度、方位
壁灯	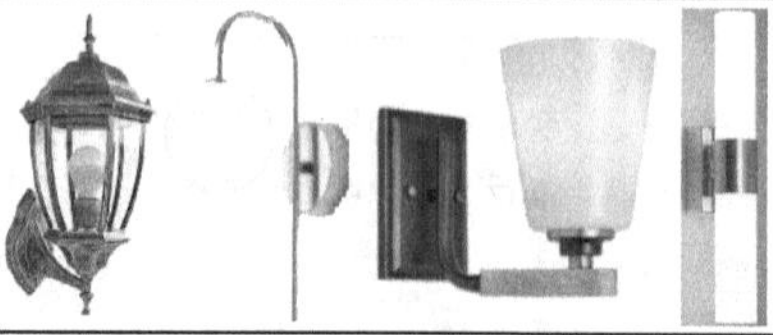	一般在卧室、门厅、浴室、厨房或更衣室、办公室、会议室等地方使用，也在工厂车间、饮食店、剧院、展览馆和体育馆等公共场所使用。在选用时，对公共场所与卧室亮度的要求不太高，而对造型美观与装饰效果的要求较高
落地灯	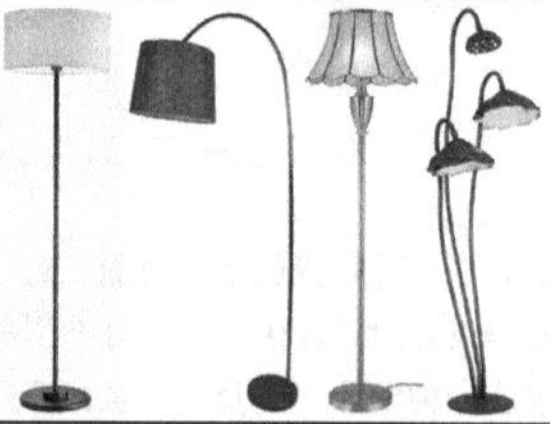	一般在起居室或客厅、书房等地方作为会客、阅读书报或书写时的局部照明使用。在选用时，要求稳定安全，不怕轻微的碰撞，电线要稍长一些，以便适应临时改变位置的需要。此外，还应该能根据需要随意调节光源高度、方位和投光角度
吊灯	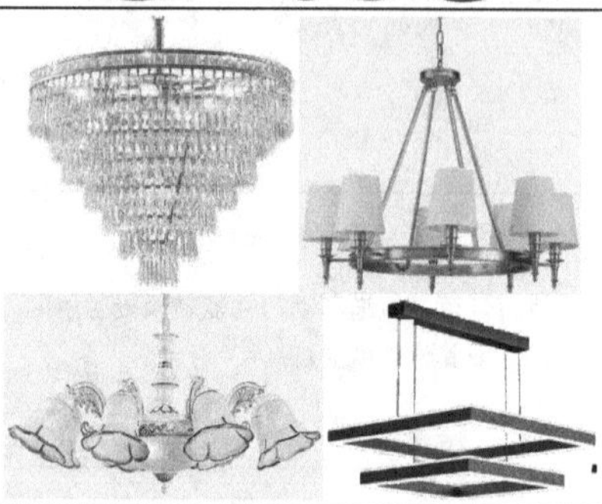	一般为起居室、卧室、书房、办公室、会议室、饮食店、剧院、会堂、旅店、宾馆等处提供基本照明。在选用时，要注意造型美观、吊挂安全。公共建筑室内吊灯要有防止灯罩爆炸或滑掉的措施；民用室内的吊灯最好能调节，最好多用几条导线，以便根据需要开关一定数目的灯。使用荧光灯作为吊灯时，最好也用能漫射光线的材料做灯罩或栅格，以免产生眩光

续表

名称	示意图	说明
吸顶灯		一般为门厅、办公室、走廊、厨房、浴室、剧院、体育馆和展览馆等处提供基本照明。在选用时，要注意结构上的安全（要考虑散热需要，以及拆装与维修的简便易行等问题），避免发生事故
槽灯		一般多用于客厅、剧院观众厅、展览厅、会堂和舞厅等地方。槽灯照明可以达到扩大空间和创造安静的环境的效果。在选用时，要注意槽灯里的光源（LED 灯带或荧光灯）的分布，以保证亮度均匀
射灯	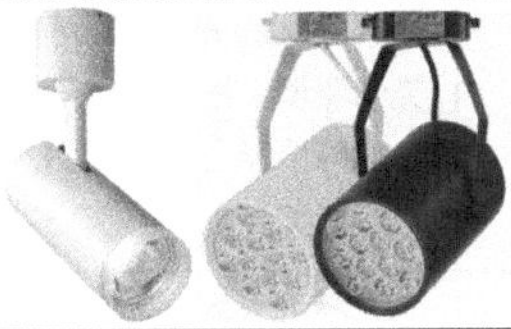	一般多用于各种展览会、博物馆和商店等处。在选用时，为了突出商品或陈设品，往往使用小型的聚光灯照明

3. 室外灯具的种类与要求

（1）常用室外灯具的种类。室外常用灯具有道路灯、园林灯、聚光射灯（户外灯）等，如表 1-16 所示。

表 1-16　常用室外灯具

种类	示意图	说明
道路灯		这类灯具多用在街道、广场的两侧，是行路和交通运输必不可少的灯具
园林灯		这类灯具多用在庭院、公园或建筑物的周围，既可以用来照明，又可以用来装饰美化环境
户外灯		这类灯具多用于大厦、住宅外观或需要聚光照射的场合，其外形有星形、圆形和方形等。聚光射灯壳内装有金属卤化物灯、水银反光壁和反光罩

（2）常用室外灯具的基本要求。在灯具选用时，为发挥灯具最大的效能，应该了解它们适用的场所及其工作的基本要求，如表 1-17 所示，供读者在使用时参考。

表 1-17　常用室外灯具适用场所及基本要求

名称	示意图	说明
道路灯		多用于街道、公路、广场或桥梁的两侧，是行路和交通运输必不可少的照明器具。道路灯造型千姿百态，要根据场所的要求选用，同时还要考虑防水、防锈蚀、防爆裂等性能和维修便捷程度等问题
园林灯		园林灯（又称庭院灯）一般用在庭院、公园或大型建筑的周围，既可用来照明，又可用来装饰美化环境。在选用时，要考虑防水、防锈蚀、防爆裂等性能和维修便捷程度等问题
户外灯		一般用于建筑物入口墙上，或院墙上、院门柱座上，提供夜间照明。在选用时，应根据场所和要求不同，选用不同造型和光源的户外灯饰。重要场所，户外壁灯可以华丽一些；次要场所可以朴素一些

4. 灯具的选购

（1）灯具的选购技巧。

① 尽可能选购国内或国外知名厂商生产的产品。

② 是否有相应检验合格证书；是否有产品的厂家、厂址、联系电话等，不选"三无"产品。

③ 很多灯饰造型复杂，常有多个部分组成，购买时一定要检查各个部件是否齐全。另外，还应细心检查灯具有无损坏等。

④ 选购时询问价钱一定要问明灯具是否含电光源。同样的灯具，有的售价低，却不含电光源，需要另行选购。

（2）灯具质量的鉴别。

① 看灯具上标记是否符合自己的使用要求。例如，一个总负荷量设计为 40W 的灯具，由于未标记额定功率，用户安装了 100W 的电光源，有可能造成外壳变形、绝缘损坏，甚至造成触电或火灾。

② 看有无防触电保护。如果买的是白炽灯，灯的带电体是不能外露的，即灯装入灯座后，手指不能触及带电的金属灯头。

③ 看导线截面积。标准导线的截面积是 0.75mm^2，有的厂家为了降低成本，导线的截面积只有 0.2mm^2。导线过细则承载电流的能力就小，使用时导线容易发热，时间长了绝缘性能就会大大降低，严重时会使电线过热而发生短路故障。

④ 从灯具的结构鉴别。质量优良的灯具导线经过的金属管出入口应无锐边。台灯、落地灯等可移动式灯具在电源入口应有导线固定架。

议一议

电光源是现代人类生活中不可缺少的一种物质，其理由：_____。

温馨提示

与人交流能激活您的思维，也是"1+1＞2"的过程。

写一写

1. 电光源的分类

（1）电光源可分为_____大类。
（2）日常生活中主要使用的电光源有_____。

2. 灯具上的标注

（1）读出白炽灯上"PZ220G40"标注的含义。其含义是_____。
（2）读出荧光灯上"YZ20RRG22"标注的含义。其含义是_____。

实践卡 细说人类照明发展史——从白炽灯到LED

查阅人类照明发展资料，或到博物馆参观，体验照明技术的发展变革。

1. 光源的沿革

从远古的石器时代到科技高速发展的文明社会，人类光源的发展经历了漫长的历程：从最早只知道利用火去取暖、烤制食品到利用火焰照明的第一次照明革命，从爱迪生发明白炽灯的第二次照明革命，再到当今被称为 LED 的半导体照明的第三次照明革命，这一历程如表 1-18 所示。

表 1-18 人类照明光源的发展史

光源变革历程			光源示意图	说明
第一次照明革命	木材照明阶段	原始时期	火把  	用松明做成的火把，点燃后用以照明

光源变革历程			光源示意图	说明
第一次照明革命	燃油燃气照明阶段	春秋时期	庭燎 	用芦苇做成芯，外面用布包裹，中间灌以兽脂，形似巨型蜡烛，又称庭燎，点燃后用以照明
		战国时期	铜灯 	用陶瓷土做成一定形状的陶瓷盘，内盛动、植物油，以线绳做成灯捻，点燃用以照明。后又发展改用金属（铜、铁）制作盛油的容器
		秦汉、六朝时期	羊灯 	除陶制的行灯外，还有铜质、铁质行灯，内盛动、植物油后点燃用以照明
		隋、唐、宋、元、明时期	唐三彩灯 	出现了各种形态的、具有一定装饰作用的灯具，盛上动、植物油后点燃用以照明
		晚清、民国时期	煤油灯  煤气灯 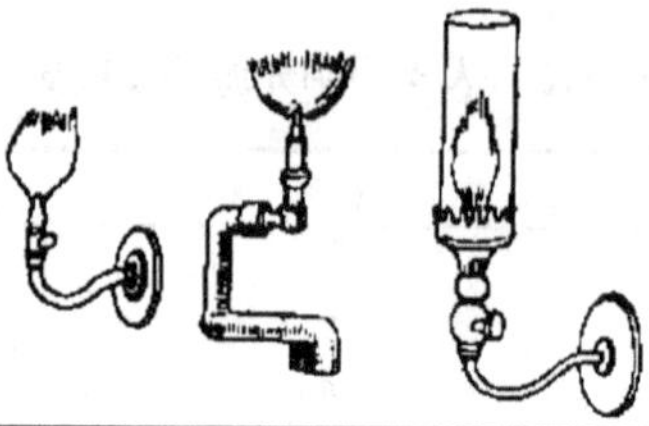	基本上沿用上述形式，直至鸦片战争之后，煤油灯、煤气灯传入我国，逐渐遍及城乡

续表

光源变革历程			光源示意图	说明
第二次照明革命	电光源照明阶段	白炽灯时期	炭丝真空灯 　　钨丝灯 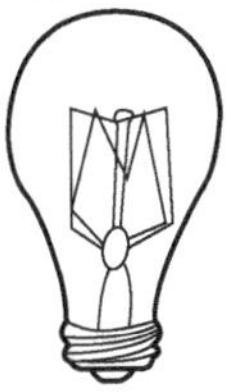	继 1879 年爱迪生发明炭丝真空灯之后，又诞生了钨丝灯，后经不断改进，一直应用至今
		荧光灯时期	直管荧光灯 	1938 年开始出现，后经不断改进，一直应用至今
		气体放电时期	钠灯 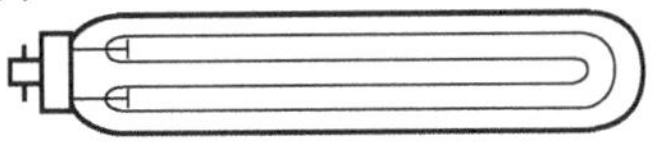 金属卤化物灯 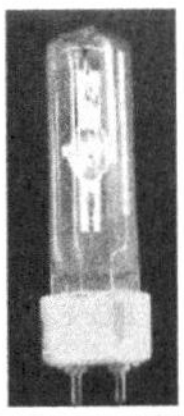	20 世纪 40 年代出现的气体放电灯，70 年代得到大发展和广泛应用
		场致发光时期	场致发光灯 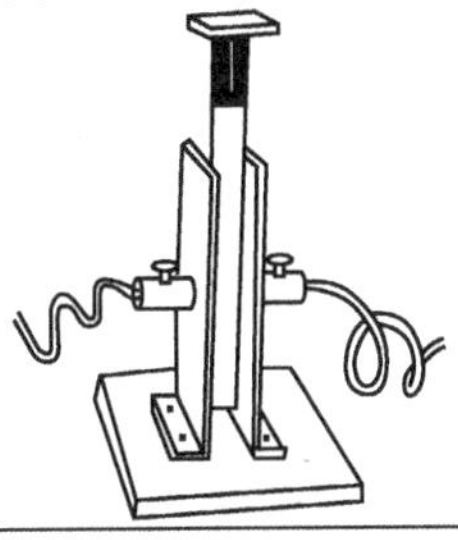	早在 1938 年就被法国戴斯特略发现，直到 20 世纪 70 年代，才得到发展
第三次照明革命	固态照明时期		LED 灯 	20 世纪 90 年代末，随着第三代半导体材料 GaN 的突破，半导体技术继引发微电子革命之后又孕育了一场新的产业革命——照明革命，其标志是基于 LED 的固态照明（也称"半导体灯"），逐步代替了白炽灯和荧光灯进入普通照明领域

　　总之，人类创造的各种照明光源，是在不同的历史条件下，为满足人类的不同生存要求而服务的。可以预料，随着科学技术的发展，照明光源必将得到进一步改进，相继也会出现越来越多的新光源，为美化和方便人类的生活增添光彩。

2. 爱迪生与电光源（电灯）

在电光源（电灯）问世以前，人们普遍使用的照明工具是煤油灯或煤气灯。这种灯燃烧煤油或煤气，因此有浓烈的黑烟和刺鼻的臭味，并且要经常添加燃料、擦洗灯罩，使用很不方便。更严重的是，这类灯很容易引发火灾，酿成大祸。多少年来，科学家们一直在苦思冥想，试图发明一种既安全又方便的电灯。

19世纪初，英国一位化学家用2000节电池和两根炭棒，制成世界上第一盏弧光灯。但这种灯光线太强，只能安装在街道或广场上，普通家庭无法使用。无数科学家为此绞尽脑汁，想制造一种更加价廉物美、经久耐用的家用电灯。

图1-16　发明电灯时的爱迪生

历史性的时刻终于到来了。1879年10月21日，一位美国发明家通过长期的反复实验，终于点燃了世界上第一盏有实用价值的电灯。从此，这位发明家的名字，就像他发明的电灯一样，走入了千家万户。他，就是被后人赞誉为"发明大王"的爱迪生。图1-16所示是爱迪生发明电灯时的照片。

1847年2月11日，爱迪生诞生于美国俄亥俄州的米兰镇。他一生只在学校里读过3个月的书，但他勤奋好学，勤于思考，发明创造了电灯、留声机、电影摄影机等1000多种成果，为人类社会的发展作出了巨大的贡献。

爱迪生12岁时，便沉迷于科学实验之中，他经过孜孜不倦地自学和实验，16岁那年，便发明了每小时拍发一个信号的自动电报机。后来，他又接连发明了自动数票机、第一架实用打字机、二重与四重电报机、自动电话机和留声机等。有了这些发明成果的爱迪生并不满足，1878年9月，爱迪生决定向电力照明这个堡垒发起进攻。他翻阅了大量的有关电力照明的书籍，决心制造出价格便宜、经久耐用、而且安全方便的电灯。

爱迪生从白炽灯开始实验。他把一小截耐热的东西装在玻璃泡里，当电流把它烧到白热化的程度时，便由热而发光。他首先想到炭，于是就把一小截炭丝装进玻璃泡里，可刚一通电炭丝就马上断裂了。"这是什么原因呢？"爱迪生拿起断成两段的炭丝，再看看玻璃泡，过了许久，才忽然想起，"噢，也许因为这里面有空气，空气中的氧又帮助炭丝燃烧，致使它马上断掉！"于是他用自己手制的抽气机，尽可能地把玻璃泡里的空气抽掉。一通电，炭丝果然没有马上熄掉。但8min后，灯还是灭了。

由此，爱迪生发现：真空状态对于白炽灯来说非常重要。至于剩下的关键问题，则是耐热材料。那么应选择什么样的耐热材料好呢？

爱迪生左思右想，认为熔点最高、耐热性较强的材料是白金。于是，爱迪生和他的助手们，用白金进行了多次试验。这种熔点较高的白金，虽然使电灯发光时间延长了好多，但不时要自动熄灭再自动发光，效果并不理想。爱迪生并不气馁，继续自己的实验工作。他先后试用了钡、钛、锢等各种稀有金属，效果也都不很理想。过了一段时间，爱迪生对前边的实验工作做了一个总结，他把所能想到的各种耐热材料全部写下来，总共有 1600 种之多。

接下来，他与助手们将这 1600 种耐热材料分门别类地开始实验，可试来试去，还是采用白金最为合适。由于改进了抽气方法，使玻璃泡内的真空程度更高，灯的寿命已延长到 2h。但这种以白金为材料做成的灯，价格太昂贵了，谁愿意花这么多钱去买只能用 2h 的电灯呢？

实验工作陷入了困境，爱迪生非常苦恼。一个寒冷的冬天，爱迪生在炉火旁闲坐，看着炽烈的炭火，口中不禁自言自语道："炭，炭……"可用木炭做的炭条已经试过，该怎么办呢？爱迪生感到浑身燥热，顺手把脖子上的围巾扯下，看到这用棉纱织成的围脖，爱迪生脑海突然萌发了一个念头：棉纱的纤维比木材的好，能不能用这种材料？

他急忙从围巾上扯下一根棉纱，在炉火上烤了好长时间，棉纱变成了焦焦的炭。他小心地把这根炭丝装进玻璃泡里，一实验，效果果然很好。

爱迪生非常高兴，紧接着又制造出很多棉纱做成的炭丝，连续进行了多次实验。灯的寿命一下子延长到 13h，后来又达到 45h。

这个消息一传开，便轰动了整个世界，使英国伦敦的煤气股票价格狂跌，人们预感到，煤气灯即将成为历史，未来将是电光的时代。

大家纷纷向爱迪生祝贺，可爱迪生却无丝毫高兴的样子，摇头说道："不行，还得找其他材料！""怎么，亮了 45h 还不行？"助手吃惊地问道。"不行！我希望它能亮 1000h，最好是 16000h！"爱迪生答道。

大家知道，亮 1000h 固然很好，可去找什么材料合适呢？

爱迪生这时已心中有数。他根据棉纱的性质，决定从植物纤维这方面去寻找新的材料。于是，马拉松式的实验又开始了。凡是植物方面的材料，只要能找到的，爱迪生都做了实验，甚至连马的鬃、人的头发和胡子都拿来当灯丝实验。最后，爱迪生选择竹这种植物。他在实验之前，先取出一片薄竹片，用显微镜一看，高兴得跳了起来。于是，把炭化后的竹丝装进玻璃泡，通电后，这种竹丝灯竟连续不断地亮了 1200h！

这下，爱迪生终于松了口气，助手们纷纷向他祝贺，可他却认真地说道："世界各地有很多竹子，其结构不尽相同，我们应认真进行挑选！"

助手们深为爱迪生精益求精的科学态度所感动，纷纷自告奋勇到各地去考察。经过比较，发现在日本出产的一种竹子最为合适，便从日本大量进口这种竹子。与此同时，爱迪生又开设电厂，架设电线。过了不久，美国人民便用上这种价格低廉、经久耐用的竹丝灯。

竹丝灯用了许多年。直到 1906 年，爱迪生又改用钨丝来做芯，使灯的质量又得到提高，并一直沿用到今天。

当人们点亮电灯时，都会想到这位伟大的发明家，是他，给黑暗带来无穷无尽的光明。1979 年，美国花费了几百万美元，举行了为期一年的纪念活动，以纪念爱迪生发明电灯一百周年。图 1-17 所示是爱迪生晚年的照片。

图 1-17　电光源之父——爱迪生

3. LED 照明光源简介

LED 照明是发光二极管照明，是一种半导体固体发光器件（灯）。它是利用固体半导体芯片作为发光材料，在半导体中通过载流子发生复合放出过剩的能量而引起光子发射，直接发出红、黄、蓝、绿、青、橙、紫、白色的光。如图 1-18 所示是利用 LED 作为光源制造出来的 LED 照明产品。

面罩
灯体
底座

图 1-18　利用 LED 作为光源制造的照明灯具

（1）LED 照明灯的基本原理。

LED 是由 GaAs（砷化镓）、GaP（磷化镓）、GaAsP（磷砷化镓）等半导体制成的，其核心是 PN 结。因此，它具有一般 PN 结的单向导电特性，即正向导通、反向截止、击穿特性。在一定条件下，它还具有发光特性。在正向电压下，电子由 N 区注入 P 区，空穴由 P 区注入 N 区。进入对方区域的少数载流子（少子）一部分与多数载流子（多子）复合而发光。

（2）LED 照明灯极限参数的意义。

① 允许功耗 P_M：允许加于 LED 两端正向直流电压与流过它的电流之积的最大值。超过此值，LED 会过热并损坏。

② 最大正向直流电流 I_{FM}：允许加的最大的正向直流电流。超过此值可能会损坏二极管。

③ 最大反向电压 V_{RM}：所允许加的最大反向电压。超过此值，发光二极管可能会被击穿而损坏。

④ 工作环境 topm：发光二极管可正常工作的环境温度范围。低于或高于此温度范围，发光二极管将不能正常工作，效率大大降低。

（3）LED 照明灯的优点。

LED 被称为第四代照明光源（第一代照明光源以白炽灯为代表，第二代以钠灯为代表，第三代以荧光灯为代表）或绿色光源，具有以下特点。

① 高节能：无污染，环保。直流驱动，超低功耗（单管 0.03～0.06W），电光功率转换接近 100%，相同照明效果比传统光源节能 80% 以上。

② 利环保：环保效益更佳，光谱中没有紫外线和红外线，产生的热量极少，也没有辐射，眩光小，而且废弃物可回收，没有污染，不含汞元素，冷光源，可以安全触摸，属于典型的绿色照明光源。

③ 寿命长：有人称 LED 光源为"长寿灯"，意为永不熄灭的灯。因为它是固体冷

光源，环氧树脂封装，灯体内也没有松动的部分，不存在灯丝发光易烧、热沉积、光衰等缺点，使用寿命可达（6～10）×10^{4}h，比传统光源寿命长 10 倍以上。

④ 多变幻：LED 光源可利用红、绿、蓝三基色原理，在计算机技术控制下，使 3 种颜色具有 256 级灰度并任意混合，即可产生 256×256×256=16777216 种颜色，形成不同光色的组合，变化多端，实现丰富多彩的动态变化效果及各种图像。

⑤ 高新尖：与传统光源单调的发光效果相比，LED 光源是低压微电子产品，成功融合了计算机技术、网络通信技术、图像处理技术、嵌入式控制技术等，所以也是数字信息化产品，是半导体光电器件"高新尖"技术，具有在线编程、无限升级、灵活多变的优点。近年来，世界上一些经济发达国家围绕 LED 的研制展开了激烈的技术竞赛，如美国的"下一代照明计划"、欧盟的"彩虹计划"、日本的"21 世纪光计划"等。我国科学技术部在"863 计划"的支持下，2003 年 6 月启动了"国家半导体照明工程"。2006 年，对半导体照明产品的重点研发列入《国家中长期科学和技术发展规划纲要（2006－2020 年）》；2013 年，国务院发布《国务院关于加快发展节能环保产业的意见》，大力推动半导体照明产业化；2022 年，工业和信息化部等六部门颁布《工业能效提升行动计划》，加大高效照明产品及系统等节能装备产品供给。至今，我国已成为全球主要的半导体照明产品的制造国、消费国和出口国。

总之，随着 LED 技术的进步，白光发光二极管将普遍应用在照明上，成为 21 世纪人类照明的新曙光。

评一评

请把电光源种类、特性、选用及型号识读的收获或体会写在表 1-19 中，同时完成评价。

表 1-19　电光源种类、特性、选用及型号识读总结表

课题	电光源种类、特性、选用及型号识读						
班级		姓名		学号		日期	
训练收获或体会							
训练评价	评定人	评语			等级		签名
	自己评						
	同学评						
	老师评						
	综合评						

探讨卡一　中国的"绿色照明工程"

"绿色照明"（green lights）即通过科学的照明设计，采用效率高、寿命长、安全和

性能稳定的照明产品（电光源、灯用电器附件、灯具、配线器材以及调光控制和控光器件），最终达到高效、舒适、安全、经济、有益于环境和改善人们身心健康并体现现代化文明的照明系统，实际上是一项推广高效照明器具的照明节电的节能计划。

通过"中国绿色照明工程"的实施，促使高效照明器具的推广和使用，大幅度节约照明用电，减少环境污染，促进以提高照明质量、节能降耗、保护环境为目的的照明电器新型产业的发展，改善、提高人们工作、学习、生活的条件和质量。

"中国绿色照明工程"于 1996 年列入国家计划。这项工程是原国家经济贸易委员会同原国家发展计划委员会、科学技术部等有关部门共同组织实施的，旨在节约电能、保护环境、提高照明质量为重点的节能示范工程。

探讨卡二　三代灯具发光亮度的比较

爱迪生发明的白炽灯在 19 世纪末开始走入千家万户，这种经典灯具在全球范围内使用了一百余年。在 20 世纪 80 年代末，钠灯开始成为马路、广场等公众场所照明的主角，最近 10 年间，LED 灯逐步取代白炽灯，成为室内照明主角。2012 年 10 月起，国家已明令叫停全国大功率白炽灯的生产。

从 2009 年起，国家通过"十城万盏"计划向全国推广新一代灯具。虽然这次照明变革首推室外照明领域，但照明行业已达成共识，LED 灯具走入室内，成为中国老百姓新一代灯具，只是时间长短的问题。百年间的四代灯具发光本领究竟有多强，我们不妨做个比较（这次比较以"流明"为亮度计算单位，1lm 相当于距离 1m 的一支蜡烛所显现出的亮度）：

1W 白炽灯灯泡——14lm；

1W 钠灯——40lm；

1W 节能灯——60～80lm；

1W LED 灯——100lm（这是如今主流 LED 灯具的发光能力，在实验室里，已研制出发光强度达 200lm 的 LED 灯具）。

探讨卡三　琳琅满目的照明灯具

1. 台灯

台灯如图 1-19 所示。

图 1-19 台灯

2. 壁灯

壁灯如图 1-20 所示。

图 1-20 壁灯

3. 吸顶灯

吸顶灯如图 1-21 所示。

图 1-21　吸顶灯

4. 吊灯

吊灯如图 1-22 所示。

图 1-22　吊灯

5. 射灯

射灯如图 1-23 所示。

图 1-23　射灯

6. 筒灯

筒灯如图 1-24 所示。

图 1-24　筒灯

7. LED 灯

LED 灯如图 1-25 所示。

图 1-25　LED 灯

◆ 开卷有益 ◆

（1）光是能量存在的一种形式，即人们通常所说的光能。光能可以在没有任何中间媒介的情况下向外发射和传播，这种向外发射和传播的过程称为光的辐射。光在一种均匀介质或真空中将以直线的形式向外传播，这种直线称为光线。

（2）光线的传播速度与介质有关，它在真空中的传播速度约为 $3×10^8$ m/s。

（3）光是人类认识外部世界的工具，是信息的理想载体和传播媒质，分为自然光和人造光。人们通常把包含多种波长的光，称为多色光，而把只含单一波长的光，称为单色光。

（4）良好的照明装置和合理的亮度，可以减少视力疲劳，保护眼睛健康，有利于生产、生活和工作。在视野范围内，人们要尽量避免眩光对眼睛的伤害。

（5）在照明工程中，常用各种各样的电光源，按其发光原理可分为：热辐射光源、荧光光源、气体放电光源、场致发光光源、原子能光源和化学光源等。

（6）各种电光源的命名包括特征、参数和结构形式等5部分，其中参数包括额定电压、额定电流、额定功率、使用寿命、光通量输出、发光效率、光色、启燃与再启燃时间、温度特性、耐振性能和功率因素等。在选用电光源时，应了解其特点和应用场所，才能发挥最大的效能。

（7）选购灯具时，要尽可能选购国内或国外知名厂商生产的产品，不要选购"三无"产品。

（8）室内常用灯具有吊灯、台灯、壁灯、落地灯、吸顶灯和镶嵌灯等。

（9）利用 LED 制作的灯具被称为第四代照明灯具或绿色灯具，具有节能、环保、变化多和技术高新等特点。

大显身手

1. 填空题

（1）"光源"是指_____；它包括_____与_____两种。人类肉眼所能看到光波长大约为_____。

（2）按发光原理，电光源可分为_____、_____、_____、_____、_____和_____等几大类。

（3）型号为 PZ220G40 的照明灯中，"PZ"是指_____，"220"是指灯_____，"40"是指灯_____。

（4）灯的额定电压和额定电流是指_____。

（5）额定光通量是指_____，其单位为_____。

（6）爱迪生于_____点燃了世界上第一盏有实用价值的电灯。

（7）室内常用灯具有_____等。

（8）室外常用灯具有_____等。

（9）槽灯是_____灯具。

（10）吊灯是_____灯具。

（11）聚光射灯主要用于_____等地方。

（12）利用 LED 制作的灯具被称为第四代照明灯具或绿色灯具，它具有_____等特点。

2. 探究题

通过上网、逛商场或课堂等方式的学习，指出下图人造光源（灯）的名称。

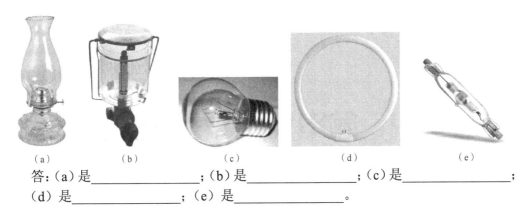

（a） （b） （c） （d） （e）

答：（a）是＿＿＿＿＿＿＿＿＿；（b）是＿＿＿＿＿＿＿＿＿；（c）是＿＿＿＿＿＿＿＿＿；
（d）是＿＿＿＿＿＿＿＿＿；（e）是＿＿＿＿＿＿＿＿＿。

3. 简答题

指出下图灯具的名称。

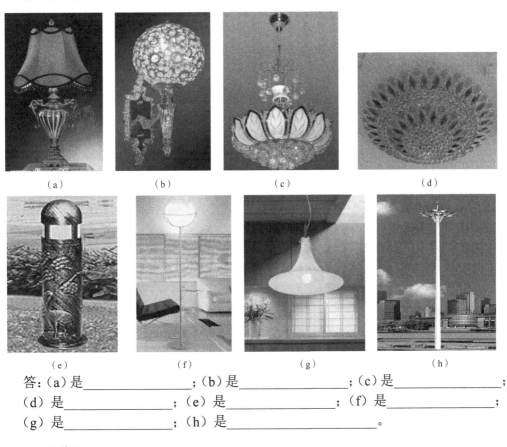

（a） （b） （c） （d）

（e） （f） （g） （h）

答：（a）是＿＿＿＿＿＿＿＿＿；（b）是＿＿＿＿＿＿＿＿＿；（c）是＿＿＿＿＿＿＿＿＿；
（d）是＿＿＿＿＿＿＿＿＿；（e）是＿＿＿＿＿＿＿＿＿；（f）是＿＿＿＿＿＿＿＿＿；
（g）是＿＿＿＿＿＿＿＿＿；（h）是＿＿＿＿＿＿＿＿＿。

4. 问答题

（1）你知道天空中的亮光是怎样形成的吗？
（2）如何避免眩光对人的危害？
（3）LED 为什么被称为第四代照明光源？

项目二

触电现场救护及火灾扑救

项目情景

电力是一种强大而又危险的能量，如果使用不当，可能对人们造成严重的伤害，甚至危及生命安全。作为从事电力工作的专业人员，必须时刻牢记安全第一的原则，严格遵守相关的安全规程和操作流程，确保自身和他人的安全。

那么，如何让"电老虎"听话呢？安全用电有哪些基本常识呢？让我们一起来学习吧。

项目目标

> 知识目标

（1）了解电流对人体的影响。

（2）了解触电方式和触电的原因。

（3）理解保护接地的概念。

（4）熟悉住宅区电气火灾特点及消防安全常识。

（5）熟悉安全用电原则。

> 技能目标

（1）掌握触电现场的救护技能。

（2）能组织电气火灾的自救与互救。

项目概述

随着社会的快速发展，物质水平的不断提高，人们的生活也日益舒适。然而，人类面临的各种灾害也随之增多。一个不容忽视的事实：风险时刻存在，灾难时有发生，有人束手无策，有人应对沉着。由此，救护之道的"知"与"不知"就有差别。本项目主要介绍电气触电及防范常识、电气火灾及消防常识。

任务一　触电现场救护

任务目标▶　（1）了解电流对人体的影响。

（2）了解触电方式和触电的原因。

（3）掌握触电现场的救护技能。

（4）理解预防触电的对策。

任务描述▶　　　电是一种看不见、摸不到的物质，只能用仪表测量，如果使用不合理、安装不恰当、维修不及时或违反操作规程，都会带来不良的后果，甚至会导致人身伤亡。因此，必须了解安全用电的知识，安全合理地使用电能，避免人身伤亡和设备损坏。

　　　你知道电流对人体的影响吗？你知道触电的原因和方式吗？当人体发生触电后，又应如何进行现场救护？请你通过本任务的学习，去认识和掌握它们吧！

导读卡一　电流对人体的影响

　　人体也是一个导电体。如果人体接触电，就会有电流通过，这就是"触电"。人触电后，轻则受伤，重则死亡。

　　电流对人体的伤害程度与通过人体的电流大小、触电时间长短、电流种类和频率高低等因素有关。一般情况下，通过 0.02～0.05A 的交流电流时，人开始失去自动解脱电源的能力，呼吸感到困难；通过 0.05A 的电流时，可使人的呼吸器官麻痹；通过 0.1A 的电流时，能使人的心脏开始振动，血液循环停止，很快造成死亡。

　　通过人体电流的大小与人体所接触电压的高低、人体电阻的大小有关。在一般情况下，人体的电阻为 800Ω 左右。我们计算一下，人体接触的交流电压分别为 380V、220V、110V、60V、36V、24V、12V 时，流经人体的电流的大小：

380V 时，$I = \dfrac{U_1}{R} = \dfrac{380\text{V}}{800\Omega} = 0.475\text{A}$；

220V 时，$I = \dfrac{U_2}{R} = \dfrac{220\text{V}}{800\Omega} = 0.275\text{A}$；

110V 时，$I = \dfrac{U_3}{R} = \dfrac{110\text{V}}{800\Omega} = 0.1375\text{A}$；

60V 时，$I = \dfrac{U_4}{R} = \dfrac{60\text{V}}{800\Omega} = 0.075\text{A}$；

36V 时，$I = \dfrac{U_5}{R} = \dfrac{36\text{V}}{800\Omega} = 0.045\text{A}$；

24V 时，$I = \dfrac{U_6}{R} = \dfrac{24\text{V}}{800\Omega} = 0.03\text{A}$；

12V 时，$I = \dfrac{U_7}{R} = \dfrac{12\text{V}}{800\Omega} = 0.015\text{A}$。

　　从上面的计算结果可以看出，各种电压对人体都有危害，只是危害程度不同而已。我们使用的家庭常用电器的电源大多数交流电压是 110V、220V、380V。当人体触电后，流过人体的电流分别为 0.1375A、0.275A、0.475A，都比能使人死亡的电流值（0.1A）要大。根据经验，低压在 36V 以下，在一般情况下对人身虽然有影响，但尚不致危及生命。

　　另外，不同电流种类和频率对人体有不同的影响。交流电影响比较严重，频率为 50Hz 时最为危险。我们日常电器所用的电恰恰是交流 220V、50Hz，人体接触后危险性最大。但由于电气设备和用具都是按安全规定设计和制造的，所有带电部位都有良好的绝缘体保护，以防止触电，所以在正常情况下使用是安全的。只有在用电不遵守安全规则、麻痹大意的情况下，才会招致危险。其结果或是损坏电气器具造成火灾，或是人触电受伤，甚至损失生命。

书本先生的提示

　　虽然规定流过人体的安全电流为 50mA，安全电压为 36V，而在金属架上或在潮湿的场所工作时，安全电压等级还要降低，通常为 24V 或 12V。

导读卡二　触电方式和触电原因

　　触电多数是因为人的身体直接碰到了带电的导体，或接触到绝缘损坏的漏电设备，或站在已发生电气接地故障的故障点的周围。

　　一般人体触电的方式有 3 种：单相触电、两相触电和跨步电压触电，如表 2-1 所示。

表 2-1　人体触电的方式

触电的方式	示意图	说明
单相触电	相线 零线	如果人站在地面上，接触到一般家庭所用的 220V 电源线（裸线），因为大地也是一个导体，它和人体形成了一个电流回路，因此，就会从电线经过人体而流入大地，这样的触电方式称为单相触电，如左图所示

续表

触电的方式	示意图	说明
两相触电		如果人体同时接触到同一供电系统的两根带电裸电线，电线上的电流就会从一根电线通过人体流向另一根电线。这种情况称为两相触电，如左图所示。一般情况下，两相触电大多发生在带电工作的时候。两相触电时，人体直接接触的两根导线都是有电的，而且是线电压，其电压值最大，因此最危险
跨步电压触电		当带电的电线断落在地面上，人走到距电线断落地点大约10m范围内时，两脚之间会有电位差，就会有电流通过两脚和身体而造成触电，称为跨步电压触电，如左图所示。两腿一旦通电就会抽筋，无法行动，时间久了人会站不住，倒在地上，造成身体全面触电，因而导致死亡

单相触电多发生在家庭用电中，请告诫自己、提醒他人"安全用电，以防为先"。表 2-2 所示是一组经常发生的单相触电案例。

表 2-2　单相触电案例

案例序号	案例一	案例二	案例三
示意图	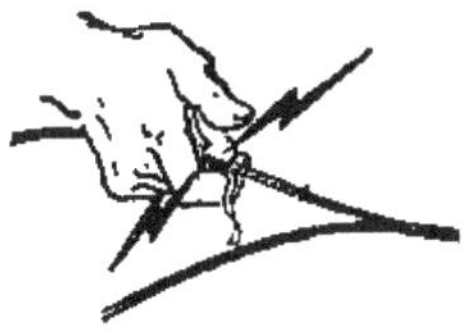	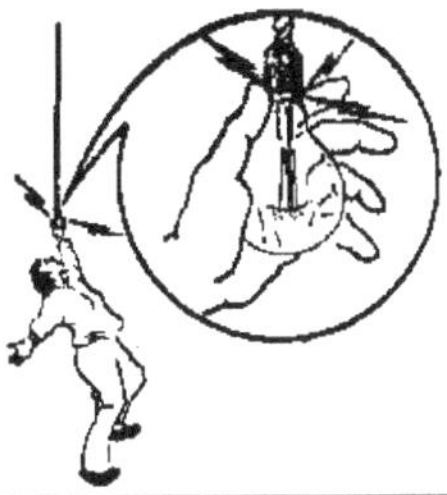	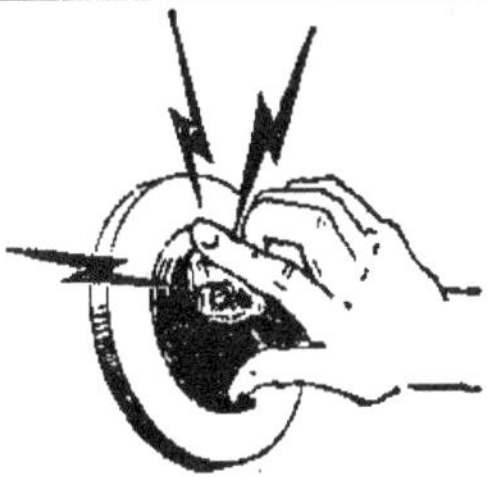
说明	身体碰到了带电的裸电线或破旧导线的电线芯造成触电	接触带电白炽灯螺口或 LED 的铜头部分造成触电	手触及开关、插座的导电部分或损坏了的电器件造成触电
案例序号	案例四	案例五	案例六
示意图			
说明	接触未接地且漏电的灯具造成触电	用湿手接触带电的插头造成触电	电器件或导线过载易损坏器具，造成触电，甚至引起火灾

温馨提示

电气事故无大小，以防为主最重要。

导读卡三　触电者的临床表现

触电事故是发生频率最高、最常见，也是造成人身事故最多的电气事故。所谓触电是指电流通过人体时，对人体造成生理和病理伤害的现象。人体触电后的常见临床表现如表 2-3 所示。

表 2-3　人体触电后的常见临床表现

触电程度	临床表现
轻度者	表现为精神紧张，短暂面色苍白、呆滞，短时对周围失去反应，但能很快恢复，一般无其他特殊不适
中度者	表现为呼吸快而浅，心率高，可有早搏，或短暂昏迷，瞳孔不散大，对光反应存在，血压无明显变化
严重者	常立即昏迷、呼吸停止或心跳停止，或呼吸、心跳都停止

导读卡四　触电现场的救护

当发现有人触电时，现场紧急救护的基本原则是：迅速使触电者脱离电源，然后根据触电者的具体情况进行必要的现场诊断和救护。急救成功的条件是动作快、操作正确。任何拖延和操作错误都会导致伤员伤情加重或死亡。所以，触电急救的要旨是首先使触电者迅速脱离电源。可根据具体情况，选用表 2-4 所示的几种方法使触电者脱离电源。

1. 使触电者脱离电源

（1）脱离低压电源的方法。脱离低压电源的方法可用"拉、切、挑、拽"4 个字来概括（表 2-4）。

表 2-4　使触电者脱离电源的几种方法

方法	示意图	说明
拉		就近拉开电源开关、拔出插头或瓷插保险。此时应注意拉线开关和扳把开关是单极的，若只断开一根导线，假设出现了安装不符合规程要求的情况，把开关安装在了零线上，这时虽然断开了开关，人身触及的导线可能仍然带电，这就不能认为已切断电源

续表

方法	示意图	说明
切		用带有绝缘柄的利器切断电源线。当电源开关、插座或瓷插保险距离触电现场较远时，可用带有绝缘手柄的电工钳或有干燥木柄的斧头、铁锨等利器将电源线切断。切断时应防止带电导线断落触及周围的人体。多芯绞合线应分相切断，以防短路伤人
挑		如果导线掉落在触电者身上或被压在身下，可用干燥的木棒、竹竿等挑开导线，或用干燥的绝缘绳套拉导线或触电者，使之脱离电源
拽		救护人员可戴上手套或在手上包缠干燥的衣服、围巾、帽子等绝缘物品，以拖拽触电者，使之脱离电源。如果触电者的衣裤是干燥的，又没有紧缠在身上，救护人员可直接用一只手抓住触电者不贴身的衣裤，将触电者拉离电源。但要注意拖拽时切勿触及触电者的体肤。救护人员也可站在干燥的木板、木桌椅或橡胶垫等绝缘物品上，用一只手把触电者拉离电源

（2）脱离高压电源的方法。由于装置的电压等级高，一般绝缘物品不能保证救护人的安全，而且高压电源开关距离现场较远，不便拉闸。因此，使触电者脱离高压电源的方法与脱离低压电源的方法有所不同，通常的做法如下。

① 立即电话通知有关供电部门拉闸停电。

② 如电源开关离触电现场不远，则可戴上绝缘手套，穿上绝缘靴，拉开高压断路器，或用绝缘棒拉开高压跌落保险以切断电源。

③ 往架空线路抛挂裸金属软导线，人为造成线路短路，迫使继电保护装置动作，从而使电源开关跳闸。抛挂前，将短路线的一端先固定在铁塔或接地引线上，另一端系重物。抛掷短路线时，应注意防止电弧伤人或断线危及人员安全，也要防止重物砸伤人。

④ 如果触电者触及断落在地上的带电高压导线，且尚未确定线路无电之前，救护人不可进入断线落地点8～10m的范围内，以防止跨步电压触电。进入该范围的救护人员应穿上绝缘靴或临时双脚并拢跳跃地接近触电者。触电者脱离带电导线后应迅速将其带至8～10m以外，立即开始触电急救。只有在确定线路已经无电时，才可在触电者离开触电导线后就地急救。

书本先生的提示

在使触电者脱离电源时应注意的事项。

（1）救护人不得采用金属或其他潮湿的物品作为救护工具。

（2）未采取绝缘措施前，救护人不得直接触及触电者的皮肤和潮湿的衣服。

（3）在拉拽触电者脱离电源的过程中，救护人宜用单手操作，这样对救护人比较安全。

（4）当触电者位于高位时，应采取措施预防触电者在脱离电源后坠地摔伤或摔死。

（5）夜间发生触电事故时，应考虑切断电源后的临时照明问题，以利救护。

2. 触电现场的诊断

当发生触电时，应迅速将触电者撤离电源，及时拨打"120"联系医疗救护中心，如图 2-1 所示。

图 2-1　拨打"120"联系医疗救护中心

在"120"没到达前，应立即就地对触电人员进行抢救，至救护人员到达。"立即"之意就是争分夺秒，不可贻误。"就地"之意就是不能消极地等待医生的到来，而应在现场进行及时诊断，并施行正确的抢救。触电现场临床诊断方法如表 2-5 所示。

表 2-5　对触电者进行现场诊断的几种方法

诊断方法	一看	二听	三摸
示意图			
说明	侧看触电者的胸部、腹部，有无起伏动作，有无外伤，瞳孔是否放大	用耳朵贴近触电者的胸前心脏部位和口鼻处，聆听触电者心脏跳动的情况和口鼻处的呼吸声响	将手放在触电者口鼻处，测试是否有呼吸所产生的气流；触摸触电者喉结旁凹陷处的颈动脉有无搏动，以判断有无心跳

3. 触电现场的抢救

触电现场急救基本操作法：若触电者神志清醒，仅心慌、四肢发麻、无力等，或虽然昏迷但较快恢复知觉，应使其就地平躺安静休息，并注意保暖和观察。若触电者呼吸停止但心脏还跳动，应立即采用口对口人工呼吸法进行抢救；若触电者虽有呼吸但心跳停止，应立即采用人工胸外心脏挤压法进行抢救；若触电者受伤害严重，心跳和呼吸都已停止，或瞳孔开始放大，应立即同时采用口对口人工呼吸法和人工胸外心脏按压法进行抢救（表 2-6）。实践证明，口对口人工呼吸和人工胸外心脏按压方法操作简单，易学有效。

表 2-6　现场急救基本操作法

方法	示意图	说明
口对口 人工呼吸	 （a）清除口腔杂物  （b）舌根抬起使气道畅通  （c）深呼吸后紧贴嘴吹起 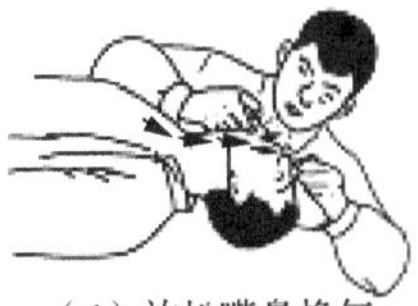 （d）放松嘴鼻换气	当触电者呼吸停止但还有心脏跳动时，应采用口对口人工呼吸急救法进行抢救，其具体操作步骤如下： ① 使触电者仰卧，迅速松开紧身衣服及裤带，掰开嘴巴，清除口腔中假牙、黏液等杂物，如左图（a）所示。救护者一只手放在触电者前额，另一只手将其下颌骨轻轻向上抬起，使触电者头部后仰，鼻孔朝上，舌根随之抬起，以便气道畅通，如左图（b）所示。注意不要在触电者头部垫枕头等物品，这样反而使其气道阻塞加重。 ② 救护者跪蹲在触电者身旁，一只手捏紧触电者的鼻孔防止漏气，另一只手将其下巴拉向前下方，使嘴巴张开，准备接受吹气。 ③ 救护者深吸气后，立即俯身紧贴触电者的嘴巴吹气，如左图（c）所示。注意不要漏气。如果掰不开嘴巴，也可紧贴鼻孔吹气，但要捂住嘴巴防止漏气。 ④ 吹气完毕，立即离开触电者嘴巴，并放松捏紧的鼻孔，让触电者胸部缩回，自由排气，如左图（d）所示。 按上述步骤连续不断地进行，成人每分钟 12 次（吹 2s，停 3s）。吹气时注意观察触电者胸部起伏情况，以调节吹气量。对儿童可不捏紧鼻孔，让其自由漏气，并注意吹气量不要过大，避免引起肺泡破裂
人工胸外 心脏按压	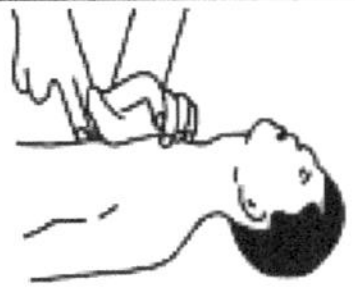 （a）找准位置 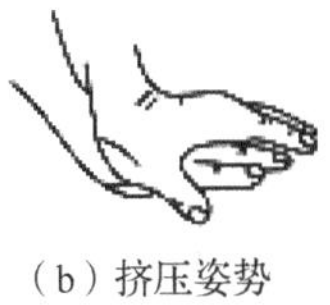 （b）挤压姿势 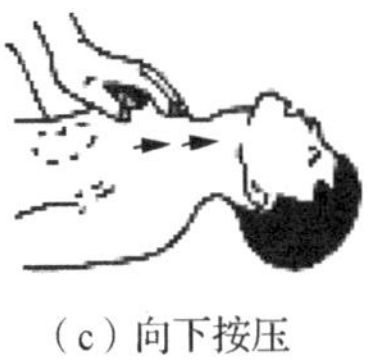 （c）向下按压  （d）突然松手	当触电者虽有呼吸但心跳停止，应采用人工胸外心脏按压抢救法，其具体操作步骤如下： ① 使触电者仰卧，保持气道畅通（姿势和口对口人工呼吸法相同）。后背贴地处的地面必须平整牢固，然后找准正确的按压位置（正确按压位置为：右手沿触电者的右侧肋弓下缘向上，找到触电者右侧肋骨和胸骨接合处的中点，右手中指放在中点，食指并齐放在胸骨下部，另一手的掌根紧挨食指上缘放在胸骨上），如左图（a）所示。 ② 救护者跪蹲在触电者一侧或跨蹲在触电者腰部两侧，两臂伸直，两手掌根相叠，手指上翘，用力垂直向触电者背部方向挤压，如左图（b）和（c）所示。按压深度成人以 3～4cm 为宜，对儿童用力要轻些，按压深度稍浅些，以防止骨折或内部脏器损伤。 ③ 按压后救护者掌根突然放松，但不要离开胸部，让触电者胸廓自行弹起恢复原状，如左图（d）所示 按上述步骤连续进行，成人每分钟 60 次，儿童 80～100 次，速度要均匀。按压时用力要适度，按压是否有效可根据触电者嘴唇和身体皮肤颜色是否转为红润、颈动脉、股动脉是否有跳动来判断。如摸不到搏动，应加强挤压力量，放慢速度。 如果触电者心跳和呼吸都停止，应同时进行口对口人工呼吸和人工胸外心脏按压。单人抢救时，每按压 15 次后吹气 2 次，反复进行，直至医生接手

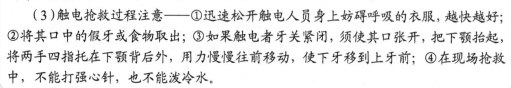

　　（1）触电抢救的基本原则——动作迅速，救护得法，切不可惊慌失措，束手无策。

　　（2）触电抢救的基本方法——口对口人工呼吸和人工胸外心脏按压。

　　（3）触电抢救过程注意——①迅速松开触电人员身上妨碍呼吸的衣服，越快越好；②将其口中的假牙或食物取出；③如果触电者牙关紧闭，须使其口张开，把下颚抬起，将两手四指托在下颚背后外，用力慢慢往前移动，使下牙移到上牙前；④在现场抢救中，不能打强心针，也不能泼冷水。

议一议

　　触电的危害性。

想一想

　　裸输电线上的小鸟为什么不会触电？

　　秋天，田野一片金色，是个丰收的季节。小鸟站在一条裸露的高压输电线上叽叽喳喳叫个不停，仿佛歌颂人类收获的乐章。但小柯搞不清楚的问题是：小鸟站在裸露的输电线上，为什么不会触电？

　　利用吃晚饭的时间，小柯向爸爸提出了小鸟停落在带电的一根电线上为什么没触电，还会高兴地叽叽喳喳唱个不停的问题。

图2-2　停在电线上的小鸟

　　爸爸笑着出了一道题：一只小鸟站在一条导电的铝裸输电线上，如图2-2所示。导线的横截面积为240mm²，导线上通过的电流为400A，小鸟两爪间的距离为5cm，让小柯计算小鸟两爪间的电压。

　　已知：鸟的两爪间的电压 $U=RI$，$I=400A$，$R=\rho\dfrac{L}{S}$，$L=5cm=5\times10^{-2}m$，$S=240mm^2=240\times10^{-6}m^2$，铝的电阻率 $\rho=2.83\times10^{-8}\Omega\cdot m$。

　　解：由电阻定律可得

$$R=\rho\frac{L}{S}=2.83\times10^{-8}\times\frac{5\times10^{-2}}{240\times10^{-6}}\Omega=5.9\times10^{-6}\Omega$$

　　由部分电路欧姆定律可得

$$U=RI=5.9\times10^{-6}\Omega\times400A=2.36\times10^{-3}V=2.36mV$$

还没有把题做完,小柯恍然大悟:原来小鸟两爪间的电压只有 2.36mV,通过的电流很小,因此,小鸟站在输电线上是安全的。

实践卡 触电现场急救

根据以下出示的案例,进行触电现场急救。

据某报报道:某日某镇城河西路一村民家发生了触电事故,53 岁的村民江某在洗澡时,不慎触电倒地。现场勘查记载:触电事故的发生是因为一个临时插座。江某把电源插头插在浴室窗外一个临时活动的电源插座上。插座既没有接地线,也没有漏电保护装置,存在很大的安全隐患。更严重的是,电源插座内有一段 20mm 长的外来铜导线,使电源的火线误搭到热水器插头的接地端上,导致漏电。

请根据本案例中提供的信息,分析发生触电事故的主要原因。如果江某触电后已失去知觉,但呼吸和心跳尚正常,应该如何进行正确的现场急救?将现场救护处理意见、操作步骤和注意事项填写在表 2-7 中。

表 2-7 触电案例分析、模拟操作记录表

触电现象	触电者已失去知觉,但呼吸和心跳尚正常
触电事故的主要原因	
现场救护意见(方法)	
现场救护步骤	说明
第 1 步	
第 2 步	
第 3 步	
第 4 步	
第 5 步	
第 6 步	
第 7 步	
第 8 步	
现场救护 注意事项	

最重要的教育方法总是鼓励学生去实际行动。
——爱因斯坦

评一评

通过以上的"议一议"、"想一想"与实践行动，将收获或体会写在表 2-8 中，同时完成评价。

表 2-8   触电现场救护演练总结表

课题	触电现场救护的演练					
班级		姓名		学号	日期	
训练收获或体会						
训练评价	评定人	评语			等级	签名
	自己评					
	同学评					
	老师评					
	综合评					

探讨卡一   触电事故的规律

触电事故的发生往往很突然，而且在极短的时间内造成严重的后果。但触电事故也有一些规律，根据这些规律，可以减少和防止触电事故的发生。触电事故的一般规律如表 2-9 所示。

表 2-9   触电事故的一般规律

序号	触电事故的规律	原因说明
1	低压设备触电事故多	国内外统计资料表明，低压触电事故远远多于高压触电事故。主要原因是低压设备远远多于高压设备，与之接触的人也更多，而且通常缺乏电气安全知识。应当指出，在专业电工中，情况是相反的，即高压触电事故比低压触电事故多
2	电气连接部位触电事故多	大量触电事故的统计资料表明，很多触电事故发生在接线端子、缠接接头、压接接头、焊接接头、电缆头、灯座、插头、插座、控制开关、接触器、熔断器等分支线、接户线处。主要是由于这些连接部位机械牢固性较差、接触电阻较大、绝缘强度较低以及可能发生化学反应的缘故
3	携带式设备和移动式设备触电事故多	一方面，这些设备是在人的紧握之下运行，不但接触电阻小，而且一旦触电就难以摆脱电源；另一方面，这些设备需要经常移动，工作条件差，设备和电源线都容易发生故障或损坏；此外，单相携带式设备的 PE 线与 N 线容易接错，造成触电事故
4	错误操作和违章作业造成的触电事故多	主要原因是安全教育不够、安全制度不严和安全措施不完善
5	中、青年工人，非专业电工，合同工和临时工触电事故多	主要原因是这些人是主要操作者，经常接触电气设备，而且他们经验不足，缺乏电气安全知识，有些人责任心还不够强，以致触电事故多

续表

序号	触电事故的规律	原因说明
6	农村触电事故多	部分省市统计资料表明，农村触电事故约为城市的 3 倍
7	冶金、矿业、建筑、机械行业触电事故多	由于这些行业的生产现场经常伴有潮湿、高温、现场混乱、移动式设备和携带式设备多以及金属设备多等不安全因素，以致触电事故多
8	6～9 月触电事故多	每年二、三季度事故多，特别是 6～9 月。主要原因是这段时间天气炎热，人体衣单而多汗，触电危险性较大；而且这段时间多雨、潮湿，地面导电性增强，电气设备的绝缘电阻降低；另外，这段时间在大部分农村都是农忙季节，农村用电量增加

书本先生的提示

　　触电事故的规律不是一成不变的，在一定条件下，也会发生一定的变化。例如，"低压触电事故多于高压触电事故"在一般情况下是成立的，但对于专业电气工作人员来说，情况往往是相反的。因此，应当在实践中不断分析和总结触电事故的规律，为做好电气安全工作积累经验。

　　应当注意，很多触电事故都不是单一原因，而是由两个以上的原因造成的。

探讨卡二　预防触电的对策

　　前面已经提到，发生触电的原因有很多。归纳起来，主要是缺乏电气常识和电气器具不合格或安装不合格而造成的。在日常生产和生活中，我们每天都需要用电，因此预防触电，做好安全用电，是任何时候都不能疏忽的。

　　要防止触电事故的发生，首先要严格遵守安全用电的规则，同时在安装电气器具时也要采取妥善的措施。

　　（1）不懂电气装修技术的人，不要自己安装或修理电气装置。发现电气线路或电气器具发生故障时，应请专业电工来修。

　　（2）凡产品说明书要求接地（接零）的电气器具，应做到可靠地"保护接地"或"保护接零"，并定期检查是否接地（接零）良好。有些电气器具要根据产品说明要求及整个线路电气器具配备情况，加装"熔丝"等保护设备。

　　（3）电气工作人员应严格地按照电气安全作业规定进行操作或检修电气器具，修理前必须断开电源。平时应对电气器具经常进行检查，凡不符合安全要求的电气器具应及时修理或停止使用。若必须带电操作，应采取必要的安全措施且有专人监护等相应的保护措施。

　　（4）电灯、电线及其他电气器具，不要靠近炉灶安装，以防长期受热、受潮后，绝缘损坏，漏电伤人。

　　（5）室内应使用塑料电线和橡胶电线，不要使用破旧的电线头来连接。电线的接头处应严密包扎上绝缘胶布，不要使电线的金属芯露出来。

　　（6）室外的电灯、电线或用电的插座应固定在距地面高度 1.8m 以上处，装于低处时应装设安全插座，且不能随便移动。

（7）电线穿墙壁或楼板时，要用瓷管或塑料管保护。房屋漏雨应及时修理，以免电线受潮，漏电起火，如图 2-3 所示。

（8）不要利用电线杆搭凉棚、瓜架，或在电线杆、电线上晾晒衣服。电线不要挨近用来晒衣服、绑烟筒、挂东西等的铁丝，以免铁丝磨破电线，导致触电，如图 2-4 所示。

（9）如果发现电线断落在地面上，在电线断落点 10m 以内，人不得进入，也不能用潮湿的木棍、竹竿去接触电源。发现电线断落，应立即报告附近的电业部门做专门的处理，如图 2-5 所示。

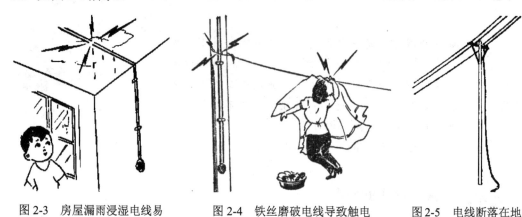

图 2-3 房屋漏雨浸湿电线易　　　图 2-4 铁丝磨破电线导致触电　　　图 2-5 电线断落在地
　　　　漏电起火　　　　　　　　　　　　　　　　　　　　　　　　　　　　应请电业部门处理

探讨卡三　**接地保护装置**

1. 接地的概念

电气上的"地"是指电位等于零的地方。出于不同的目的，将电气设备中某一部位经接地线和接地体与地做良好的电气连接称为接地。接地装置如图 2-6 所示。

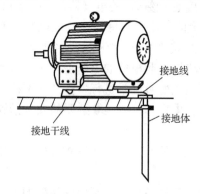

接地线

接地体

接地干线

图 2-6 电气装置的接地

接地的主要作用是保证人身和设备的安全。根据接地的目的不同，接地分保护接地、工作接地、保护接零和重复接地 4 种，如表 2-10 所示。

表2-10　接地的分类

分类	示意图	说明
保护接地	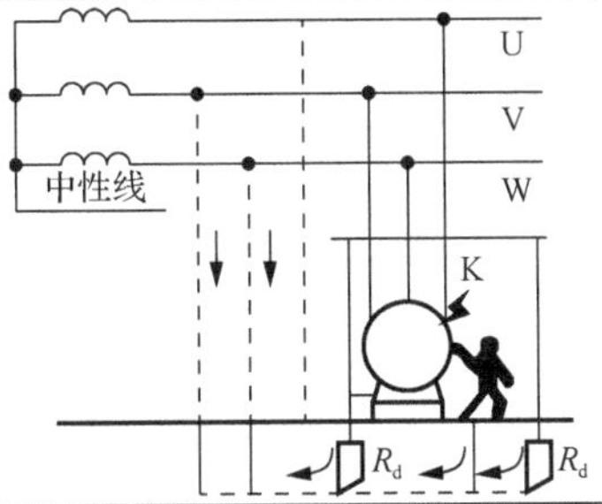	为了人身安全，将电气装置中平时不带电但可能因绝缘损坏而带上危险电压的外露导电部分（如设备的金属外壳或金属结构）与大地做电气连接
工作接地	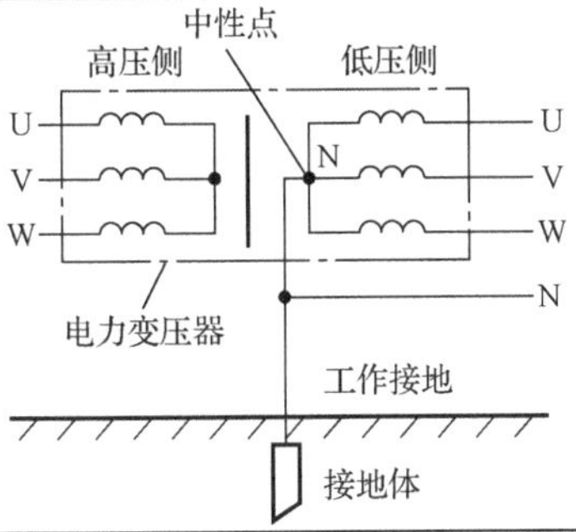	为保证用电设备安全运行，将电力系统中的变压器低压侧中性点接地
保护接零	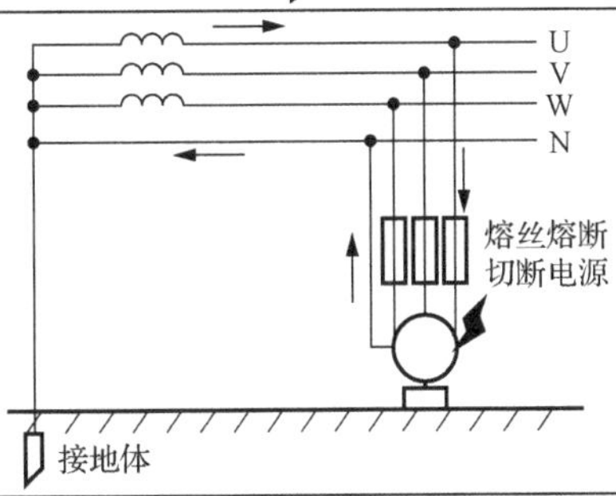	将用电设备的外壳及金属支架等与零线连接
重复接地	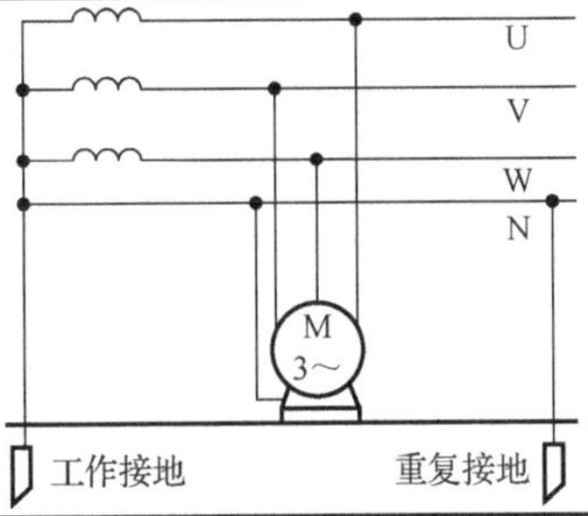	在三相四线制保护接零电网中，除了变压器中性点工作接地之外，在零线上一点或多点与接地装置连接

2. 接地装置的检查（部位与时间）

（1）接地线的每个支持点，应定期检查，若有松动或脱落，要重新固定好。

（2）要定期检查接地体和连接干线有无严重锈蚀，若有严重锈蚀，应及时修复或更换，不可勉强使用。

（3）接地装置的连接点，尤其是螺钉压接的连接点应每隔半年至一年检查一次，若发现松动，随即拧紧。采用电焊连接的连接点，也应定期检查焊接点是否完好。

3. 接地装置故障原因与处理办法

接地装置故障原因与处理办法如表 2-11 所示。

表 2-11 接地装置常见故障速查表

故障现象	故障原因	处理办法
接地连接点松散或脱落	容易出现松脱的情况有：移动电具的接地支线与金属外壳（或插头）间的连接处，具有振动的设备接地线的连接处	若发现松动或脱落，应及时拧紧或重新接妥
忘记接地或接错位置	在设备维修或更新后重新安装时，因疏忽而把接地线线头漏接或接错位置	若发现有接错位置或漏接，应及时纠正
接地线局部电阻增大	由于连接点或跨接过渡线存在轻度松散，连接点的接触面存在氧化层或存在污垢，引起电阻增大	应重新拧紧螺钉或清除氧化层及污垢后接妥
接地体的接地电阻增大	通常是由于接地体严重锈蚀或接地体与接地干线之间的接触不良所引起的	应重新更换接地体或重新把连接处接妥

探讨卡四 "120" 和 "110" 的拨打

1. "120" 和 "110" 的职能

（1）"120" 的职能。"120" 设在县（市）以上卫生局所属的各级卫生医疗急救中心内。主要负责危急病人的急救和抢救，并进行早期救治。"120"急救中心应指令有关"120"医疗急救车和医务人员赶赴现场进行救治，并将病人送到相关医院进行抢救。

（2）"110" 的职能。"110" 设在全国各县（市）以上的公安指挥中心内。它遵照公安部 "有警必接，有险必救，有难必帮，有求必应" 的承诺，负责接收人民群众的报警。"110" 接警的主要内容如下。

① 灾害事故，如台风、暴雨、大雪、洪水、火灾等自然灾害引起的各种险情。

② 刑事、治安案件，特别是在人民生命财产受到严重威胁时。

③ 精神病患者肇事，流浪人员、乞丐在街头、公园或风景区内肇事。

④ 街头危急病人、弃婴等。

⑤ 管道煤气泄漏，危险物品泄漏（包括槽车运输的化学物品，有毒物品，汽油、柴油等易燃易爆物品），电话线（包括光缆、电缆）等被切断或盗割。

⑥ 家庭暴力、对公安机关及公安干警工作作风的投诉等。

2. "120" 和 "110" 的拨打

（1）拨打方法。

① 凡是属于当地电信部门所辖电话网的所有电话机，街道上及公共场所内设置的无人值守的 IC 卡、投币电话，有人值守的公用电话、手机，都可以免费拨打上述 2 个报警急救服务台。

② 企、事业或国家机关单位自设总机的，需要拨打上述报警急救电话，应首先在各分机上拨外线设置的数字，如"0"或"9"，或者向总机话务员问清楚后再拨打，并加入当地电信部门有线电话网后报警求助。

③ 用手机报警求助时，如果接通报警急救中心电话后，发现声音小或者噪声很大，话音听不清时，应该移动一下通话位置，找到一个最佳点再通话。

（2）注意事项。

1）遇到情况时不要精神紧张，报警急救电话接通后，应用普通话将发生事件的详细地址，即街道或镇、乡、村的路名，门牌号讲清楚。如果是居住小区，应讲清楚楼房的幢号、单元号、门牌号、报警用的电话号码、报警人姓名，并简要说明事件情况。切忌用方言报警和说话啰唆。如打"120"报警电话应说清楚以下内容。①病人的姓名、性别、年龄，确切地址、联系电话；②病人患病或受伤的时间，目前的主要症状和现场采取的初步的急救措施；③报告病人最突出、最典型的发病表现；④过去患有什么疾病，服药情况；⑤约定具体的候车地点，准备接车。

2）在遇到急救中心电话正忙时，只要听到"这里是某单位的某报警急救中心，电话正忙请稍等"的提示音后，表示电话已经接通，此时不要将电话挂断，耐心等待，等报警急救中心将前一个电话处理完毕后再受理。

3）严禁随意拨打"110"和"120"，更不允许用"110"和"120"电话开玩笑或恶意报警，干扰急救中心的工作。如果有人恶意干扰，各报警急救中心将追查到底，并向公安机关报案，公安机关将按照有关法律法规予以处理。

书本先生的提示

　　严禁开玩笑或恶意报警。如有此情况将承担法律责任。

任务二　电气火灾扑救

任务目标▶
（1）熟悉住宅区电气火灾扑救对策。
（2）能组织电气火灾的自救互救。

任务描述▶
"生命无价"。电如果使用不当将会给我们造成伤害，甚至危及生命。作为一名光荣的电工，所从事的工作是安装、维护电气照明，将比普通人有更多的机会接触电。因此，在工作中一定要绷紧"安全用电"这根弦，让"电老虎"乖乖地听我们指挥，更好地服务于人类。

你知道电气火灾的特点吗？你了解消防安全常识吗？你掌握了火灾扑救的基本技能吗？请通过本任务的学习，去熟悉和掌握它们吧！

在住宅物业管理中，由于管理不当或其他一些意外因素而引发火灾（图2-7），特别是电气火灾，会给居住者带来巨大损失，甚至危及人身安全，因此做好防范工作至关重要。

图 2-7　住宅用电不慎引发火灾

电气火灾的特点表现在以下几点。

（1）火势蔓延路径多、速度快。特别是发生在高层住宅的电气火灾，由于功能上的需要，高层住宅内部往往设有竖井（电梯井）。这些井道一般贯穿若干或整个楼层，如果在设计时没有考虑防火分隔措施或对防火分隔措施处理不好，发生火灾时，由于热压的作用，这些竖井就会成为火势迅速蔓延的途径。

（2）安全疏散困难。由于住宅内人员种类繁多，其中有不少老弱病残者，特别是住在高层住宅中的老弱病残者，需要较长时间才能疏散到安全场所，同时人员比较集中，疏散时容易出现拥挤情况，而且发生火灾时烟气和火势蔓延快，给疏散带来困难。

（3）扑救难度大。因为电气着火后电气设备可能是带电的，如不注意，可能引起触电事故，因此，在进行电气灭火时，由于受到灭火设施的限制，常给电气火灾的扑救带来不少困难。

导读卡二　消防安全常识

1. 防火常识

防火常识如表 2-12 所示。

表 2-12　防火常识

名称	示意图	说明
物品码垛有讲究		仓库管理要严格，物品应当分类别； 化危物品要隔离，放置专用仓库中； 库内物品分垛放，保持距离最安全； 库房通道有讲究，2m 之宽要保证
装置设施有规定		消防设施要齐备，维护保养效果好； 疏散通道要畅通，安全出口无堆物； 电气装置有规定，灯亮下方无堆物； 敷设配电线路时，铁管、PVC 管来保护 注：PVC 是 polyvinylchlorid 的简称，PVC 管是一种主要成份是聚氯乙烯的合成材料 管，抗腐蚀性强、易于粘接、价格低廉，质 地坚硬，深受市场喜爱
牢记安全有保证		仓库、车间和住宿，不能合在一起用； 若图省事"三合一"，火灾发生灾难来； 物品烧光损失重，人员伤亡事更大； 若要平安效益好，安全常识要牢记

2. 灭火常识

灭火常识如表 2-13 所示。

表 2-13　灭火常识

名称	示意图	说明
油锅起火别着急		油锅起火别着急， 水泼灭火不可取， 覆上锅盖湿抹布， 火苗立即去无影
有条不紊无危险		气罐不幸火苗起， 迅速捂盖湿衣被， 阀门切记要关紧， 有条不紊无危险

续表

名称	示意图	说明
电器着火不水泼		电器线路若着火， 先断电来后再灭， 直接水泼不适宜， 最好使用灭火器
正确使用灭火器		灭火器分类 A、B、C， 喷嘴离火 2m 处， 左拔销来右握把， 对准火焰根部灭
迅速拨打"119"		家中起火莫惊慌， 迅速拨打"119"， 不要随便开窗户， 火借风势易蔓延

议一议

将电气火灾处理意见填写在表 2-14 中。

表 2-14　电气火灾处理意见

步骤	说明
1	
2	
3	
4	

查一查

检查自己所在学校或居住小区存在的安全隐患，并提出自己对解决隐患的整改意见，并写在表 2-15 中。

表 2-15　对所在场所安全隐患的处理意见

检查场所	存在的安全隐患	整改意见

实践卡一　火灾逃生演练

对自己工作、学习或居住所在的建筑物结构及逃生路径要做到了然于胸。教师组织学生进行应急逃生演练，或由学生提出方案，经讨论后实施演练。

书本先生的提示

事前预演，将会事半功倍。

突遇火灾，面对浓烟和烈火，首先要强令自己保持镇静，迅速切断电源和判断安全地点，组织群众尽快撤离险地。撤离时要注意，朝明亮处或外面空旷地方跑，要尽量往楼下跑，若通道已被烟火封阻，则应背向烟火方向跑，如图 2-8 所示。

图 2-8　逃生预演

实践卡二　火灾扑救演练

当发生火灾时，如果火势并不大，周围有足够的消防器材，如 1211 灭火器具等，应及时切断电源，奋力将火势控制住并将其扑灭；千万不要惊慌失措地乱叫乱窜，置小火于不顾而酿成大灾。

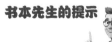
书本先生的提示

扑灭小火，惠及他人。
勿以恶小而为之，勿以善小而不为。

评一评

通过以上的议、查、做，将收获或体会写在表2-16中，同时完成评价。

表 2-16　火灾逃生和扑救演练总结表

课题	火灾逃生和扑救演练					
班级		姓名		学号	日期	
训练收获或体会						
训练评价	评定人	评语			等级	签名
	自己评					
	同学评					
	老师评					
	综合评					

探讨卡一　"119"的拨打

拨打火警电话"119"（图 2-9）时，一定要沉着冷静，关键是要用尽量简练的语言把情况表达清楚。报警时要注意以下事项。

（1）要记清火警电话——"119"。

（2）电话接通后，要准确地报出失火的地址（路名、门牌号等）、什么东西着火、火势大小、有没有人被困、有没有发生爆炸或毒气泄漏以及着火的范围等。如果说不清楚具体地址，则要说出地理位置、周围明显的建筑物或道路标志。

（3）将自己的姓名、电话或手机号码告诉对方，以便联系。注意听清接警中心提出的问题，以便准确回答。

（4）打完电话后，立即派人到交叉路口等候消防车，引导消防车迅速赶到火灾现场，如图2-10所示。

图 2-9　迅速拨打火警电话

图 2-10　等候消防车

（5）如果火情发生了新的变化，要立即告知消防救援队，以便他们及时调整力量部署。

拨打"119"火警电话与消防救援队出警灭火都是免费的。

探讨卡二 灭火器的使用

灭火器是扑灭初起火灾的有效器具。家庭常用的灭火器主要有二氧化碳灭火器和干粉灭火器等，如图2-11所示。正确掌握灭火器的使用方法，就能准确、快速地处置初起火灾。

（1）二氧化碳灭火器的使用方法如表2-17所示。

图2-11　家庭常用灭火器

表2-17　二氧化碳灭火器的使用方法

	示意图	使用说明
使用方法	保险栓　压把　压力表（指针应保持在绿色区域内）　Ⓐ类火灾　Ⓑ类火灾　⚠类火灾　喷嘴	先拔出保险栓，再压合压把，将喷嘴对准火苗根部喷射
应用范围	适用于A、B、C类火灾。A类火灾指固体物质火灾，如布料、纸张、橡胶、塑料等燃烧形成的火灾；B类火灾指液体火灾和可熔化的固体物质火灾，如可燃易燃液体和沥青、石蜡等燃烧形成的火灾；C类火灾指气体火灾，如煤气、天然气、甲烷、氢气等燃烧形成的火灾	
注意事项	使用时要尽量防止皮肤因直接接触喷筒和喷射胶管而造成冻伤。扑救电气火灾时，如果电压超过600V，切记要先切断电源后再灭火	

（2）干粉灭火器的使用方法如表2-18所示。

表2-18　干粉灭火器的使用方法

	步骤	示意图	使用说明
使用方法	第1步		将灭火器提至现场

续表

步骤	示意图	使用说明
使用方法	第2步	拉开保险栓
	第3步	将喷嘴朝向火苗
	第4步	压合压把
	第5步	左右移动喷射
应用范围	手提式ABC干粉灭火器使用方便、价格便宜、有效期长，为一般家庭所选用。它既可以扑救燃气灶及液化气钢瓶角阀等处的初起火灾，也能扑救油锅起火和废纸篓等固体可燃物质的火灾	
注意事项	干粉灭火器在使用之前要颠倒几次，使筒内干粉松动。使用ABC干粉灭火器扑救固体火灾时，应将喷嘴对准燃烧最猛烈处左右移动喷射，尽量使干粉均匀地喷洒在燃烧物表面，直至把火全部扑灭	

探讨卡三　消防战士的新型面具

当一队消防战士接到命令迅速来到火灾现场时，那里已是浓烟滚滚，火光冲天，建筑物内根本辨别不清东西南北，他们只听到一些未及时撤离的人在呼叫救援。然而英勇的战士们冲了进去，很快找到了火源，全力予以扑灭，并找到了被困的人们，把他们一一救出。图2-12所示为消防战士的新型面具。

是什么使这些英勇的战士如虎添翼呢？这得归功于他们头上的新型面具。原来，在这种面具里装有一个红外线摄像机。它能够"感觉"到温度最高，即红外线辐射最强的地方，并将其拍摄为可视的图像，然后在面具下部的小屏幕上显示出来。于是战士们能很方便地透过浓烟和火光看清火源的位置，并准确地扑灭火源。同样，它利用人体散发出来的热量使战士们能看清被围困的人员所处位置。

图2-12　消防战士的新型面具

在这种面具里还装有无线电通话器和供战士使用的呼吸装置。此外，还有供红外摄像机等使用的电池，它的电能可持续使用 15h 之久。因此，这种新型面具自然就成为消防战士最得力的装备之一。

任务三　用电安全及相关案例

任务目标▶　（1）了解安全用电的注意事项。
（2）知道火灾逃生的方法和自救常识。
（3）认识常用的安全标记。

任务描述▶　　　电是一种优质能源。它由自然界中其他形式的能量转化而来，千家万户都需要用电。日常生活中，洗衣机、电冰箱、空调、电视机、电风扇、电梯、电车都离不开它。

"电"能给人们的生活带来许多便利和欢乐，但如果不注意安全使用，也会给人们带来伤害，甚至危及生命。那么，应该怎样注意安全用电，在使用中避免事故发生，并在事故现场正确有效地处理电气灾害呢？如图 2-13 所示，是电气灾害给人类带来危害的示意图。

图 2-13　电气灾害给人类带来的危害

导读卡一　安全用电从我做起

用电人员要牢记"安全用电无小事、以防为主最重要"。在日常生活和工作中，坚持"低压勿摸，高压勿近！"的原则，从日常小事做起，具体如表 2-19 所示。

表 2-19　安全用电，从小事做起

序号	示意图	说明
1	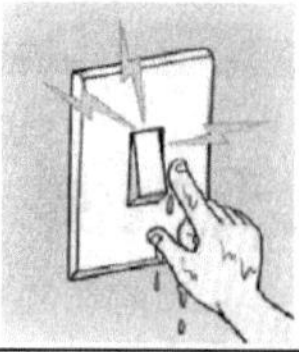	不用湿手扳开关和插入、拔出插头
2		不随便摆弄或玩电器，不能带电移动和安装家用电器
3		不购买假冒伪劣的电器、电线、电槽（管）、开关和插座等。凡产品说明书要求接地（接零）的电器具，应做到可靠地"保护接地"或"保护接零"，并定期检查是否接地（接零）良好
4		不在电加热器上烘烤衣服
5		不将晒衣竿搭在电线或变压器架子上，户外晒衣与电线保持安全距离
6		不乱拉电线，不超负荷用电。一般居民家庭用电采用小套（4kW）、中套（6kW）、大套（8kW）配置。空调、电加热器等大容量设备应敷设专用电路
7		不在架空电线和变压器附近放风筝。做到"不靠近高压带电体（室外高压线、变压器旁），不接触低压带电体"

续表

序号	示意图	说明
8		不用铜丝代替熔丝，不用橡皮胶代替电工绝缘胶布。 进行电气安装或检修前，必须先断开电源再进行操作，并有专人监护等相应的保护措施
9		不直接触碰触电者。 若无法及时找到或断开电源时，可用干燥的竹竿或木棒等绝缘物挑开电线
10		不贸然施救。 遇有人触电，应先切断电源，使触电者脱离电源，在进行现场诊断和急救的同时拨打"120"
11		不用水泼救。 遇到家庭电气设备或电线着火，应先切断电源，再进行扑救，或者拨打"119"帮助扑救。 电气着火应选用二氧化碳或四氯化碳灭火器来扑救
12		不自己安装或修理电气装置。 不懂电气装修技术的人，发现电气线路或电气器具发生故障时，应请专业电工维修；安装、检修电气线路或电气器具时，一定穿绝缘鞋、站在绝缘体上，且切断电源；电气线路中安装触电保护器，并定期检验其灵敏度

导读卡二 火灾的逃生与自救

火灾的逃生与自救是师生学习消防知识的一个重点，尤其是从房间中的火场逃生。火灾现场人员的逃生自救方法如表 2-20 所示，逃生自救要求如表 2-21 所示。

表 2-20 火灾现场人员的逃生自救方法

方法	示图说明
切断电源 正确扑灭	

方法	示图说明
不恋钱财 不能奔跑	
选择通道 逆风疏散	
湿被护身 匍匐前进	
火场求救 绳索自救	
择器扑救 安全灭火	

续表

方法	示图说明
及时报警 请求援助	119! 119!

表 2-21 火灾现场人员的逃生自救要求

要求	内容说明
三"要" 三"不要"	① 要镇静分析，不要盲目行动。明确自己的房间位置，回忆房子和房间的走向，分析周围的火情，不要盲目开门开窗，可用手先摸一摸房门，如果很热，千万不要开门，不然会助长火势或"引火入室"；也不要盲目乱跑、跳楼，这样有可能造成不应有的伤亡，在火势蔓延前，可朝逆风方向快速离开。 ② 要选好逃生方法，不要惊慌失措。如果必须从烟火中冲出房间，要用湿毛巾、衣服等包住头脸，尤其是口鼻部位，低姿行进，以免受呛窒息。如房门口已有火，但火势不大，就从房门口冲出；如果房门口火势太猛，要从窗口逃生，并保证双脚落地，避免出现意外。 ③ 要尽量有序迅速撤离火场。不要大声喊叫，避免烟雾进入口腔，导致窒息中毒。如火场逃生之路均被大火切断，应退居室内关闭门窗，有条件的可向门窗上浇水，以延缓火势蔓延，同时向窗外扔小的物品或打手电筒求救
四个"记住"	① "119"火警电话。 ② "110"报警电话。 ③ "122"交通事故报警电话。 ④ "120"急救电话。 打电话不要慌张、不要语无伦次，必须要说清地点、相关情况及显著的特征

导读卡三 安全用电案例点评

针对用电量增加、电气事故不断上升的趋势，专家指出：用电单位和个人要提高安全用电意识，做到"不靠近高压、不接触低压"，严格执行用电规定；电气设计部门要充分考虑电气负荷量的未来发展，留有合理余地，并特别注意突发性和临时性的负荷量；施工和装饰单位必须严格按照有关部门批准的设计方案施工，选择质量过关的设备和器材；尽快出台配套的行政法规，为常规电气安全检测提供直接的法律依据。

案例一：电器安装未做检查——危险

【事故展现】

2001 年 7 月 25 日晚 7 时 50 分，在西安某学校工作的赵女士到文艺路父母住处看望老人。进屋后，她发现 70 岁的父亲和 69 岁的母亲双双倒在卫生间，竟然早已身亡。

【事故点评】

现场勘察：电淋浴器插头与插座接触松动，且淋浴器潮湿。赵女士老父右手指有电击伤，是洗澡时遭到电击，赵母闻讯赶来搭救，不幸也触电身亡。

安全专家指出：这是一起由于忽视家电设备安装后的检查所造成的典型电气事故。事故告诉我们：在电淋浴器安装后，应认真检查其安装可靠程度，并在使用前必须先注满水再通电，以防止电热管干烧而导致漏电。另外，插头与插座接触必须坚固，不能松动。同时在专用线路上须配置电流大小合适的熔丝座，注意浴室通风，保持电淋浴器的干燥。

案例二：违反安全用电规定——可怕

【事故展现】

王某新买了一台电风扇，因家中三孔插座已被其他家用电器占用，所以他将电风扇的三孔插头改装成两孔插头，且电风扇外壳没有接地。接上电源，电风扇转动后，王某父亲看到电风扇很高兴，就去摸电风扇底座，只听他"哇"地一声便倒在电风扇底座边。王某看到父亲栽倒在地上，忙去拉父亲，他刚一接触父亲身体，就喊了一声"有电"。王某急忙把电风扇插头拔下，迅速将父亲送往医院。经医生检查，王某父亲因误时较长，已经无法抢救。

【事故点评】

现场勘查：电工师傅打开电风扇接线盒盖，发现电线绝缘有部分破损，并且破损电线处与电风扇外壳接触。同时，王某安装电风扇用的插座没有用带接地线的三孔插座，致使电风扇外壳与电线破损处接触而带电。

安全专家指出：这是一起因违反安全用电规定所造成的事故。事故告诉我们：电风扇电源线应用有塑料护套的三芯线，三芯线中有一根黑色的线芯作为电风扇外壳的保护接地线。如用两芯线及两孔插座时，应将电风扇外壳接地，接地线应接在接地体上，接地体的电阻要小于 10Ω。在电风扇使用前，应注意检查电源线外皮绝缘是否良好，如发现擦伤、压伤、扭伤、老化等情况，应及时更换或进行绝缘处理。一旦发生触电，应首先切断电源，根据触电者的情况打急救电话。在等待急救车赶到时采取相应的急救措施进行抢救，比如人工呼吸等。

案例三：乱接电线、违章操作——不行

【事故展现】

缪同学家原来住在盐城，后来一家人来到常熟做水产生意。7月的某天早晨，缪同学起床后到卫生间给电加热器接上电源时，因为他手上有水，一碰到接线板就触电了，他一下子摔倒在水池里。缪同学的母亲听到声响跑到卫生间，立刻切断了电源，并拨打电话叫来救护车，可为时已晚，缪同学还是离开了人世。缪母悲痛万分，后悔莫及。

【事故点评】

现场勘查：房屋内电线乱接、乱搭严重，也没有安装漏电保护器。缪同学因为手上有水，在接插电源（接线板）时意外接触到金属带电体而导致触电。

安全专家指出：这是一起乱接电线、违章作业的典型电气事故。事故告诉我们：房屋内的电线不允许乱接、乱搭，更不能用湿手接触带电的插座或接线板。在插拔电源插头时，应注意身体不要与带电部位接触。家庭用电线路一定要安装漏电保护器，电源插头要选用带有接电保护的标准插头。平时要注意检查电源连接、电线绝缘外皮和电器具

是否完好等情况，如果发现不符合安全规定或电器已损坏，应及时纠正和更换。

案例四：电器不合格酿灾难——后悔

【事故展现】

2004年2月14日是某县职业学校许明同学一生难忘的日子。许明家住某市许庄镇许家村，爸妈是勤劳憨厚的农民。许明的爷爷、奶奶与其爸妈一起住在西屋。2月份的北方天寒地冻，因为爷爷的老寒腿，爸爸就在附近的小商品批发市场购买了一条电热毯，爷爷很开心，当晚就用上了。没想到竟引发了火灾：爷爷烧成重伤，两间住房和大部分财物也被烧毁。

【事故点评】

现场勘查：西屋烧损严重，西屋除伤者床上的电热毯外，无其他电器和火源。询问许明父亲证实，电热毯是刚从小商品批发市场上购买的。购买的当天晚上爷爷就使用上了，没想到竟引发了火灾，烧得这样惨。通过购买同一厂家、同一型号的实物证实，该电热毯是一个"三无"产品，价钱也不贵，结构简单，说明书无确定的功率，没有保护装置。

安全专家指出：这是一起因购买使用假冒伪劣的电器产品而引发的典型事故。事故告诉我们：在购买电器时，不能只考虑价格、不考虑质量，购买未经有关部门的质量检验的中低档"三无"产品极易引发事故。因此，千万不要去购买假冒伪劣的"三无"产品。

案例五：违章移电器招事故——不该

【事故展现】

随着职业学校实训基地的扩大和工作面的延伸，2017年的一天，某学校机电专业的学生接受了电器搬迁和安装的任务。经班会讨论，安排张同学和李同学负责电气设备的搬移工作。张同学和李同学在没有停电的情况下拖拽电缆，从旁边经过的跟班师傅说："先停电再搬移。"张同学却说："没事儿。"并继续往前搬移。当设备搬移到位，开始挂电缆时，由于电缆有破损，导致李同学触电，造成事故。

【事故点评】

现场勘查：在李同学被电倒的设备边，发现工作场地设备与工具摆放杂乱，连接用的电缆绝缘层破损严重。

安全专家指出：这是一起因违反严禁带电移动和安装电气设备规定而造成的典型电气事故。事故告诉我们：学校教师在带领学生参加实习时，不能忽视对学生安全意识的教育和监督，要严格落实安全保障措施，指导学生认真按章操作。

案例六：保护自己再救他人——正确

【事故展现】

2011年12月某日，某职校一女生张某和同学在放学路上看到惊人一幕：一男同学的手被一根电线"粘"住并发出惨叫，另一男同学急忙去拉他，也惊叫一声。两人脸上

都呈现出痛苦、恐慌的表情，并拼命地叫喊、挣扎。张同学判断两位男同学已经触电，她镇定自若，没有贸然去拉他们，而是先拿出书包里的一副尼龙手套戴上，再用力将电线拽开，成功地救下了两位男生。

【事故点评】

现场勘查：事故现场被大风刮断的电线周围已被职校张某画了一个大圈，并写上"防止触电、请勿接近"。被救下的两位男同学面色苍白、表情惊恐、头晕、乏力。

安全专家指出：这是一起利用绝缘手套成功解救触电者的典型案例。事故告诉我们：遇到有人触电，应立即断开电源或拔掉插头。若无法及时找到或断开电源时，可用干燥的竹竿或木棒等绝缘物挑开电线。职校张同学就是在无法及时断开电源的情况下，未贸然对触电者施救，而是戴上尼龙手套（绝缘物）将电线拽开，成功救下了两位男同学，她的做法是正确的。

书本先生的提示

严格遵守操作规程，注意安全用电。

议一议

"安全用电"如何从我做起。

查一查

家庭居室存在的安全隐患。

实践卡 **熟识安全标记**

寻找出自己学校、常住小区或所处公共场所的安全标记，并知道它们的含义。一些常用安全标记如表 2-22 所示。

表 2-22 一些常用安全标记

标记说明	紧急出口		活动开门	
示意图				
标记说明	 消防水泵接合器	 消防梯	 灭火设备方向	 灭火设备方向
示意图				
标记说明	发声报警器	火警电话	灭火设备	灭火器
示意图				
标记说明	消防水带	地下消火栓	地上消火栓	消防手动启动器
示意图				

评一评

通过以上的"议、查、做",将收获或体会写在表 2-23 中,同时完成评价。

表 2-23 "安全用电从我做起"总结表

课题	安全用电从我做起					
班级		姓名		学号	日期	
训练收获或体会						
训练评价	评定人	评语			等级	签名
	自己评					
	同学评					
	老师评					
	综合评					

探讨卡一　烟雾传感器为什么能自动报告火警

在现代化的星级宾馆客房内，几乎都装有自动报警装置（图 2-14），以避免重大火灾的发生。那么，自动报警装置为什么能自动报告火警呢？

图 2-14　宾馆客房内的烟雾传感器

原来，在自动报警装置中，安装有一个类似人的嗅觉器官的烟雾传感器。烟雾传感器由一种对烟雾反应极为灵敏的敏感材料制成。这种材料有一个特点：只要与一氧化碳和烟雾一类气体接触，传感器内的电阻就立即发生显著变化，与此同时，自动接通报警器。

所谓敏感材料，是指那些物理和化学性能对电、光、声、热、磁、气和湿度变化的反应极为灵敏的材料。所以，敏感材料又有电敏、光敏、声敏、磁敏、气敏和湿敏之分。这些敏感材料是实现自动化控制的重要物质基础，它们就像人体的各种器官一样，能非常灵敏地感知各种环境条件发生的变化，然后根据变化的信息，及时向人们发出警报或自动采取相应的措施。

探讨卡二　钢铁和防水涂料是怎样防火和阻止火势蔓延的

1. 钢铁结构是怎样防火的

在我国，火灾时有发生，造成了重大的经济损失。火灾降临时，就连大楼的钢结构也经不住烈火烧炼，在很短的时间内即变软塌落。以前，我国没有生产防火涂料，不得不花费大量外汇从国外购买。1985 年，我国科技人员经过无数次实验、论证，终于开发出了一种钢结构防火隔热涂料，填补了我国防火涂料生产的空白。钢构件表面涂上这种涂料后，经大火猛烧 2～3h，钢构件也不会变形。1989 年 3 月 1 日，这种防火涂料经受了一次严峻的考验：中国国际贸易中心发生了一场意外火灾，B 区宴会厅中堆积的上千立方米保温材料被烧成灰烬，混凝土楼板被烧蚀 50 多毫米厚，而屋顶 18m 跨度的钢梁却丝毫没有变形，经过 3h 的大火，连外层防锈漆的颜色都未改变。其奥秘在哪儿呢？原来，建筑工人给钢结构涂上防火材料，穿上了一件"防火衣"，如图 2-15 所示。

图 2-15　建筑工人给钢结构涂上防火材料

2. 防火涂料为什么能阻止火势蔓延

　　火灾是人类的大敌。尤其是现代社会，高层建筑林立，各种易燃有机化合物的使用日益繁多，极易发生火灾。某些普通涂料是一种易燃物质，一旦着火，火势会迅速蔓延。因此，科学家们一直在想办法制造不但不会燃烧，而且还能阻止火焰扩散的涂料。防火涂料能阻止火势蔓延，如图 2-16 所示。

图 2-16　防火涂料能阻止火势蔓延

　　燃烧的条件有三个：一是要有可燃物质；二是要有充分的氧；三是要有一定的温度，三者缺一不可。防火涂料就是针对它们而设计的。首先，这种涂料采用不燃或难燃的材料（如某些不易燃的树脂）作为主要成分，一旦着火，这些材料会释放出抑制火焰的气体，其辅助成分如染料，也应该是不燃的。其次，在涂料里加入防火剂。在受到火焰的高热时，防火剂会分解出不会燃烧的二氧化碳等气体，把氧气与燃烧着的东西隔离开来，使火焰因缺氧而熄灭。有的涂料中还加入了磷酸铵、硅油等发泡剂，它们在被烧着时产生大量泡沫，好像泡沫灭火机喷出的泡沫，形成一道阻隔层，把火焰包围起来，使之熄灭。有的涂料中还加入了一些低熔点的不会燃烧的材料，如玻璃粉末等，它们会在火焰热量烧烤下熔化，在着火的物体上流淌开来，形成一层绝热的防火层。这些就是防火涂层能阻止火势蔓延的原因。

◆ 开卷有益 ◆

（1）电位等于零的地方，就是我们所说的电气上的"地"。接地的主要作用是保证人身和设备的安全。按接地的目的及工作原理来分，有保护接地、工作接地、保护接零和重复接地 4 种。

① 保护接地：将用电设备的金属外壳及金属支架等与接地装置连接。

② 工作接地：为保证用电设备安全运行，将电力系统中的变压器低压侧中性点接地。

③ 保护接零：将用电设备的外壳及金属支架等与零线连接。

④ 重复接地：在三相四线制保护接零电网中，除了变压器中性点的工作接地之外，在零线上一点或多点与接地装置的连接。

（2）电流对人体的伤害。当人体某一部位接触到带电的导体（裸导线、开关、插座的铜片等）或触及绝缘损坏的用电设备时，人体便成为一个通电的导体，电流流过人体会造成伤害，这就是触电。人体触电时，电流对人体伤害的主要因素是流过人体的电流的大小。规定流过人体的安全电流为 50mA，安全电压为 36V，在金属架上或在潮湿的场所工作，安全电压等级还要降低，通常为 24V 或 12V。

（3）常见的触电方式。常见触电方式有单相触电、两相触电和跨步电压触电。

① 单相触电：当人体的某一部位碰到相线或绝缘性能不好的电气设备外壳时，电流由相线经人体流入大地的触电。

② 两相触电：当人体的不同部位分别接触到同一电源的两根不同相位的相线，电流由一根相线经人体流到另一根相线的触电。

③ 跨步电压触电：当电气设备相线碰壳短路接地，或带电导线直接触地时，人体虽没有接触带电设备外壳或带电导线，但跨步行走在电位分布曲线的范围内而造成的触电。

（4）触电急救的基本原则是动作迅速、救护得法，且不惊慌失措，束手无策。当发现有人触电，必须迅速地使触电者脱离电源，然后根据触电者的具体情况，进行相应的现场救护。

（5）电气火灾是由输配电线路漏电、短路或负载过热而引起的。用电设备发生火灾有两个特点：一是着火后用电设备可能带电，如不注意可能引起触电事故；二是有的用电设备本身有大量油，可能发生喷油或爆炸，会造成更大的事故。电气火灾处理方法如下。

① 尽快切断电源。

② 带电灭火时，应选用干黄、二氧化碳、1211（二氟一氯一溴甲烷）、二氟二溴甲烷或干粉灭火器。严禁用泡沫灭火器对带电设备进行灭火。

③ 灭火时，要保证灭火器与人体间距及灭火器与带电体之间的最小距离（10kV 电

源不得小于 0.7m，35kV 电源不得小于 1m），避免与电线与电气设备接触，特别要留心地上的电线，以防触电。

大 显 身 手

1. 填空题

（1）当人体某一部位接触到带电的导体或触及绝缘损坏的用电设备时，人体便成为一个通电的导体，电流流过人体会造成伤害，这就是＿＿＿＿＿＿＿＿＿＿＿。

（2）当人体的不同部位分别接触到同一电源的两根不同相位的相线，电流由一根相线经人体流到另一根相线的触电，称为＿＿＿＿＿＿＿＿＿＿＿。

（3）当电气设备相线碰壳短路接地，或带电导线直接触地时，人体虽没有接触带电设备外壳或带电导线，但跨步行走在电位分布曲线的范围内而造成的触电，称为＿＿＿＿＿＿＿＿。

（4）为保证用电设备安全运行，将电力系统中的变压器低压侧中性点接地称为＿＿＿＿＿＿＿＿＿＿，如电力变压器和互感器的中性点接地。

（5）在三相四线制保护接零电网中，除了变压器中性点的工作接地之外，在零线上一点或多点与接地装置的连接称为＿＿＿＿＿＿＿＿＿＿＿。

（6）在同一供电线路上，不允许一部分电气设备＿＿＿＿＿＿＿＿＿＿＿，另一部分电气设备＿＿＿＿＿＿＿＿＿＿＿。

（7）发生电气火灾，首先要＿＿＿＿＿＿＿＿＿＿＿＿＿＿。

（8）触电急救的步骤有＿＿＿＿＿＿＿、＿＿＿＿＿＿＿和＿＿＿＿＿＿＿。

2. 选择题

（1）家庭电路中，电器安装的说法中错误的是（　　）。
　　A．开关应接在火线上　　　　B．螺口白炽灯的螺旋套一定要接在零线下
　　C．开关应和白炽灯并联　　　D．三孔插座应有接地线

（2）有人触电后，应采取的正确措施是（　　）。
　　A．赶快把触电人拉离电源　　B．赶快去找电工来处理
　　C．赶快用剪刀剪断电源线　　D．赶快用绝缘物体使人脱离电线

（3）下列说法正确的是（　　）。
　　A．人体的安全电压是 36V
　　B．家庭电路中的插座应与灯座串联起来
　　C．在家庭电路中可以用铜丝代替熔断器
　　D．电能表是用来测量用户消耗电能的仪表

（4）电工站在干燥的木凳上检修照明电路，下列情况中安全的是（　　）。
　　A．一手握相线，一手握零线　　B．一手握相线，一手握地线

C．只用一只手接触相线　　　　D．一手接触相线，另一只手扶着水泥墙壁

（5）被电击的人能否获救，关键在于（　　　）。

A．触电的方式　　　　　　　　B．人体电阻的大小

C．触电电压的高低　　　　　　D．能否尽快脱离电源和施行紧急救护

3．问答题

（1）安全用电的基本原则是什么？

（2）有人说，只有"高电压"才有危险，"低电压"没有危险，这话对吗？

4．综合题

据某报报道：7 月 3 日，李家村三姐弟来某地"农家乐"游玩。当晚 11 点 40 分，在居住的三楼 303 室，老二去卫生间洗澡。过了很久，姐姐见妹妹没出来，这时卫生间里的水流进了房间。姐姐一看不对，连忙冲到卫生间门口大叫，但没人回应。于是她转身爬到窗台，进入卫生间查看情况，结果不幸触电，倒在了卫生间。弟弟一看是触电，连忙回房间穿了塑胶跑鞋，切断了电源，随后报警求助，但两姐妹已身亡。据调查：房东使用的是二手电热水器，洗澡过程中热水器出现漏电现象，而且现场用电系统无接地线保护，也没装漏电保护器，埋下了触电事故的隐患。

（1）案例中，发生触电事故的主要原因有哪些？

（2）如何进行正确的触电急救？

项目三

导线连接与绝缘层恢复

项目情景

一场突如其来的暴风雨，使某乡镇的照明线路受损严重。电力公司迅速派出了一支抢修队伍。现场调查和评估后，维修队长小柯立即制定了恢复计划：更换受损的连接器，并对导线绝缘层进行修复。经过2h的努力，维修队终于完成了任务，小镇重拾光明和温暖。

那么，小柯如何修复受损线路？修复绝缘层有哪些途径？一起来学一学吧。

项目目标

> **知识目标**

（1）了解常用导电材料及其用途。

（2）熟悉电工常用工具及使用方法。

（3）了解导线的分类及其应用。

（4）熟悉电工常用的绝缘材料。

（5）熟悉常用导线的剖削方法。

（6）熟悉导线绝缘层的恢复与封端方法。

> **技能目标**

（1）能根据实际应用环境选择导线规格。

（2）会剖削常用导线绝缘层。

（3）能对导线进行正确连接。

（4）会进行导线绝缘层的恢复与封端。

项目概述

导线是将电能输送到各家各户用电设备上的、必不可少的导电材料。对导线的选择、连接是电工的基本操作技能。本项目主要介绍常用绝缘导线的种类、规格，导线的选择、连接及其绝缘层恢复等基本操作方法。

任务一 导线绝缘层的剖削与连接

任务目标▶
（1）了解常用导电材料及其用途。
（2）熟悉电工常用工具及使用方法。
（3）了解导线的分类及其应用。
（4）了解常用导线的剖削方法。
（5）能根据实际应用环境选择导线规格。
（6）会剖削常用导线绝缘层。
（7）能对导线进行正确连接。

任务描述▶
　　一条两条三四条，条条导线送电忙。导线送"粮"供能量，盏盏灯具露光彩。当电光源照耀环境和美化生活时，你想过没有，导线是怎样通过各种连接方式，把电能输送到城市和农村的？请你通过本任务的学习，掌握对导线剖削、导线的连接技能吧！

导读卡一 电工常用的导电材料

　　电线在家庭装修材料中占有举足轻重的地位，它担负着输送电流的重要任务，为家用电器提供安全、优质、可靠的供电服务。为什么电工常用导电材料（如电线）大多为

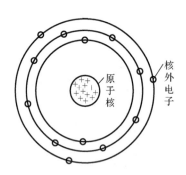

图 3-1　具有 13 个核外电子的铝原子的结构示意图

铜或铝材料呢？原因在于物质内部的结构，如核外电子，氢原子只有 1 个，铝原子有 13 个，铜原子有 29 个，铀原子却有 92 个。因此，氢、铝、铜、铀的性质差别很大。图 3-1 所示是铝原子的结构示意图。铝原子共有 13 个电子，分三层围绕着原子核旋转。最外层的电子离原子核最远，受核的束缚力最小，比较容易在外力的作用下挣脱出来成为自由电子。

　　通常我们把电阻率在 $0.1 \times 10^{-6} \Omega \cdot m$ 以下的物质所构成的材料称为导电材料。导线和电动机、变压器等电气设备的线圈，都是用导电性能很好的铜或铝制造的。电工常用的导电材料和用途如表 3-1 所示。

表 3-1　电工常用的导电材料和用途

常用材料	主要用途
铜、铝、钢	制作各种导线
钨	制作灯丝
锡	制作导线接头的焊料或熔体

导读卡二　电工常用工具

电工常用的工具有验电笔、螺丝刀、尖嘴钳、钢丝钳、剥线钳、电工刀、活扳手、锤子等。这些工具一般都放置在随身携带的电工工具套和工具包内，如图 3-2 所示。使用时，电工工具套可用皮带系在腰间，置于臀部右侧，将常用工具插入工具套中，便于随手取用。电工包横跨在左侧，内有零星电工器材和辅助工具，以便外出使用。表 3-2 所示是电工常用工具及其使用要点。

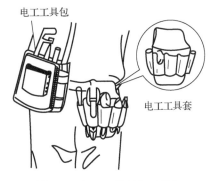

图 3-2　电工工具套和工具包

表 3-2　电工常用工具及其使用要点

名称	实物图	使用示意图	使用要点
尖嘴钳 钢丝钳			尖嘴钳、钢丝钳是用来钳夹、剪切电工器材（如导线）的常用工具。使用时，不能当作敲打工具；要保护好钳柄绝缘管，以免因碰伤而造成触电事故
剥线钳			剥线钳是用来剥削小直径导线线头绝缘层的工具。使用时，应根据不同的线径选择剥线钳不同的刃口

名称	实物图	使用示意图	使用要点
电工刀			电工刀是用来剖削电工材料绝缘层的工具。使用时，刀口应朝外操作；在削割电线包皮时，刀口要放平一点，以免割伤线芯；使用后要及时把刀身折入刀柄内，以免刀刃受损或伤及人身
螺丝刀	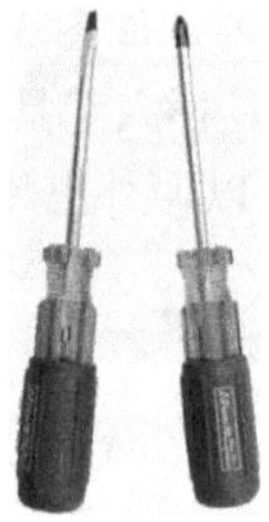	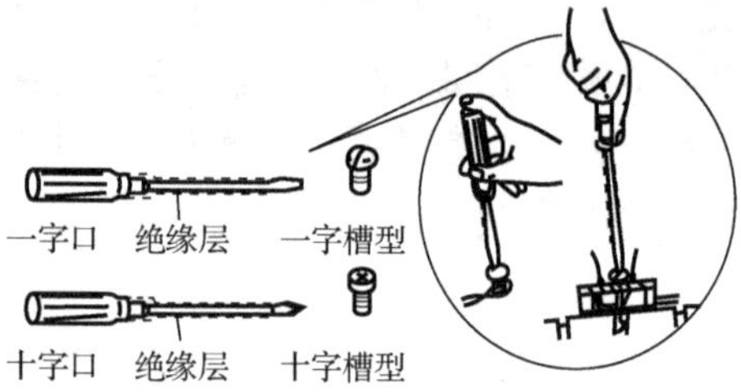 一字口　绝缘层　一字槽型 十字口　绝缘层　十字槽型	螺丝刀是一种用来旋紧或起松螺钉的工具。使用小螺丝刀时，一般用拇指和中指夹持螺丝刀柄，食指顶住柄端；使用大螺丝刀时，除拇指、食指和中指用力夹住螺丝刀柄外，手掌还应顶住柄端，用力旋转螺钉，即可旋紧或旋松螺钉。顺时针方向旋转紧螺钉；逆时针方向旋转松螺钉
验电笔		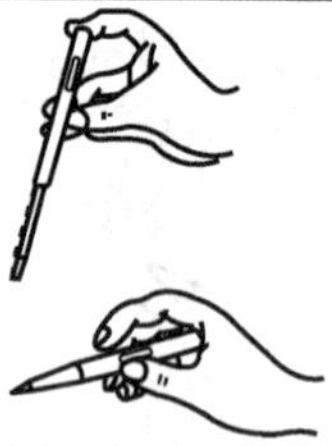	验电笔又称测电笔，是一种检测电器及其线路是否有电的工具。使用时，右手握住验电笔身，食指触及笔身金属体（尾部），验电笔小窗口朝向自己眼睛
活扳手		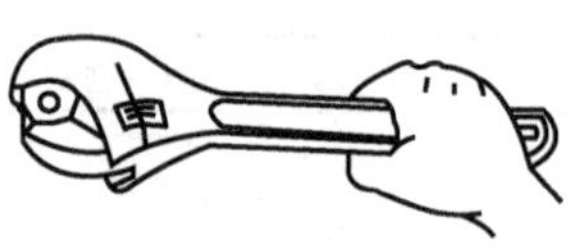	活扳手是旋紧或旋松六角、四角螺栓或螺母的专用工具。使用时，应根据螺母、螺栓的大小选用相应规格的活扳手，活扳手的开口调节应以既能夹持螺母，又能方便地提取扳手、转换角度为宜
锤子			锤子是用来锤击的工具。使用时，右手应握在木柄的尾部，才能施出较大的力量。在锤击时，用力要均匀、落锤点准确

续表

名称	实物图	使用示意图	使用要点
电动螺丝刀			电动螺丝刀用于拧紧和旋松螺钉用的电动工具。使用电动螺丝刀时,需选择适合的螺钉头和螺丝刀头,确保能够正确拧紧或拧松螺钉;调节电动螺丝刀的扭矩和转速,根据不同的螺钉大小和材质进行调整;使用时要保持稳定的姿势,避免手部抖动或滑动导致螺丝刀偏离位置
电动开槽机			电动开槽机用于在地面或墙面上开槽的工具。使用时,需先在开槽的位置用墨盒弹上导线;按照两根导线之间的宽度,将开槽机调整为两片刀片的宽度;连接开槽机、除尘管和储尘袋;沿着导线进行开槽作业

导读卡三 导线绝缘层的剖削

　　导线绝缘层的剖削是电工基本工艺之一。对导线绝缘层的剖削方法很多,一般有电工刀的剖削、钢丝钳或尖嘴钳的剖削和剥线钳的剖削等,具体操作如表 3-3 所示。

表 3-3　导线绝缘层的剖削方法

工具	导线名称	操作示意图	说明
电工刀	塑料硬导线	 (a) 用电工刀呈45° 切入绝缘层 (b) 改15° 向线端推削 (c) 用刀切去余下的绝缘层	一般用于导线截面积大于 $25mm^2$ 的操作。剖削塑料硬导线绝缘层时,应将电工刀以 45° 切入绝缘层,然后慢慢向前推进至线端改为 15° 推削,并将绝缘层向后扳翻并齐根切去
	塑料护套线(或花线、皮线)	 所需长度界线 (a) 用刀尖划破凹缝护套层 (b) 剥开已划破的护套层 (c) 翻开护套层并切断	用于剖削塑料护套线的护套层或花线、皮线的绝缘层剖削塑料护套线时,应先用电工刀尖划开护套层,并将护套层向后扳翻,再用电工刀齐根切去剖削花线、皮线时,应先用电工刀切去棉纱或纤维编织层,再进行绝缘层的剖削。剖削方法同上

续表

工具	导线名称	操作示意图	说明
电工刀	铅包护套线	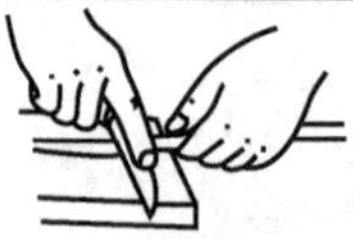 （a）剖切铅包层  （b）折扳和拉出铅包层 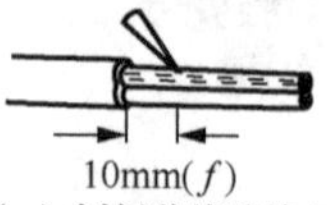 10mm(f) （c）剖削芯线绝缘层	用于剖削铅包护套线的护套层。剖削铅包护套线时，应先去除铅包层后再进行芯线绝缘层剖削操作。内部芯线绝缘层的剖削方法与塑料硬线绝缘层的剖削方法相同
钢丝钳	塑料硬导线	 （a）用左手拇指、食指捏紧线头 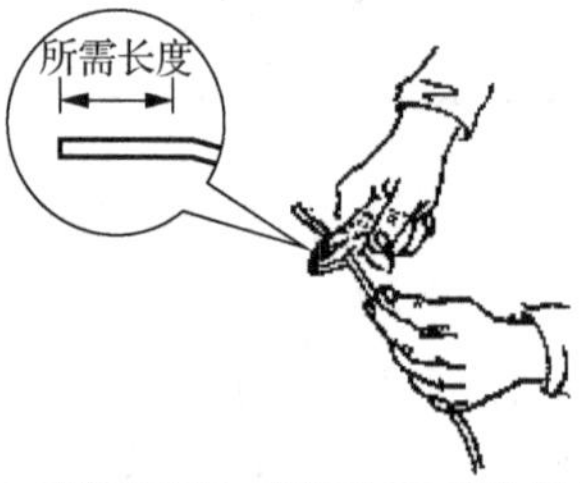 所需长度 （b）按所需长度，用钳头刀口轻切绝缘层 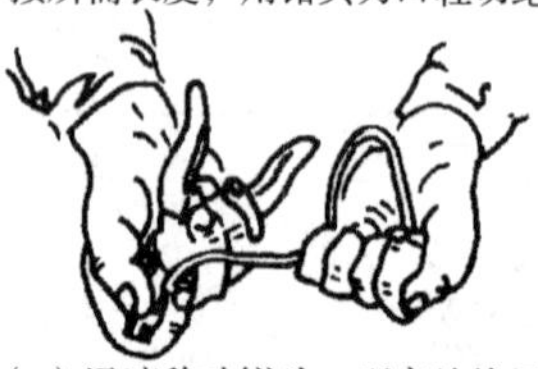 （c）迅速移动钳头，剥离绝缘层	一般用于导线线芯截面积等于或小于 25mm² 的操作剖削时，先在线头所需长度交界处，用钢丝钳（或尖嘴钳）钳口轻轻划破绝缘层表皮，然后左手拉紧导线，右手适当用力捏紧钢丝钳（或尖嘴钳）头部，向外用刀剥离绝缘层
剥线钳	塑料硬导线或软导线	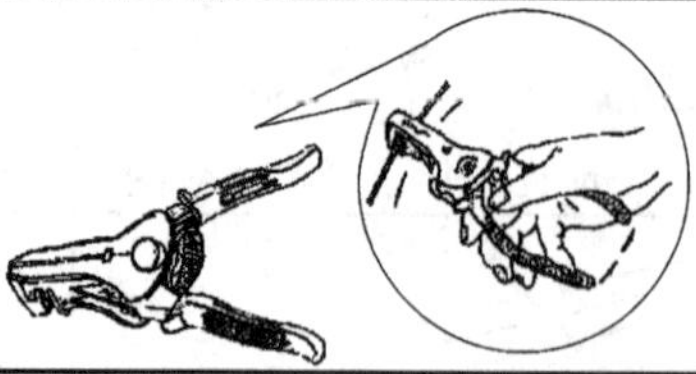	一般用于导线线芯截面积小于 25mm² 的操作。剖削时，将剖削的绝缘长度用标尺定好后，把导线放入相应的刃口中，用手将钳柄轻轻夹紧，就可将绝缘层剖削掉

书本先生的提示

利用电工刀对导线绝缘层进行剖削时，请注意不要伤及导线线芯，更不要伤及人身。

导读卡四 导线的连接

在室内敷设线路过程中，常常会遇到线路分支或导线"断"的情况，需要对导线进行连接。通常我们把线的连接处称为接头。

1. 导线连接的基本要求

（1）导线接触应紧密、美观，接触电阻要小，稳定性好。

（2）导线接头的机械强度不小于原导线机械强度的80%。

（3）导线的绝缘强度应与原导线的绝缘强度一样。

（4）铝导线连接时，接头处要做好耐腐蚀处理。

2. 导线连接的基本方法

导线线头连接的方法一般有缠绕式连接（又分单股缠绕和多股缠绕，直线缠绕和分线缠绕等）、压板式连接、螺钉压式连接和接线耳式连接等几种。

（1）单股导线缠绕式连接方法如表3-4所示。

表3-4 单股导线缠绕式连接方法

方法		示意图	说明
缠绕式连接	直线连接	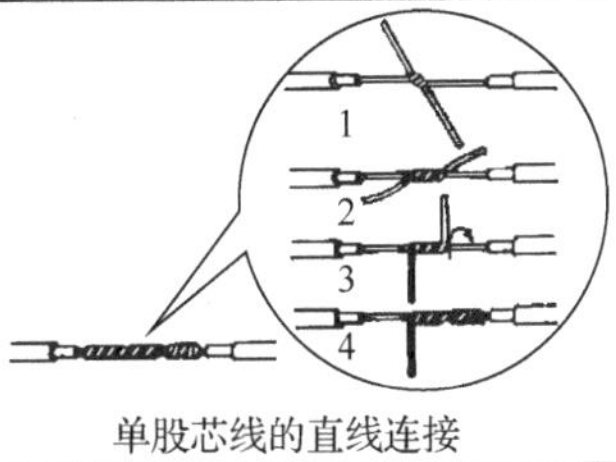 单股芯线的直线连接	将剖削绝缘层的导线两头在隔离绝缘层10mm处绞合
	分线连接	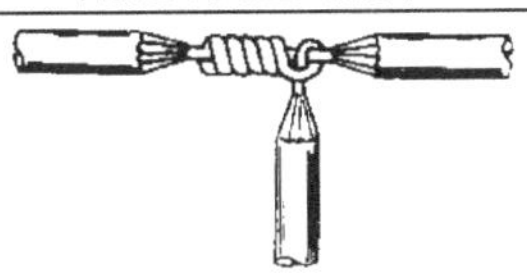 分线T字形连接 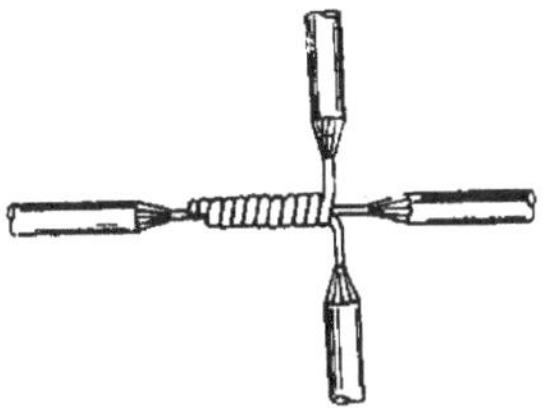 分线十字形连接	将剖削绝缘层的分支导线，垂直搭接在已剖削绝缘层的主干导线上，然后均匀而紧密地绕主干导线缠接

（2）多股导线缠绕式连接方法如表3-5所示。

表 3-5　多股导线缠绕式连接方法

连接方法与步骤		示意图	说明
直线连接	第 1 步	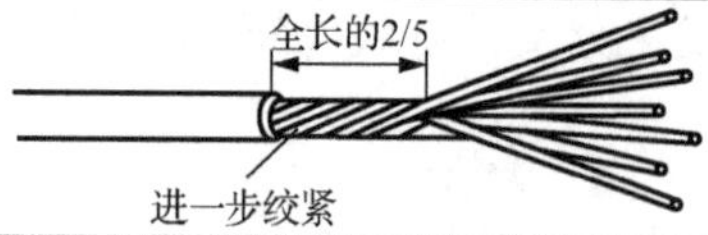	在剥离绝缘层切口约芯线全长 2/5 处将芯线进一步绞紧，接着把余下 3/5 的线芯松散呈伞状
	第 2 步	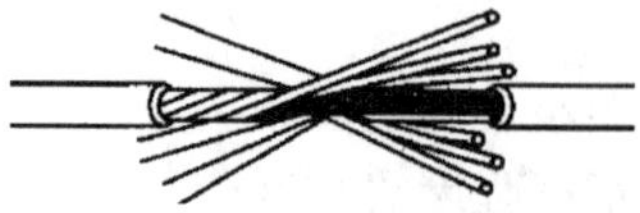	把两伞状芯线隔股对插，并插到底
	第 3 步	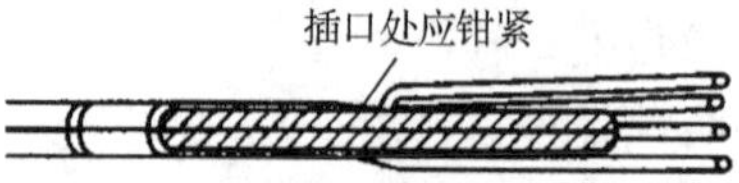	捏平插入后的两侧所有芯线，并理直每股芯线，使每股芯线的间隔均匀；同时用钢丝钳绞紧插口处，消除空隙
	第 4 步	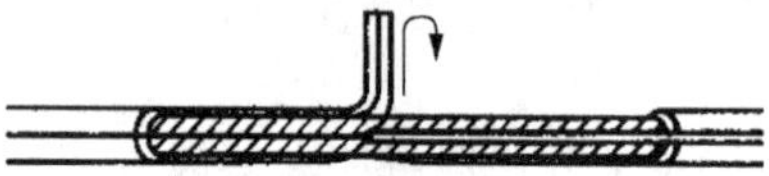	将导线一端距芯线插口中线的 3 根单股芯线折起成 90°（垂直于下边多股芯线的轴线）
	第 5 步		先将芯线按顺时针方向紧绕两圈后，再 90° 折回，并平卧在扳起前的轴线位置上
	第 6 步		将紧挨平卧的另两根芯线折成 90°，再按第 5 步方法进行操作
	第 7 步		把余下的 3 根芯线按第 5 步方法缠绕 2 圈后，在根部剪去多余的芯线，并钳平；接着将余下的芯线缠绕 3 圈，剪去余端，钳平切口，不留毛刺
	第 8 步		另一侧按步骤第 4～7 步方法进行加工。注意，缠绕的每圈直径均应垂直于下边芯线的轴线，并应使每两圈（或 3 圈）间紧缠紧挨
分支连接	第 1 步	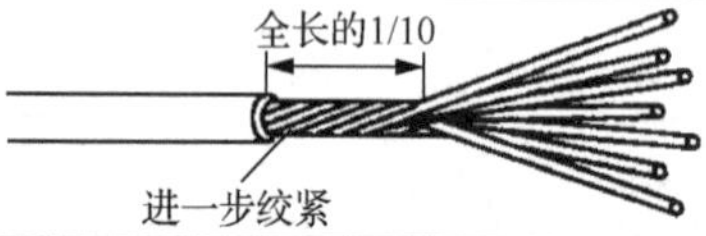	把支线线头离绝缘层切口根部约 1/10 的一段芯线进一步绞紧，并把余下 9/10 的芯线松散呈伞状
	第 2 步		把干线芯线中间用螺丝刀插入芯线股间，并将其分成均匀的两组，其中的一组芯线插入干线芯线的缝隙中，同时移正位置
	第 3 步	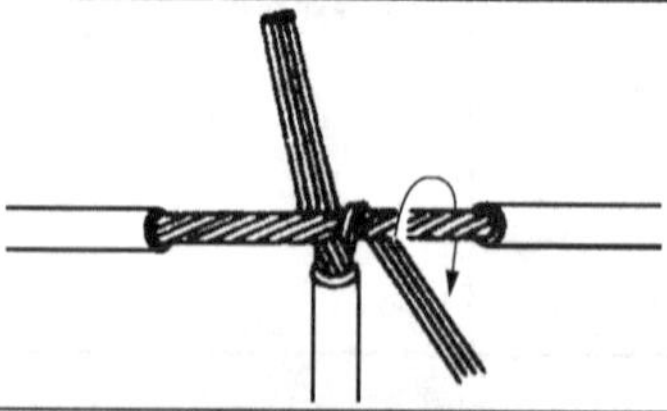	先钳紧干线插入口处，接着将一组芯线在干线芯线上按顺时针方向垂直地紧紧排绕，剪去多余的芯线端头，不留毛刺
	第 4 步		另一组芯线按第 3 步方法紧紧排绕，同样剪去多余的芯线端头，不留毛刺

书本先生的提示

　　每组芯线绕至绝缘层切口处 5mm 左右时，可剪去多余的芯线端头。

　　（3）单股与多股导线缠绕式连接方法如表 3-6 所示。

表 3-6　单股与多股导线缠绕式连接方法

步骤	示意图	说明
第1步	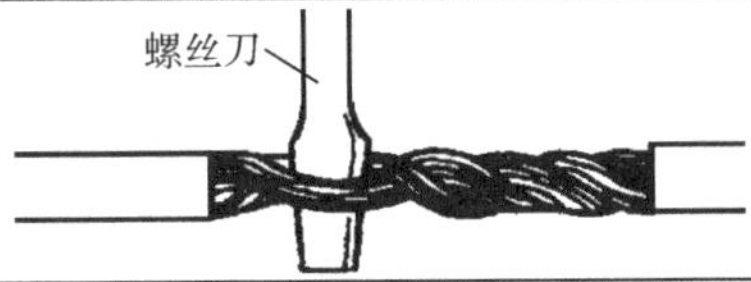 螺丝刀	在离多股线的左端绝缘层切口 3~5mm 处的芯线上，用螺丝刀把多股芯线均匀地分成两组（如 7 股线的芯线分成一组为 3 股，另一组为 4 股）
第2步	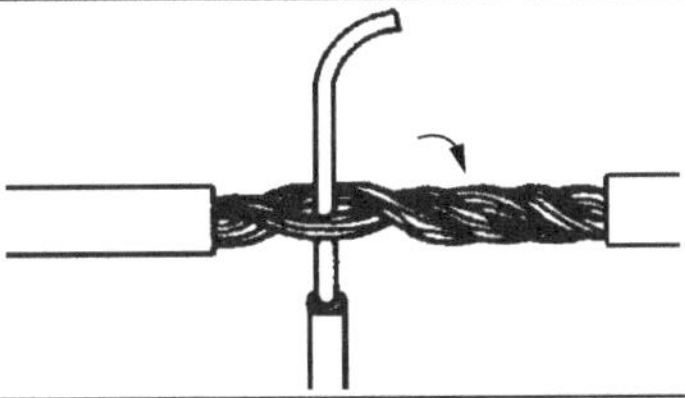	把单股线插入多股线的两组芯线中间，但是单股线芯线不可插到底，应使绝缘层切口离多股芯线 3mm 左右。接着用钢丝钳把多股线的插缝钳平钳紧
第3步	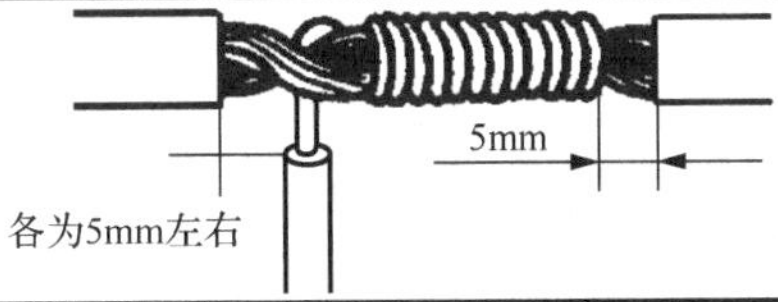 各为5mm左右　　5mm	把单股芯线按顺时针方向紧缠在多股芯线上，应绕足 10 圈，然后剪去余端。若绕足 10 圈后另一端多股线芯线裸露超出 5mm，且单股芯线尚有余端时，则可继续缠绕，直至多股芯线裸露约 5mm 为止

　　（4）导线其他形式的连接方法如表 3-7 所示。

表 3-7　导线其他形式的连接方法

导线连接方法	示意图	说明
塑料绞型软线连接	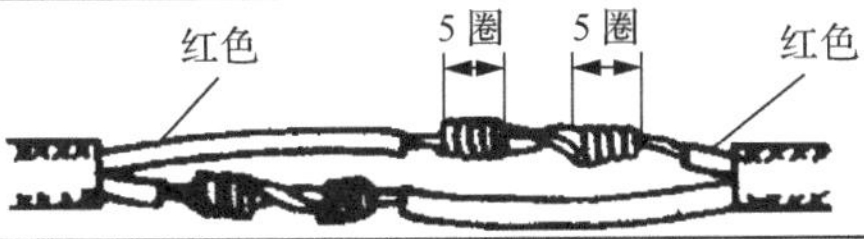 红色　　5圈　5圈　　红色	将剥削绝缘层的两根多股软线线头理直绞紧。注意，两个接线头处的位置应错开，以防短路
多股软线与单股硬线的连接		将剥削绝缘层的多股软线理直绞紧后，在剥削绝缘层的单股硬导线上紧密缠绕 7~10 圈，再用钢丝钳或尖嘴钳把单股硬线翻过压紧

　　（5）导线与接线装置的连接方法如表 3-8 所示。

表 3-8　导线与接线装置的连接方法

连接方法	示意图	说明
螺钉压式连接	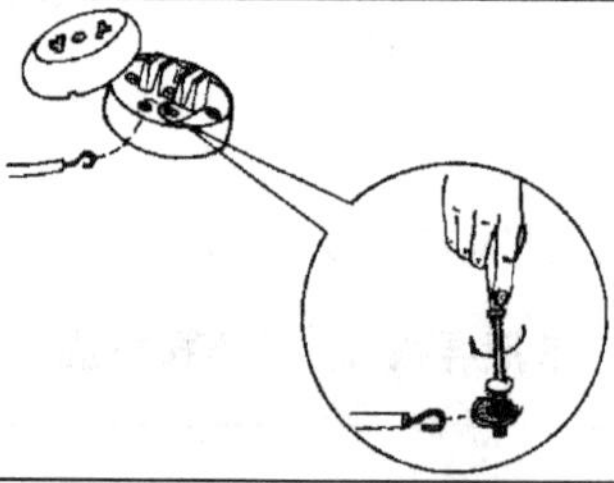	在连接时，导线的剖削长度应视螺钉的大小而定，然后将导线头弯制成羊眼圈形式；再将羊眼圈套在螺钉中，进行垫片式连接
压板式连接	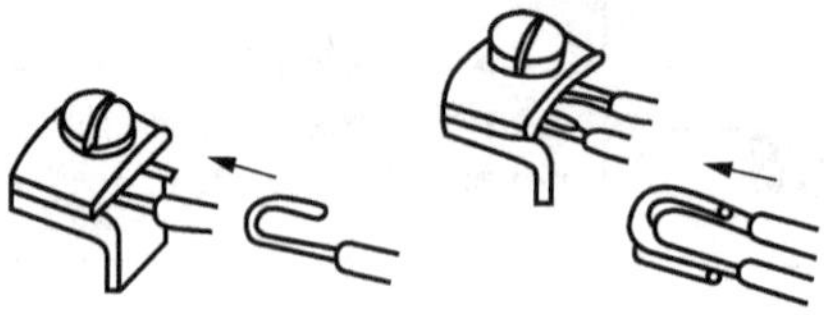	将剥离绝缘层的芯线用尖嘴钳弯成钩，再垫放在瓦楞板或垫片下。若是多股软导线，应先绞紧再垫放在瓦楞板或垫片下。注意：不要把导线的绝缘层垫压在压板（如瓦楞板、垫片）内
针孔式连接	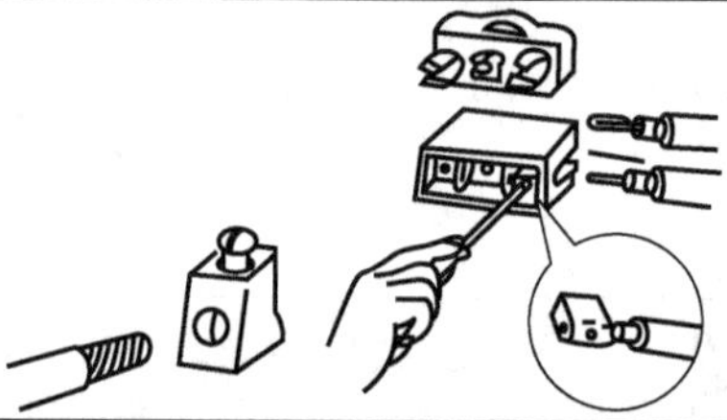	在连接时，将导线按要求剖削，插入针孔，旋紧螺钉
接线耳式连接	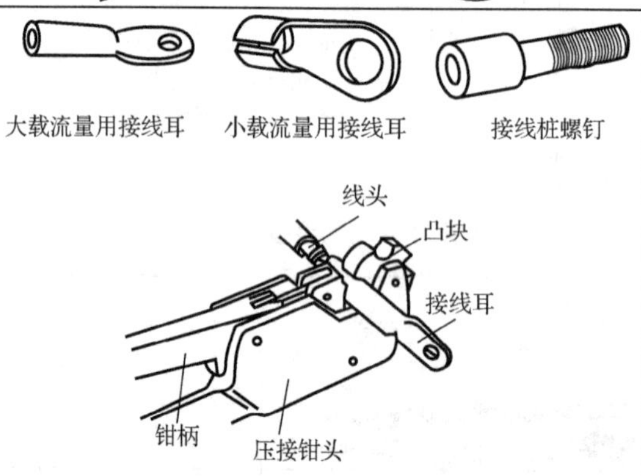 大载流量用接线耳　　小载流量用接线耳　　接线桩螺钉 线头 凸块 接线耳 钳柄　　压接钳头 导线线头与接线头的压接方法	连接时，应根据导线的截面积大小选择相应的接线耳。导线剖削长度与接线耳的尾部尺寸相对应，然后用压接钳将导线与接线耳紧密固定，再进行接线耳式的连接

导读卡五　电线的选购

电线的原材料是铜丝、铝丝（起导电作用）和塑料或橡胶（起绝缘保护作用），它们的质量直接影响到电线产品的质量。

1. 电线优劣的鉴别

鉴别电线优劣应该做到：三看、一试和一量。

（1）三看：一看电线有无厂名、厂址、检验章，是否印有商标、规格、额定电压；

二看电线导体颜色，铜导体应呈淡紫色，铝导体应呈银白色，若铜表面发黑或铝表面发白则说明金属被氧化；三看线芯是否位于绝缘层的正中。

（2）一试：取一根电线头用手反复弯曲，手感柔软、抗疲劳强度好、塑料或橡胶手感弹性大且电线绝缘体上无龟裂的才是优等品。

（3）一量：测量一下实际购买的电线与标准长度是否一致。国家通常对成圈、成盘的电线电缆（图3-3）交货长度标准有明确规定：成圈长度应为100m，成盘长度应大于 100m。标准规定其长度误差不超过总长度的0.5%，若达不到标准规定下限即为不合格。

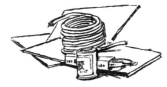
图 3-3　成圈、成盘的电线电缆

2.　电线选购注意事项

（1）了解导线的安全载流量，即能承受的最大电流量。电流通过导线会使导线发热，这本来是正常现象，但如果超负载使用，细导线通过大流量，就容易引起火灾。

（2）了解线路允许电压损失。导线通过电流时产生电压损失不应超过正常运行时允许的电压损失，一般不超过用电器具额定电压的5%。

（3）注意导线的机械强度。在正常工作状态下，导线应有足够的机械强度，以防断线。

认一认

让学生认识（熟悉）教师提供的各种常用导线。

实践卡一　单股硬导线绝缘层的剖削

（1）操练器具。

①0.2m 长的 BV1/1.13 塑料铜芯线 1 段；②电工刀 1 把；③钢丝钳（或尖嘴钳）1把；④剥线钳 1 把。

（2）操练步骤。按表 3-3 所示的示意图中的方法，用电工刀、钢丝钳（或尖嘴钳）、剥线钳分别对单股硬导线的绝缘层进行剖削。

实践卡二　单股硬导线的连接

（1）操练器具。

①0.2m 长的 BV1/1.13 塑料铜芯线 1 段；②电工刀 1 把；③钢丝钳（或尖嘴钳）1把；④剥线钳 1 把。

（2）操练步骤。按表 3-3 和表 3-4 所示的示意图中的方法，对单股硬导线层进行绝缘层剖削和直线连接、分线缠绕式连接。

实践卡三　多股导线的连接

（1）操练器具。

①0.2m 长的 BV1/1.13 塑料铜芯线 1 段；②电工刀 1 把。

（2）操练步骤。按表 3-5 所示的示意图中的方法，对多股软导线进行绝缘层剖削、直线连接和分支连接。

实践卡四　单股硬导线与多股硬导线的连接

（1）操练器具。

①0.2m 长的 BV7/2.12 塑料铜芯线 1 段；②电工刀 1 把；③钢丝钳（或尖嘴钳）1 把；④剥线钳 1 把；⑤螺丝刀 1 把。

（2）操练步骤。按表 3-6 所示的示意图中的方法，对单股与多股导线进行绝缘层剖削、直线连接和分支连接。

实践卡五　导线羊眼圈的弯制

（1）操练器具。

①0.2m 长的 BV1/1.13 塑料铜芯线 1 段；②电工刀 1 把；③钢丝钳（或尖嘴钳）1 把；④剥线钳 1 把；⑤螺丝刀 1 把。

（2）操练步骤。按表 3-3 所示方法，对单股导线进行绝缘层剖削；按表 3-9 所示方法，对线端进行羊眼圈弯制；按表 3-8 所示方法，进行压板式连接线连接。

表 3-9　羊眼圈弯制的操作步骤

步骤	第 1 步	第 2 步	第 3 步	第 4 步
示意图	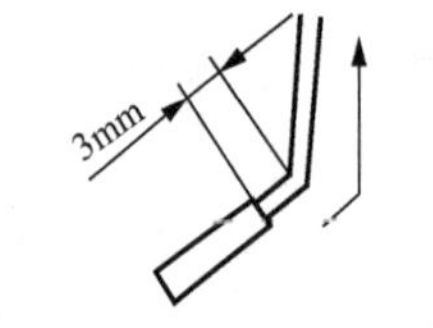 3mm		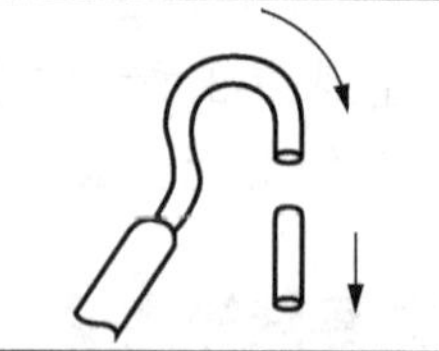	

　　过去人与人的最大差别是，有的人"拥有更多些"，而有的人"拥有更少些"。如今，最大的差别则是，有的人"知道更多些"，有的人则"知道的更少些。"

　　　　　　　　　　　　——布莱恩·崔西

评一评

根据教学或工作的需要，以上 5 个实践活动可部分或全部进行操练，并把对导线绝缘层剖削与连接的收获或体会写在表 3-10 中，同时完成评价。

表 3-10　导线绝缘层剖削与连接总结表

课题	导线绝缘层剖削与连接						
班级		姓名		学号		日期	
训练收获或体会							
训练评价	评定人	评语				等级	签名
	自己评						
	同学评						
	老师评						
	综合评						

探讨卡一　常用导线型号及主要用途

常用导线型号及主要用途如表 3-11 所示。

表 3-11　常用导线型号及主要用途

类别	型号	名称	额定电压/kV	主要用途	截面范围/mm^2
塑料绝缘导线	BV（BLV）	铜（铝）芯聚氯乙烯绝缘导线	直流 0.5，交流 1 以下	固定明、暗线敷设	0.75~185
	BVV（BLVV）	铜（铝）芯聚氯乙烯绝缘及护套线	直流 0.5，交流 1 以下	固定明、暗线敷设，还可以直接埋设	0.75~10
	BVR	铜芯聚氯乙烯软导线	直流 0.5，交流 1 以下	同 BV 型，安装要求较柔软时用	0.75~50
	BV（BLV）-105	铜（铝）芯耐热聚氯乙烯绝缘导线	直流 0.5，交流 1 以下	同 BV（BLV）型，用于高温场所	0.75~185
塑料绝缘软导线	RV	铜芯聚氯乙烯绝缘软导线	交流 0.25	供各种移动电器接线	0.12~6
	RVB	软导线	交流 0.25	接线	0.12~2.5
	RVS	铜芯聚氯乙烯绞型绝缘软导线	交流 0.25	供各种移动电器接线	0.12~2.5
	RVV	铜芯聚氯乙烯绝缘及护套软导线	交流 0.25	供各种移动电器接线	0.12~6
	RV-105	铜芯聚氯乙烯耐热绝缘软导线	交流 0.25	用于高温场所移动电气设备	0.12~6
橡胶绝缘导线	BX（BLX）	铜（铝）芯橡胶绝缘导线	直流 0.5，交流 1 以下	固定敷设	2.5~500
	BXF（BLXF）	铜（铝）芯氯丁橡胶绝缘导线	直流 0.5，交流 1 以下	固定敷设，尤其适用室外	2.5~95
	BXR	铜芯橡胶软导线	直流 0.5，交流 1 以下	室内安装，要求较柔软时用	0.75~400

探讨卡二 **常用绝缘导线的安全载流**

1. 常用塑料绝缘导线的安全载流

常用塑料绝缘导线的安全载流如表 3-12 所示。

表 3-12　常用塑料绝缘导线的安全载流　　　　　　　　　（单位：A）

标准截面积/mm²	明线	敷设	护套线				穿管敷线					
			2 芯		3 芯及 4 芯		2 根		3 根		4 根	
	铜	铝	铜	铝	铜	铝	铜	铝	铜	铝	铜	铝
0.2	3	—	3	—	2	—	—	—	—	—	—	—
0.3	3	—	4.5	—	3	—	—	—	—	—	—	—
0.4	7	—	6	—	4	—	—	—	—	—	—	—
0.5	8	—	7.5	—	5	—	—	—	—	—	—	—
0.6	10	—	8.5	—	6	—	—	—	—	—	—	—
0.7	12	—	10	—	8	—	—	—	—	—	—	—
0.8	15	—	115	—	10	—	—	—	—	—	—	—
1	18	—	14	—	11	—	15	—	14	—	13	—
1.5	22	17	18	14	12	10	18	13	16	12	15	11
2	26	30	20	16	14	12	20	15	17	13	16	12
2.5	30	23	22	19	19	15	26	20	25	19	23	17
3	32	24	25	21	22	17	29	22	27	20	25	19
4	40	30	33	25	25	20	38	29	33	25	30	23
5	45	34	37	28	28	22	42	31	37	28	34	25
6	50	39	41	31	31	24	44	34	41	31	37	28
8	63	48	51	39	40	30	56	43	49	39	43	34
10	75	55	—	—	—	—	68	51	56	42	49	37
16	100	75	—	—	—	—	80	61	72	55	64	49
20	110	85	—	—	—	—	90	70	80	65	74	56

2. 常用橡胶绝缘导线的安全载流

常用橡胶绝缘导线的安全载流如表 3-13 所示。

表 3-13　常用橡胶绝缘导线的安全载流　　　　　　　　　（单位：A）

标准截面积/mm²	明线敷设		护套线				穿管敷线					
			2 芯		3 芯及 4 芯		2 根		3 根		4 根	
	铜	铝	铜	铝	铜	铝	铜	铝	铜	铝	铜	铝
0.2	—	—	3	—	2		—	—	—	—	—	—
0.3	—	—	4	—	3		—	—	—	—	—	—
0.4	—	—	5.5	—	3.5		—	—	—	—	—	—

续表

标准截面积/mm²	明线敷设		护套线				穿管敷线					
			2 芯		3 芯及 4 芯		2 根		3 根		4 根	
	铜	铝	铜	铝	铜	铝	铜	铝	铜	铝	铜	铝
0.5	—	—	7	—	4.5		—	—	—	—	—	—
0.6	—	—	8	—	5.5		—	—	—	—	—	—
0.7	—	—	9	—	7.5		—	—	—	—	—	—
0.8	—	—	10.5	—	9		—	—	—	—	—	—
1	17	—	12	—	10		14	—	13	—	12	
1.5	20	15	15	12	11	8	16	12	15	11	14	10
2	24	18	17	15	12	10	18	14	16	12	15	11
2.5	28	21	19	16	16	13	24	18	23	17	21	16
3	30	22	21	18	19	14	27	20	25	18	23	17
4	37	28	28	21	21	17	35	26	30	23	27	21
5	41	31	33	24	24	19	39	28	34	26	30	23
6	46	36	35	26	26	21	40	31	38	29	34	26
8	58	44	44	33	34	26	50	40	45	36	40	31
10	69	51	54	41	41	32	63	47	50	39	45	34
16	92	69	—	—	—	—	74	56	66	50	59	45
20	100	78	—	—	—	—	83	65	74	60	68	52

探讨卡三　导线线径的测量

1. 认识游标卡尺

游标卡尺是一种精度较高、结构简单、使用方便、用途广泛的量具。它主要用于测量工件的长度、外径、孔径、宽度、深度及导线的直径等，可以在游标卡尺上直接读出测量工件或导线直径的尺寸数据。

（1）游标卡尺的结构。游标卡尺的结构种类较多，常用的有普通式、微调装置式、百分表式、数显装置式 4 种，如图 3-4 所示。

现以图 3-4（a）所示普通游标卡尺为例进行说明。游标卡尺主要由主尺和副尺两部分组成。主尺上有固定量爪和刻度尺两部分。主尺刻度值每个小格为 1mm，每个大格为 10mm。其测量范围有 0～125mm、0～200mm、0～500mm、0～1000mm、500～1500mm、1000～2000mm 等几种。副尺上有活动量爪、副尺刻度（称游标刻度）、深度尺及锁紧螺钉。松开锁紧螺钉，就能移动副尺，可测量工件的尺寸。当固定量爪和活动量爪同时卡住工件表面后，再把锁紧螺钉旋紧，即可在游标卡尺上读出工件的实测尺寸。

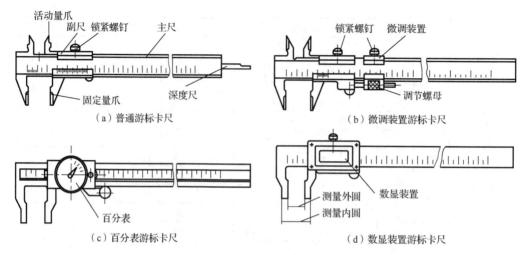

图 3-4　游标卡尺的结构

（2）游标卡尺的刻度原理。游标卡尺是利用主尺和副尺相互配合进行读数的。游标卡尺能够测出的最小尺寸称游标读数值，也就是游标卡尺所能测量的精度。游标卡尺的读数值分 1/10（0.10）、1/20（0.05）和 1/50（0.02）3 种。这 3 种游标卡尺的主尺刻度均相同，所不同的是副尺刻线间距。现将 1/50mm（0.02）读数值的游标卡尺刻线原理（图 3-5）详述如下。

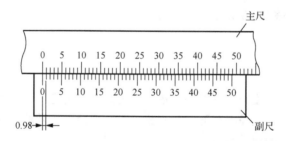

图 3-5　0.02mm 游标卡尺的刻度原理

主尺刻度的一小格为 1mm。副尺刻线有 50 小格，其总长度为 49mm。当主尺的"0"刻线和副尺的"0"刻线对齐时，副尺的"50"刻线和主尺的"49"刻线也同时对齐，它们之间相差 1mm。副尺的刻度是均匀的，每一小格的尺寸为 1/50mm，副尺的第一条刻线与主尺的第 1 条刻线相差 1/50mm=0.02mm，第 2 条刻线相差 2×0.02mm=0.04mm，第 3 条刻线相差 3×0.02mm=0.06mm，以此类推，至第 50 条刻线时，正好相差 1mm。所以，游标卡尺每移动 0.02mm，副尺有一条刻线和主尺某一条刻线对齐。如图 3-6 所示，副尺的"0"刻线在主尺的 30～31 刻线之间，副尺第 25 条刻线与主尺 55 刻线对齐。

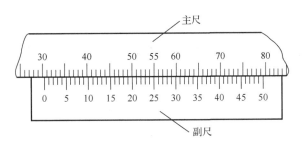

图 3-6 0.02mm 游标卡尺的读数值

（3）游标卡尺的使用。

① 使用前，先将固定量爪和活动量爪的测量面贴紧合拢，主尺和副尺的"0"刻线对齐。

② 测量工件时，量爪与工件接触不能过松，也不能过紧，更不能倾斜。

③ 看读数时，游标卡尺端平，眼睛正视刻度部分，千万不能斜视，力求减少读数误差。

④ 使用完毕后，用棉纱等柔软物质擦干净游标卡尺，并合拢量爪测量面。

（4）游标卡尺的识读。游标卡尺的读数分 3 步。

第 1 步：先读整数。看副尺上"0"刻线左边起主尺上第一条刻线的数值，即为整个读数的整数部分。图 3-6 中先读出整数 30。

第 2 步：其次读小数部分。看副尺上"0"刻线右边，数一数第几条线和主尺的刻线对齐，读出小数。图 3-6 中第 25 条副尺刻线对齐主尺刻线。每条刻线读数值为 0.02mm，因此它的小数部分读数为 25×0.02mm=0.50mm。

第 3 步：再将上面两次读数值相加，即为游标卡尺测得的实际尺寸。图 3-6 所示读数应为 30.50mm。

同理，0.01mm 的游标卡尺，副尺全长为 9mm，刻成 10 格，每格为 0.90mm；0.05mm 的游标卡尺，副尺全长为 19mm，刻成 20 格，每格为 0.95mm。游标卡尺读数方法，与上述相似。

2. 导线的线径测量与截面积的计算

（1）导线的线径测量。单股导线和多股绞线的线径可用游标卡尺测量。

（2）导线芯线截面积的计算。

① 单股导线截面积的计算。单股导线的截面积可用下式计算：

$$S=0.785D^2$$

式中：S——导线的截面积（mm^2）；

D——导线的直径（mm）。

② 多股绞线截面积的计算。多股绞线的截面积可用下式计算：

$$S=0.785nD^2$$

式中：n——导线的股数；

D——绞线的每股直径（mm）。

任务二　导线绝缘层的恢复与封端

任务目标▶
（1）了解常用绝缘材料及其用途。
（2）熟悉电工常用工具及使用方法。
（3）会进行导线绝缘层的恢复操作。
（4）会导线绝缘层的封端操作。

任务描述▶　　一层两层三四层，层层绝缘保安全。导线送"粮"要可靠，安全工作有保证。当导线连接时，你想过没有，为什么要对被破坏的导线绝缘层或连接后的导线进行绝缘处理？如何正确进行导线绝缘层的恢复？请你通过本任务的学习，掌握各种连接形式的导线绝缘层的恢复技能吧！

导读卡一　电工常用的绝缘材料

在铜线或铝线的外面包上一层橡胶皮或塑料皮，人摸到时就不会触电。为什么有的物质不容易使人触电呢？因为在这些物质中，原子核对电子的束缚力很强，物质的内部结构决定了它们的性质。在一般条件下，这些物质不会产生大量的自由电子，因此不容易导电，如橡胶、塑料、电木等。

通常把电阻率大于 $0.1 \times 10^{-6} \Omega \cdot m$ 的材料称为绝缘材料。绝缘材料的主要作用是将带电体与不带电体相隔离和将不同电位的导体相隔离，确保电流不外漏以保证人身安全，在某些场合还有支撑、固定、灭弧、防电晕、防潮湿的作用。常用的绝缘材料有胶木、陶瓷、云母、塑料、橡胶、玻璃、绝缘漆和绝缘带（电工黑胶布、黄蜡带或涤纶薄膜带）等。

绝缘材料的性能在很大程度上决定了电工产品和电气工程的质量及使用寿命，而其性能的优劣与其物理、化学、机械和电气等基本性能有关，主要有耐热性、绝缘强度和力学性能。电气设备的绝缘材料长期在高温状态下工作，其耐热性是决定绝缘性能的主要因素。因此，对各种绝缘材料都规定了使用时的极限温度。按绝缘材料在其正常运行条件下允许的最高工作温度，将其分为 Y、A、E、B、F、H、C 7 个耐热等级，其极限工作温度分别为 90℃、105℃、120℃、130℃、155℃、180℃、200℃以上。

绝缘材料在电力系统中有广泛应用，如用作电器和电动机的底板、底座、外壳，以及绕组绝缘、导线的绝缘保护层、绝缘子等。此外，电力变压器冷却油、断路器用油、电容器用油以及电器、电动机设备的防锈覆盖油漆等亦均需要有良好的绝缘性能，这些也属于绝缘材料范围。电工常用绝缘材料和用途如表 3-14 所示。

表 3-14　电工常用绝缘材料和用途

名称	常用材料	主要用途
绝缘带	电工胶布	电工用途最广、用量最多的绝缘粘带
	聚氯乙烯胶带	可代替电工胶布，除包扎电线电缆外，还可用于密封保护层
	涤纶胶带	除包扎电线电缆外，还可用于密封保护层及捆扎物件
热缩管	PVC	可用于低压室内母线铜排、接头、线束的标识、绝缘外包覆
	PET	用于电子设备的接线防水、防漏气，多股线束的密封防水，电线电缆分支处的密封防水，金属管线的防腐保护，电线电缆的修补等场合
电工塑料	ABS 塑料	用于制作各种仪表和电动工具的外壳、支架、接线板等
	锦纶（尼龙）	用于制作插座、线圈骨架、接线板以及机械零部件等，也常用作绝缘护套、导线绝缘层
	聚苯乙烯（PS）	用于制作各种仪表外壳、开关、按钮、线圈骨架、绝缘垫圈、绝缘套管
	聚氯乙烯（PVC）	用于制作电线电缆的绝缘和保护层
	氯乙烯（PE）	用于制作通信电缆、电力电缆的绝缘和保护层
电工橡胶	天然橡胶	适合制作柔软性、弯曲性和弹性要求较高的电力电缆的绝缘和保护层
	人工橡胶	用于制作电线电缆的绝缘和保护层

　　如图 3-7 所示，是电工在导线连接后，进行绝缘层恢复或封端时，使用最广、用量最多的绝缘材料电工黑胶布和热缩管。

图 3-7　电工黑胶布和热缩管

导读卡二　导线绝缘性能的恢复

　　导线绝缘层被破坏或连接后，必须恢复其绝缘层的绝缘性能。在实际操作中，导线绝缘层的恢复方法通常为包缠法。包缠法又分为导线直接点绝缘层的绝缘性能恢复、导线分支接点绝缘层的绝缘性能恢复和导线并接点绝缘层的绝缘性能恢复，其具体操作方法分别如表 3-15～表 3-17 所示。

表 3-15　导线直接点绝缘层的绝缘性能恢复

步骤	示意图	说明
第 1 步	30～40mm　约45°	用绝缘带（黄蜡带或涤纶薄膜带）从左侧的完好的绝缘层上开始顺时针包缠

续表

步骤	示意图	说明
第2步	↓ 1/2带宽	进行包扎时，绝缘带与导线应保持 45° 的倾斜角并用力拉紧，使得绝缘带半幅相叠压紧
第3步	黑胶布应包出绝缘带层 黑胶布接法	包至另一端也必须包入与始端同样长度的绝缘层，然后接上黑胶布，并用黑胶布包出绝缘带至少半根带宽，即必须使黑胶布完全包住绝缘带
第4步	两端捏住做反方向扭旋（封住端口）	黑胶布的包缠不能过疏也不能过密，包到另一端时必须完全包没绝缘带，收尾后应用双手的拇指和食指紧捏黑胶布两端口，进行一正一反方向拧紧，利用黑胶布的黏性，将两端口充分密封起来

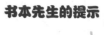书本先生的提示

　　直接点常出现在因导线不够长需要进行连接的位置。由于该处有可能承受一定的拉力，所以导线直接点的机械拉力不得小于原导线机械拉力的 80%、绝缘层的恢复也必须可靠，否则容易发生断路和触电等电气事故。

表 3-16　导线分支接点绝缘层的绝缘性能恢复

步骤	示意图	说明
第1步		采用与导线直接点绝缘层的恢复方法从左端开始包扎
第2步		包至分支线时，应用左手拇指顶住左侧直角处包上的带面，使它紧贴转角处芯线，并使线顶部的带面尽量向右侧斜压
第3步		绕至右侧转角处时，用左手食指顶住右侧直角处带面，并使带面在干线顶部向左侧斜压，与被压在下边的带面呈"×"状交叉，然后把绝缘带再回绕到右侧转角处
第4步		带沿紧贴住支线连接处根端，开始在支线上缠包，包至完好绝缘层上约两根带宽时，原带折回再包至支线连接处根端，并把绝缘带向干线左侧斜压

续表

步骤	示意图	说明
第5步		当绝缘带围过干线顶部后，紧贴干线右侧的支线连接处开始在干线右侧芯线上进行包缠
第6步	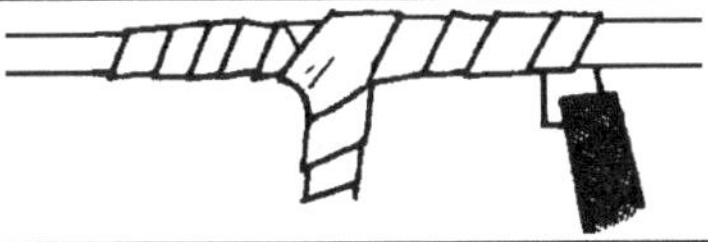	包至干线另一端的完好绝缘层上后，接上黑胶布，再按第2～5步方法继续包缠黑胶布

书本先生的提示

分支接点常出现在导线分路的连接点处，要求分支接点连接牢固、绝缘层恢复可靠，否则容易发生断路或触电等电气事故。

表3-17 导线并接点绝缘层的绝缘性能恢复

步骤	示意图	说明
第1步	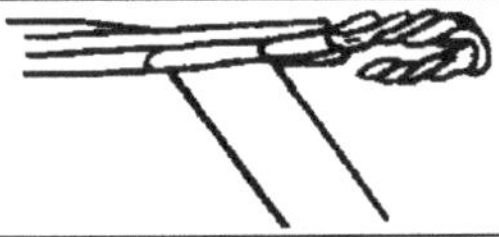	用绝缘带（黄蜡带或涤纶薄膜带）从左侧完好的绝缘层上开始顺时针包缠
第2步		由于并接点较短，绝缘带叠压可紧些，间隔可小于1/2带宽
第3步	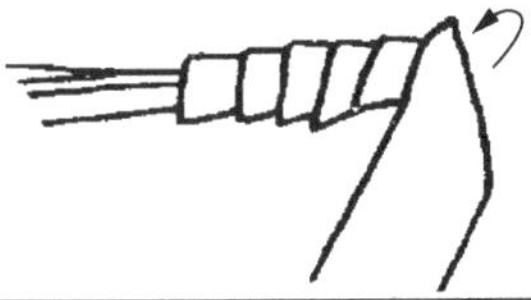	包缠到导线端口后，应使带面超出导线端口1/2～3/4带宽，然后折回伸出部分的带宽
第4步	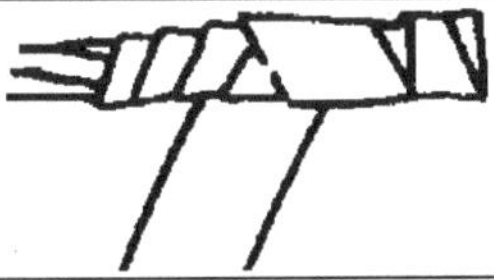	把折回的带面按平压紧，接着缠包第2层绝缘层，包至下层起包处止
第5步	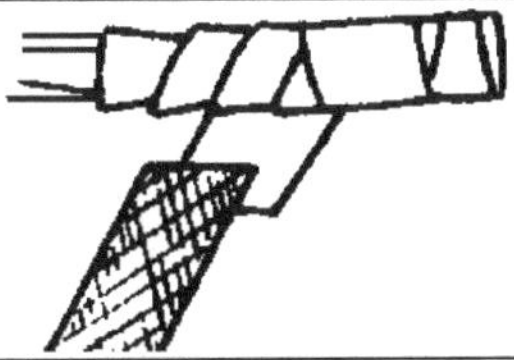	接上黑胶布，并使黑胶布超出绝缘带层至少半根带宽，并完全包住绝缘带
第6步	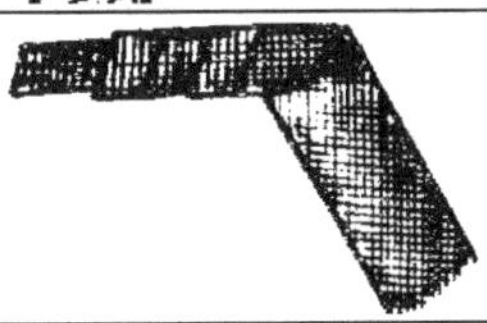	按第2步方法把黑胶布包缠到导线端口

续表

步骤	示意图	说明
第7步	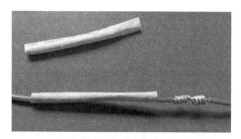	按第3、4步方法把黑胶布缠包端口绝缘带层，要完全包住绝缘带；然后折回缠包第2层黑胶布，包至下层起包处止
第8步	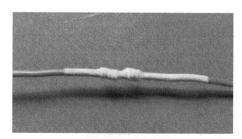	用右手拇指、食指捏紧黑胶布断带口，使端口密封

采用热缩管恢复绝缘时，根据导线截面及连接长度选择合适的热缩管，先将热缩管套在需要连接的导线上，待导线连接好后再将热缩管移至连接处，用打火机、电烙铁或焊枪将热缩管加温使其收缩至紧贴导线表面，如图3-8所示。根据绝缘状况可套管1～2层。

（a）导线连接前套上热缩管　　　　　　（b）加热热缩管后恢复绝缘

图3-8　热缩管恢复绝缘

书本先生的提示

并接点常出现在木台、接线盒内。由于木台、接线盒的空间小、导线和附件多，往往彼此挤在一起，容易贴在墙面上，所以导线并接点的绝缘层必须恢复得可靠，否则容易发生漏电或短路等电气事故。

导读卡三　导线的封端

所谓导线的封端，是指将大于$10mm^2$的单股铜芯线、大于$2.5mm^2$的多股铜芯线和单股铝芯线的线头，进行焊接或压接接线端子的工艺过程。图3-9所示是导线封端前的终端接头示意图。

在电工工艺上，铜导线的封端与铝导线的封端是不完全相同的，如表3-18所示。

图3-9　导线封端前的终端接头示意图

表 3-18 导线的封端

导线材质	选用方法	封端工艺
铜	锡焊法	① 除去线头表面、接线端子孔内的污物和氧化物。 ② 分别在焊接面上涂上无酸焊剂，线头搪上锡。 ③ 将适量焊锡放入接线端子孔内，并用喷灯对其加热至熔化。 ④ 将搪锡线头接入端子孔内，将熔化的焊锡灌满线头与接线端子孔内壁所有间隙。 ⑤ 停止加热，使焊锡冷却，线头与接线端子牢固连接
	压接法	① 除去线头表面、接线管内的污物和氧化物。 ② 将两根线头相对插入，并穿出压接管（两线端各自伸出压接管 25~30mm）。 ③ 用压接钳进行压接
铝	压接法	① 除去线头表面、接线孔内的污物和氧化物。 ② 分别在线头、接线孔两接触面涂以中性凡士林。 ③ 将线头插入接线孔，用压接钳进行压接

议一议

讨论及时对导线做绝缘层恢复的重要性，并交流在做导线绝缘层恢复过程中的基本要求。

认一认

让学生认识（熟悉）电工常用的绝缘材料（电工黑胶布、黄蜡带或涤纶薄膜带）。

实践卡 导线绝缘层恢复

用电工黑胶布或热缩管对多股软导线连接后的绝缘层恢复（包扎）训练。

（1）要求：学会剖削塑料硬导线绝缘层，连接导线及做绝缘层恢复。

（2）步骤。

① 准备长为 1.2m、截面为 16mm^2 塑料铜芯硬导线 2 根。

② 剖削塑料硬导线绝缘层，并将导线做直接连接。

③ 对连接后的导线做绝缘层恢复。

把每一件简单的事做好，就是不简单；把每一件平凡的事做精，就是不平凡。

评一评

把对导线绝缘层恢复的收获或体会写在表 3-19 中，同时完成评价。

表 3-19　对导线绝缘层恢复总结表

课题	对导线绝缘层恢复						
班级		姓名		学号		日期	
训练收获或体会							
训练评价	评定人		评语			等级	签名
	自己评						
	同学评						
	老师评						
	综合评						

探讨卡一　塑料护套线

塑料护套线是一种具有双层塑料保护层的双芯或多芯绝缘导线。塑料护套线配线是采用塑料护套线进行明敷设的一种方法，具有防潮、耐腐蚀、安装方便、造价低廉等优点，可以直接敷设在空心板墙壁以及其他建筑物表面。

常用的塑料护套线为聚氯乙烯绝缘护套导线，型号为 BVV（铜芯线）、BLVV（铝芯线）。室内使用塑料护套线敷设时，其截面规定：铜芯不得小于 $0.5mm^2$，铝芯不得小于 $1.5mm^2$；室外使用塑料护套线敷设时，其截面规定：铜芯不得小于 $1.0mm^2$，铝芯不得小于 $2.5mm^2$。

BVV 型和 BLVV 型塑料护套线的技术参数如表 3-20 所示。

表 3-20　BVV 型和 BLVV 型塑料护套线的技术参数

公称截面/mm^2	线芯结构		绝缘层厚度/mm	护套厚度/mm		最大外径/mm			BVV 型参考截流量/A			BLVV 型参考截流量/A		
	根数	直径/m		单双芯	三芯	单芯	双芯	三芯	单芯	双芯	三芯	单芯	双芯	三芯
1.0	1	1.13	0.6	0.7	0.8	4.1	4.1×6.7	4.3×9.5	20	16	13	15	12	10
1.5	1	1.38	0.6	0.7	0.8	4.4	4.4×7.2	4.6×10.3	25	21	19	19	16	12
2.5	1	1.76	0.6	0.7	0.8	4.8	4.8×8.1	5.0×11.5	34	26	22	26	22	17
4	1	2.24	0.6	0.7	0.8	5.3	5.3×9.1	5.5×13.1	45	38	29	35	29	23
5	1	2.50	0.8	0.8	1.0	6.3	6.3×10.7	6.7×15.7	51	43	33	39	33	26
6	1	2.73	0.8	0.8	1.0	6.5	6.5×11.3	6.9×16.5	56	47	36	43	36	28
8	7	1.20	0.8	1.0	1.2	7.9	7.9×13.6	8.3×19.4	70	59	46	54	45	35
10	7	1.33	0.8	1.0	1.2	8.4	8.4×14.5	8.8×20.7	85	72	55	66	56	43

探讨卡二 **线路安装常用的塑料制品**

电气照明线路安装中常用的塑料配件有 PVC 塑料线管、塑料线卡、塑料线槽及附件等，它们能够起到固定导线、避免导线受外来因素的损伤、保证电能传送安全可靠、布置合理便捷、整齐美观的作用。

1. PVC 塑料线管

用 PVC 塑料制作的线管（表 3-21），又称 PVC 阻燃电线管，简称 PVC 塑料管，属于冷弯型硬质塑料管，具有耐腐蚀、耐压、抗冲击、阻燃、绝缘性能好、施工方便等优点，在电气安装中得到广泛应用。

表 3-21　PVC 塑料管的选用

公称直径/mm	外直径及偏差/mm	轻型管壁厚度及偏差/mm	重型管壁厚度及偏差/mm
15	20±0.7	2.0±0.3	2.5±0.4
20	25±1.0	2.0±0.3	3.0±0.4
25	32±1.0	3.0±0.45	4.0±0.6
32	40±1.2	3.5±0.5	5.0±0.7
40	51±1.7	4.0±0.6	6.0±0.9
50	65±2.0	4.5±0.7	7.0±1.0
65	76±2.3	5.0±0.7	8.0±1.2
80	90±3.0	6.0±1.0	—

2. 塑料线卡

塑料线卡是用来固定所敷设的线路和塑料线管，以避免导线和塑料线管脱落的紧固件，主要有塑料线卡和铝片线卡两种，其结构形式如图 3-10 所示。

图 3-10　塑料线卡和铝片线卡的外形

选择塑料线卡时，应考虑所卡导线的规格，大小或宽度应基本相符，不能过大也不能过小。在使用时，只要将导线卡在线卡槽内，再在固定的位置上用锤子将水泥钉打入即可。

应用：铝片线卡（俗称钢精轧头）虽然不是塑料制品，但由于在导线敷设中常有人采用，而且其功用与塑料线卡相同，所以在此做一简单介绍。选择铝片线卡时，也应考虑所选铝片线卡的规格，不能过大或过小。固定导线时，其操作步骤如图 3-11 所示。

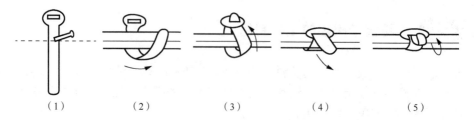

（1）　　　　　（2）　　　　　（3）　　　　　（4）　　　　　（5）

图 3-11　铝片线卡固定塑料护套线的操作步骤

3. 塑料线槽及附件

PVC 塑料线槽，又称 PVC 阻燃线槽，呈白色，它是由难燃的聚氯乙烯塑料经阻燃处理制成的一种新型布线材料。线槽由底板和盖板两部分组成，两板通过钩状槽相互结合，将导线放入底板槽内，然后压上盖板，两板便紧扣在一起。若要取下盖板，只要用手一拍即可，装拆非常方便。塑料线槽布线适合住宅、办公室等干燥和不易受机械损伤的场所。常用的 PVC 塑料线槽规格如表 3-22 所示。

表 3-22　PVC 塑料线槽规格

编号	规格/mm²	尺寸/mm		
		宽	高	壁厚
GA 15	15×10	15	10	1.0
GA 24	24×14	24	14	1.2
GA 39/01	39×18	39	18	1.4
GA 39/02	39×18（双坑）	39	18	1.4
GA 39/03	39×18（三坑）	39	18	1.4
GA 60/01	60×22	60	22	1.6
GA 60/02	60×40	60	40	1.6
GA 80	80×40	80	40	1.8
GA 100/01	100×27	100	27	2.0
GA 100/02	100×40	100	40	2.0

线槽附件是线槽安装过程中不可缺少的辅助件，其形式如图 3-12 所示。塑料接线盒及盖板型号规格如表 3-23 所示。

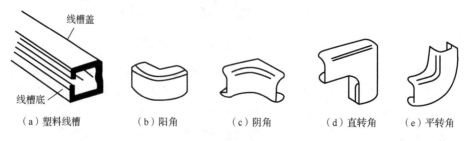

（a）塑料线槽　　　（b）阳角　　　（c）阴角　　　（d）直转角　　　（e）平转角

图 3-12　塑料线槽及附件

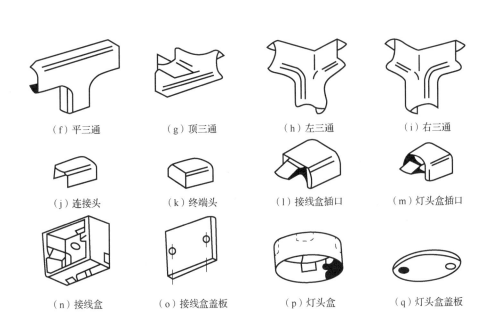

（f）平三通	（g）顶三通	（h）左三通	（i）右三通
（j）连接头	（k）终端头	（l）接线盒插口	（m）灯头盒插口
（n）接线盒	（o）接线盒盖板	（p）灯头盒	（q）灯头盒盖板

图 3-12（续）

表 3-23　塑料接线盒及盖板型号规格

型号		规格尺寸/mm				编号
		长	宽	高	安装孔距	
接线盒	SM 51	86	86	40	60.3	HS1151
	SM 52	116	86	40	90	HS1152
	SM 53	146	86	40	121	HS1153
盖板	SM 61	86	86	—	60.3	HS1161
	SM 62	116	86	—	90	HS1162
	SM 63	146	86	—	121	HS1163

探讨卡三　登高工具与冲击电钻

1. 登高工具

电工在电气照明线路敷设或导线连接工作中常常需登高作业。在登高作业时，要特别注意人身安全，要检查登高工具的牢固可靠性，只有这样才能保障登高作业人员的安全。

电工常用的登高工具有梯子、踏板和脚扣，以及腰带、保险绳和腰绳等，如表 3-24 所示。

表 3-24　电工常用的登高工具

名称	示意图	说明
梯子	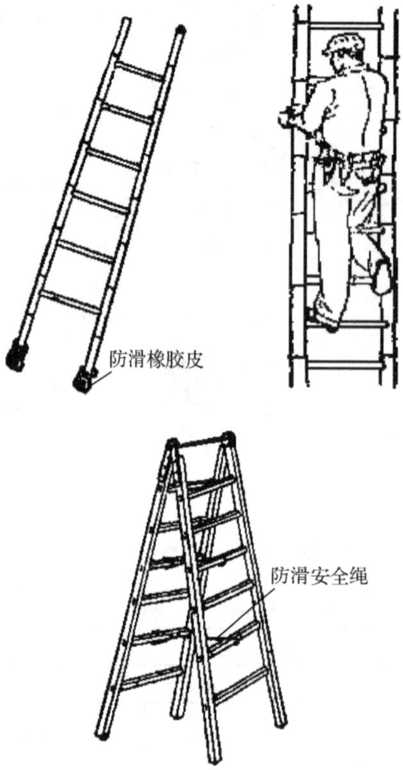 防滑橡胶皮 防滑安全绳	电工常用的梯子有竹梯和人字梯两种，如左图所示。竹梯通常用于室外登高作业，人字梯通常用于室内登高作业。 梯子登高安全知识： ① 竹梯在使用前应检查是否有虫蛀及折断现象；两脚应各绑扎橡胶皮之类防滑材料。 ② 竹梯放置的角度为 60°～75°。 ③ 梯子的安放应与带电部分保持安全位置，扶持人应戴安全帽，竹梯不许放在箱子或桶类等物体上使用。 ④ 人字梯应在中间绑扎两道防自动滑开的安全绳
踏板	 挂钩必须正勾	踏板又称蹬板，用来攀登电线杆用。踏板由板、绳索和挂钩等组成。板是采用质地坚韧的木材，绳索是 16mm 三股白棕绳，挂钩是钢制的，如左图所示。 踏板登高安全知识： ① 踏板使用前，一定要检查踏板有无开裂和腐朽，绳索有无断股。 ② 踏板挂钩时必须正勾，切勿反勾，以免造成脱钩事故。 ③ 登电线杆前，应先将踏板勾挂好，用人体作冲击载荷试验，检查踏板是否合格可靠，同时对腰带也用人体进行冲击载荷试验。 ④ 踏板每半年应进行一次载荷试验

续表

名称	示意图	说明
脚扣	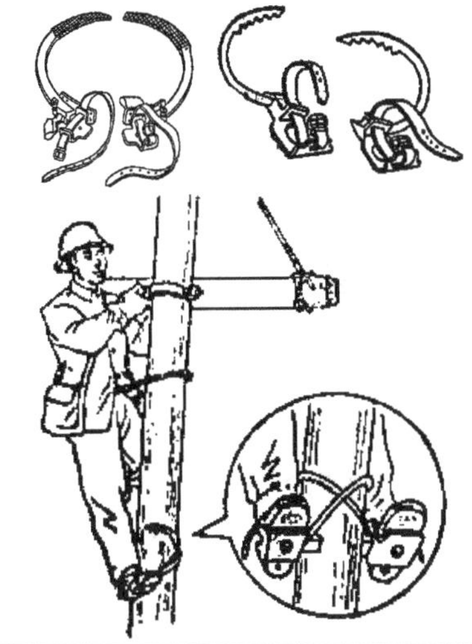	脚扣又称铁脚，也是攀登电线杆的工具。脚扣分为木杆脚扣和水泥杆脚扣两种，如左图所示。 脚扣登高安全知识： ① 使用前必须仔细检查脚扣各部分有无断裂、腐朽现象，脚扣皮带是否牢固可靠；脚扣皮带若损坏，不得用绳子或电线代替。 ② 一定要按电线杆的规格选择大小合适的脚扣；水泥杆脚扣可用于木电线杆，但木杆脚扣不能用于水泥电线杆。 ③ 雨天或冰雪天不宜用脚扣登水泥电线杆。 ④ 登电线杆前，应对脚扣进行人体载荷冲击试验。 ⑤ 上、下电线杆的每一步，必须使脚扣完全套入，并可靠地扣住电线杆，才能移动身体，否则会造成事故
腰带、保险绳和腰绳	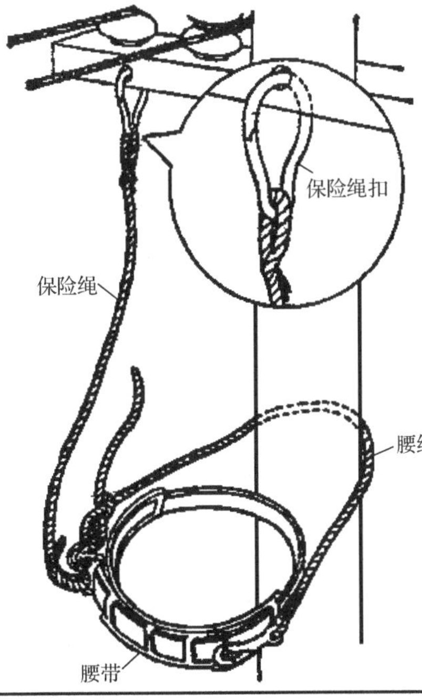	腰带、保险绳和腰绳是登高操作的必备用品。腰带、保险绳和腰绳如左图所示。 腰带用来系挂保险绳和吊物绳，在使用时应系在臀部上部，不应系在腰间。 保险绳用来保证万一失足、人体下落时不致坠地摔伤，其一端要可靠地系结在腰带上，另一端用保险钩勾在电线杆的横担或抱箍上。 腰绳用来固定人体下部，使用时应系在电线杆的横担或抱箍下方，防止腰绳窜出电线杆顶部，造成工伤事故

（示意图中标注：保险绳扣、保险绳、腰绳、腰带）

书本先生的提示

（1）登高作业前，一定要对登高工具、腰带、保险绳进行可靠性检查。

（2）患有精神病、高血压、心脏病和癫痫等疾病者，不能参与登高作业。

2. 冲击电钻

冲击电钻，既可用麻花钻头在金属材料上钻孔，又可用冲击钻头在砖墙、混凝土等处钻孔，供塑料膨胀管等使用，如图 3-13 所示。冲击电钻使用时应注意右手应握紧手柄，用力要均匀。

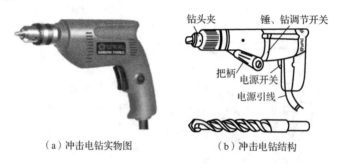

（a）冲击电钻实物图　　　（b）冲击电钻结构

图 3-13　冲击电钻

◆◇◆　**开卷有益**　◆◇◆

（1）电工工具是电气安装与维修作业的武器，正确使用这些电工工具是提高工作效率、保证施工质量的重要条件，因此必须十分重视对电工工具的使用方法。

（2）电工工具有随身携带的常用工具，如验电笔、螺丝刀、尖嘴钳、钢丝钳、剥线钳、电工刀、活扳手、锤子等。此外还有一些电工公用工具（不随身携带的），如冲击电钻、钢锯架（俗称锯弓）、登高工具、电烙铁等。

（3）在电气照明安装与线路维护工作中，常遇到因导线长度不够或线路有分支，需要把一根导线与另一根导线做成固定电连接与绝缘层恢复，在电线终端要与配电箱或用电设备进行电连接。做好导线的电连接与绝缘层恢复是电工工作的一道重要工序，每个电工都必须熟练掌握这一操作工艺。

（4）导线的电连接方法很多，有缠绕式连接（又分直线缠绕式、分线缠绕式、多股软线与单股硬线缠绕式和塑料绞型软线缠绕式等）、压板式连接、螺钉压式连接和接线耳式连接等。不同的电连接方法适用不同的导线种类和不同的使用环境。

（5）导线连接的基本要求：①导线接触应紧密、美观，接触电阻要小，稳定性好；②导线接头的机械强度不小于原导线机械强度的 80%；③导线的绝缘强度应与原导线的绝缘强度一样；④铝导线连接时，接头处要做好耐腐蚀处理。

大 显 身 手

1. 填空题

（1）维修电工常用工具有＿＿＿＿＿、＿＿＿＿＿＿、＿＿＿＿＿、＿＿＿＿＿、＿＿＿＿＿、＿＿＿＿＿、＿＿＿＿＿＿＿、＿＿＿＿＿和＿＿＿＿＿＿＿等。

（2）用来剖削电工材料绝缘层的工具，有＿＿＿＿＿、＿＿＿＿＿、＿＿＿＿＿等。

（3）导线的连接质量好坏直接关系着线路、用电设备运行的可靠性和安全性，所以不可疏忽。导线连接的基本要求：①＿＿＿＿＿；②＿＿＿＿＿；③＿＿＿＿＿；④＿＿＿＿＿。

（4）导线线头连接的方法一般有＿＿＿＿＿、＿＿＿＿＿、＿＿＿＿＿和＿＿＿＿＿等。

（5）单股导线连接的形式有＿＿＿＿＿＿、＿＿＿＿＿＿等；多股导线连接的形式有＿＿＿＿＿＿、＿＿＿＿＿＿等。

2. 判断题（对打"√"，错打"×"）

（1）使用尖嘴钳时，要注意其不能当作敲打工具；同时要保护好钳柄绝缘管，以免碰伤而造成触电事故。　　　　　　　　　　　　　　　　　　　　　　　（　　）

（2）螺丝刀可当作凿子使用。　　　　　　　　　　　　　　　　　　　　（　　）

（3）导线羊眼圈的弯制一般为逆时针方向。　　　　　　　　　　　　　　（　　）

（4）导线绝缘层被破坏或连接后，必须恢复其绝缘层的绝缘性能。　　　　（　　）

（5）所谓导线的"封端"，是指将大于 $10mm^2$ 的单股铜芯线、大于 $25mm^2$ 的多股铜芯线和单股铅芯线的线头，进行焊接或压接接线端子的工艺过程。　　　　　（　　）

3. 问答题

看一看，说一说，下图的导线是什么连接？

（a）＿＿＿＿＿＿＿＿＿　　　　　（b）＿＿＿＿＿＿＿＿＿　　　　　（c）＿＿＿＿＿＿＿＿＿

（d）＿＿＿＿＿＿＿＿＿　　　　　（e）＿＿＿＿＿＿＿＿＿　　　　　（f）＿＿＿＿＿＿＿＿＿

项目四

照明设备的安装

项目情景

一天，小柯买了一盏科技感十足的吸顶灯在客厅安装，他按事先规划的安装步骤完成了吸顶灯的安装。第一步，他仔细阅读吸顶灯的安装说明书，并准备好了所需的工具和材料。第二步，他关闭了客厅的主电源，以确保安装过程安全；在确定好吸顶灯的安装位置后，使用电钻在天花板上预先打孔。第三步，安装吸顶灯的固定支架，将吸顶灯的电源线连接到家中的电路中，确保连接牢固且符合安全标准。第四步，将吸顶灯的灯罩和其他部件逐一安装到支架上，并用螺钉将其固定好。当他重新打开电源，吸顶灯亮起时，客厅瞬间被温暖的灯光填满，整个空间瞬间变得明亮而舒适。

那么，小柯是如何成功安装那盏吸顶灯的？需要哪些知识和技能？一起来学一学吧。

项目目标

> ### 知识目标

（1）了解电气照明基本组成。

（2）熟悉电气照明有关技术要求。

（3）了解 LED 灯、荧光灯电路原理。

> ### 技能目标

（1）认识照明常用电器件。

（2）能识读电气照明图。

（3）会对照明电器件进行安装。

（4）会进行常用灯具的安装。

（5）能正确安装民用漏电保护器。

项目概述

随着生活水平的不断提高，人们对灯光照明、灯光环境的要求也越来越高。现代装饰照明、艺术照明已经被广泛应用于一般民用建筑中。本项目主要介绍照明设备的布置、安装要求及基本操作方法。

任务一 电气照明的基本电器件及其安装

任务目标 ▶ (1)了解电气照明基本组成。
(2)了解电气照明有关技术要求。
(3)会安装典型照明电路的电器件。
(4)会安装民用漏电保护器。

任务描述 ▶ 在电气照明安装中经常会遇到各种电器件，如开关、插座、灯头等。安装时，要遵照有关的技术要求及安装规程，才能保证电气照明正常工作。

你知道电气照明电器件的基本技术要求吗？你掌握电器件的安装技术了吗？请你通过本任务的学习，去熟悉电器件安装技术要求，掌握它们的安装技能吧！

导读卡一 电气照明的基本电器件与线路图

1. 电气照明电路的基本组成

（1）电路。电路是电流流过的路径。一个完整的电路通常至少要有电源、负载和中间环节 3 部分，如图 4-1 所示。

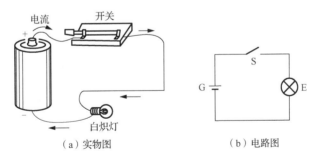

(a) 实物图　　　　　　　(b) 电路图

图 4-1　简单照明电路图

（2）电源。电源是供给电能的装置，它把其他形式的能转换成电能。如干电池或蓄电池能把化学能转换成电能，发电机能把机械能转换成电能，光电池能把太阳的光能转换成电能等。通常我们也把给居民住宅供电的电力变压器看成电源。

（3）负载。负载也称为用电设备或用电器，是应用电能的装置，它把电能转换成其他形式的能量。如电灯把电能转换成光能，电动机能把电能转换成机械能，电热器把电能转换成热能等。

（4）中间环节。用导线把电源和负载连接起来，构成电流通路的部分称为中间环节。为了使电路正常工作，中间环节通常还装有开关、熔断器等元件，对电路起控制和保护作用。

书本先生的提示

　　使电路获得持续电流（如电灯发光）的条件：①电路必须是闭合回路；②提供源源不断的电能。

应用：太阳能电池是把光能直接转换成电能的一种半导体器件。太阳能发电具有许多优点：安全可靠，无噪声，无污染；能量随处可得，无须消耗燃料；无机械转动部件，维护简便，使用寿命长；建设周期短，规模大小随意；可以无人值守，也无须架设输电线路，还可方便与建筑物相结合等。太阳能发电是常规发电和其他发电方式所不及的。

自从 1954 年第一个光电池问世以来，人们发现硅、锗、砷化镓等半导体材料都可以用来制造太阳能电池，而其中硅光电池应用最为广泛。它最早被用作人造地球卫星的电源。现在，某些助听器、手表、半导体收音机以及无人灯塔、灯光浮标、无人气象站、无线电中继站等设施的电源，都已使用了硅光电池。随着新材料的不断开发和相关技术的发展，以其他材料为基础的太阳能电池也越来越显示出其诱人的前景。

2. 电路的工作状态

电路的基本工作状态有通路、开路和短路 3 种，如表 4-1 所示。

表 4-1　电路的基本工作状态

电路状态	示意图	说明
通路	S 相线 ～220V 零线	通路是指正常工作状态下的闭合电路。电路通路时，开关闭合，电路中有电流通过，负载能正常工作
开路	S 相线 ～220V 零线	开路，又称断路，是指电源与负载之间未接成闭合电路，即电路中有一处或多处是断开的。电路开路时，电路中没有电流通过。开关处于断开状态时，电路开路是正常状态，但当开关处于闭合状态时，电路仍开路，就属于故障状态，需要电工去检修
短路	S 相线 ～220V 零线	短路是指电源不经负载直接被导线相连。短路时，电源提供的电流比正常通路时的电流大许多倍。严重时，会很快烧毁电源和电路内的电气设备。因此，电路中不允许无故短路，特别不允许电源短路。电路短路的保护装置是熔断器

应用：熔断器俗称保险丝，是低压供配电系统和控制系统中最常用的安全保护电器，主要用于短路保护。其主体是用低熔点的金属丝或金属薄片制成的熔体，串联在被保护

电路中。根据电流的热效应原理，在正常情况下，熔体相当于一根导线；当电路短路或过载时，电流很大，熔体因过热而熔化，从而切断电路起到保护作用。

导读卡二　典型照明电器件的安装

在照明电路中常遇到的电器件安装有开关的安装、灯头的安装和插座的安装等，是电工进行电器照明安装的基本操作技能之一。

1. 开关的安装

（1）开关安装形式。开关是用来控制灯具等电器电源通断的器件。根据它的使用和安装，开关常见的安装形式有明装式和暗装式两种。明装式开关有倒扳式、翘板式、揿钮式和双联或多联式；暗装式（即嵌入式）开关有揿钮式和翘板式。此外，还有组合式开关，即根据不同要求组装而成的多功能开关，有节能钥匙开关、请勿打扰的门铃按钮、调光开关、带指示灯的开关和集控开关（板）等。常用开关如图 4-2 所示。

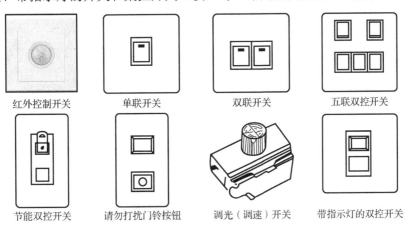

图 4-2　几种常用开关

（2）开关安装要求。开关安装的技术要求如下。

① 明装开关或暗装开关一般安装在门框边便于操作的地方，开关位置与灯具一一对应。所有开关扳把接通或断开的上下位置应一致。

② 拨动（又称扳把）开关距地面高度一般为 1.2～1.4m，距门框为 150～200mm。

③ 拉线开关距地面高度一般为 2.2～2.8m，距门框为 150～200mm。

④ 暗装开关的盖板应端正、严密并与墙面平。

⑤ 明线敷设的开关应安装在厚度不小于 15mm 的木台上。

⑥ 多尘潮湿场所（如浴室）应用防水瓷质拉线开关或加装保护箱。

（3）开关安装范例。开关的安装方式有明装和暗装，明装开关的安装方法如表 4-2 所示，暗装开关的安装方法如表 4-3 所示。

表 4-2　明装开关的安装方法

步骤	示意图	说明
第 1 步	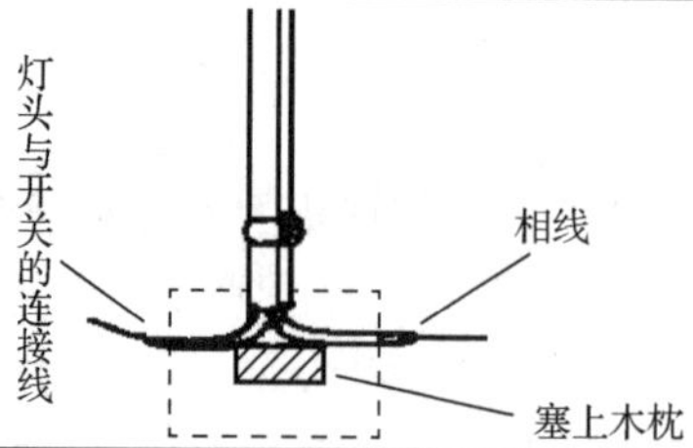	木枕安装。在墙上准备安装开关的地方（一般情况下，倒扳式、翘板式或揿钮式开关距地面 1.3m，距门框 150～200mm，拉线开关距地面 2.2m，距门框 150～200mm）居中钻 1 个小孔，塞上木枕
第 2 步	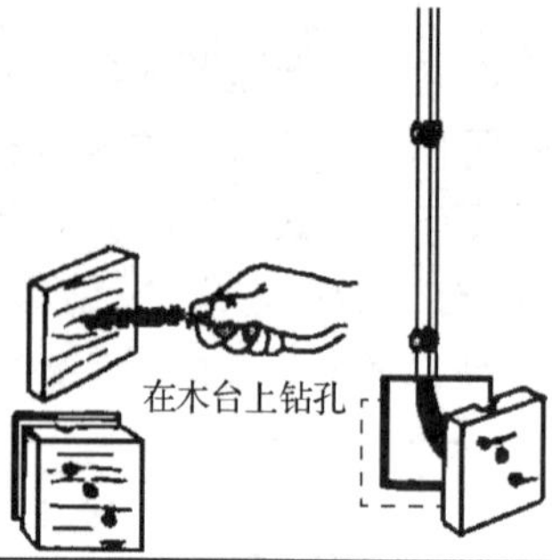	木台固定。把待安装的开关在木台上放正，打开盖子，用铅笔或多用电工刀对准开关穿线孔在木台板上划出印记，然后用多用电工刀在木台上钻 3 个孔（2 个穿导线孔和 1 个木螺钉孔）。把开关的 2 根导线分别从木台板孔中穿出，并将木台固定在木枕上
第 3 步	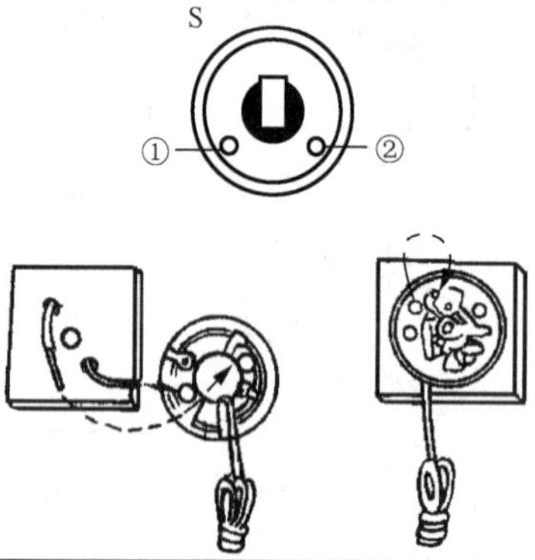	开关接线。卸下开关盖，把已剖削绝缘层的 2 根导线头分别穿入底座上的 2 个穿线孔，并分别将 2 根导线头接在开关的①、②端，最后用木螺钉把开关底座固定在木台上。对于扳动开关，按常规装法：开关扳把向上时电路接通，向下时电路断开

表 4-3　暗装开关的安装方法

步骤	示意图	说明
第 1 步	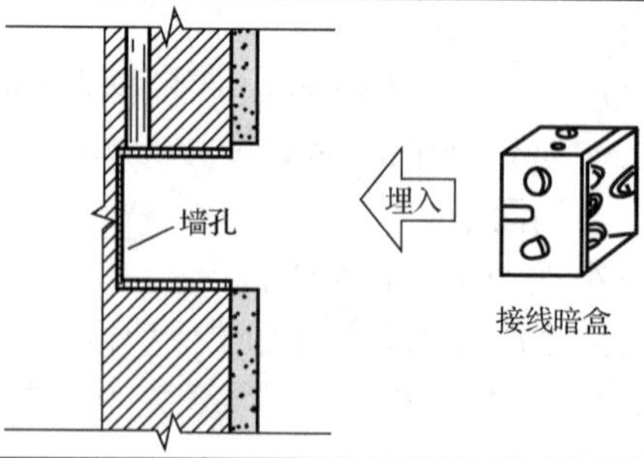	固定接线暗盒。将接线暗盒按定位要求埋设（嵌入）在墙内，埋设时用水泥砂浆填充，但要注意埋设平整，不能偏斜，接线暗盒口面应与墙的粉刷层面保持一致

续表

步骤	示意图	说明
第2步	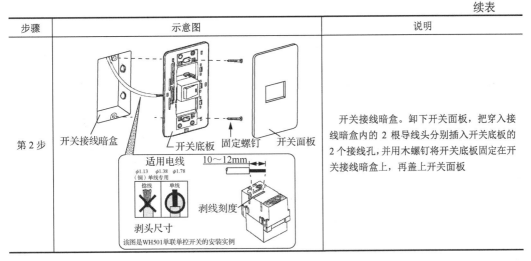	开关接线暗盒。卸下开关面板，把穿入接线暗盒内的 2 根导线头分别插入开关底板的 2 个接线孔，并用木螺钉将开关底板固定在开关接线暗盒上，再盖上开关面板

书本先生的提示

（1）电器、灯具的相线经开关控制，接点接触可靠；开关安装距地面高度一般为 1.3m。拉线开关距地面高度为 2.2～2.8m。

（2）同一场所开关的切断位置应一致。安装扳把开关时，其扳把方向应一致：扳把向上为"合"，即电路接通；扳把向下为"分"，即电路断开。

2. 灯头的安装

（1）灯头安装形式。灯头是用于 LED 灯泡与电源安全连接的电器件。根据它的使用和安装，灯头安装形式一般分吊挂式（软线吊挂灯、链条吊挂灯、钢管吊挂灯）和矮脚式（又称灯座）2 类，每一类又分卡口式和螺口式 2 种，如表 4-4 所示。

表 4-4　LED 灯泡头外形及内部结构

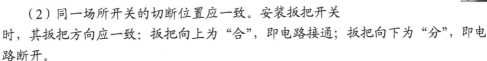

种类	吊挂式			矮脚式（灯座）		
	外形		内部结构	外形		内部结构
卡口式						

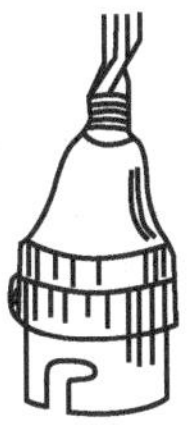

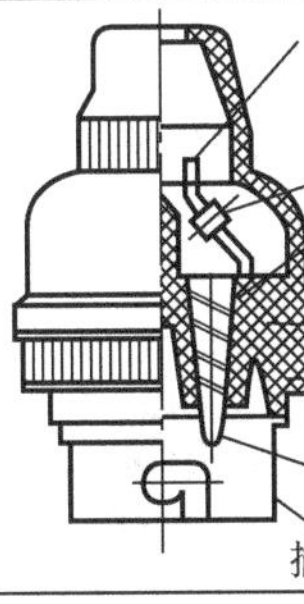

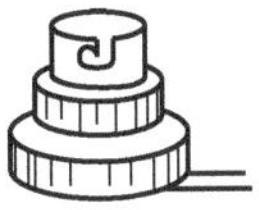

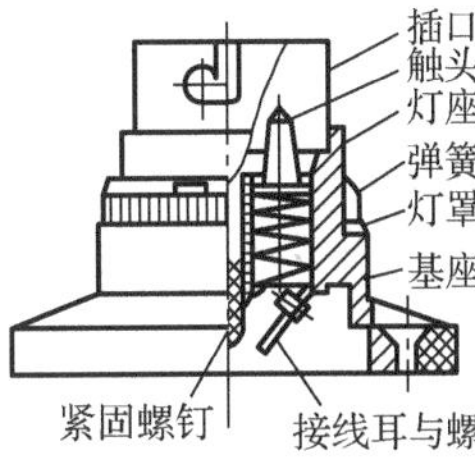

续表

种类	吊挂式		矮脚式（灯座）	
	外形	内部结构	外形	内部结构
螺口式		盖 接线耳 螺钉 压片 触片 灯座体 导电螺圈		螺纹铜圈 螺针 接线耳 螺钉 基座

（2）灯头安装要求。以吊挂式 LED 灯灯头为例，其安装的技术要求如下。

① 一般环境中灯头绝缘材料以胶木为主，在潮湿的房间则用瓷质材料。

② 吊挂式灯头，LED 灯具质量在 1kg 以下，可采用软导线吊装，质量大于 1kg 的 LED 灯具应采用吊链，且软导线宜编插在铁链内，导线不应受力。

③ 灯具应安装牢固，导线连接紧固可靠，且在吊盒（又称挂线盒）及灯头内打电工结扣，如图 4-3 所示。

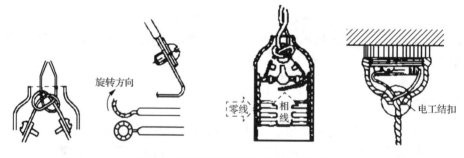

图 4-3　灯具吊盒及灯头内导线的连接

④ 采用螺口灯头时，相线应接在灯头顶心的舌片上，金属外壳接零线，相线接开关。

（3）灯头安装范例。灯头的安装方式有软线吊挂式和矮脚式，软线吊挂式灯头的安装方法如表 4-5 所示，矮脚式灯头的安装方法如表 4-6 所示。

表 4-5　软线吊挂式灯头的安装方法

步骤	示意图	说明
第 1 步 安装木枕		在准备安装吊线盒的位置上，居中用电钻打孔放入木枕，若用膨胀螺栓或塑料胀管固定木台，则应在此位置上，用电钻打安装螺栓或膨胀管的孔（孔的大小应与所安装的螺栓或膨胀管外径配套）后，插入螺栓或膨胀管

续表

步骤	示意图	说明
第2步 安装木台	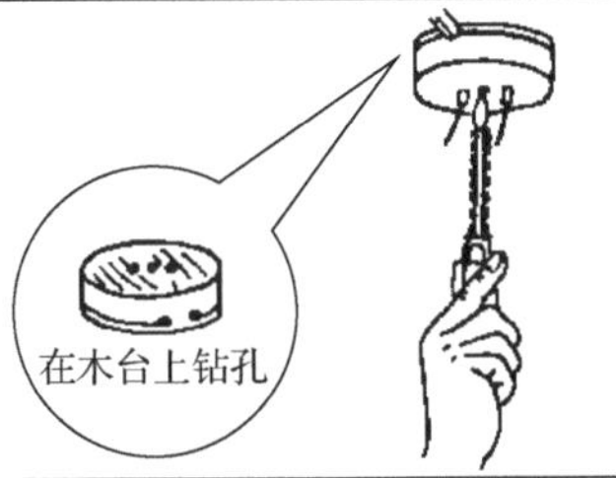 在木台上钻孔	在木台上钻 3 个孔（中间孔用于固定木台，两侧孔用于穿线），将导线穿入木台后，用木螺钉或膨胀螺栓的螺母将木台固定
第3步 安装吊线盒	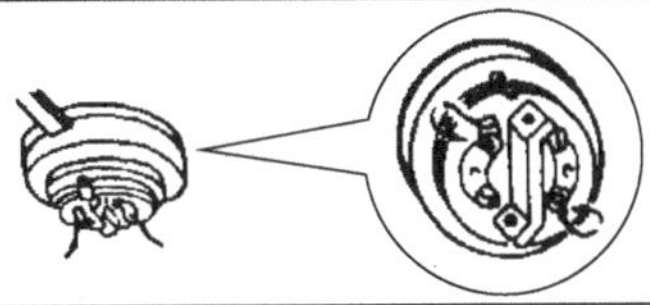	把木台上穿出的两根电线线头，分别从吊线盒底座上的穿线孔中穿出后，接在穿线孔旁边的接线桩头上，然后将吊线盒用木螺钉固定在木台上
第4步 吊线盒接线	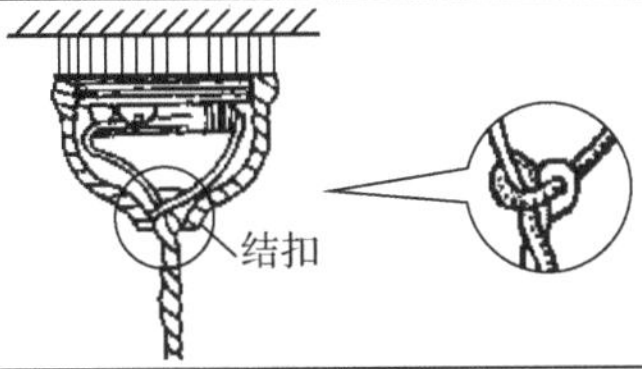 结扣	截取一定长度的软导线，作为吊线盒与灯头的连接导线。在这段软导线一端约 50mm 处打一电工结扣（又称安全扣）
第5步 安装灯头		把灯头的盖子旋下，穿入软线的下端，在离下端约 30mm 处，打一电工结扣。然后将两个线头分别接到灯头的两个接线螺钉上，再装上灯头盖。如灯头为螺口式时，接线要特别注意，电源中性线应与螺口灯头螺旋套相连的接线螺钉相接，电源的相线（通过开关的相线）应与灯头中心簧片相连的接线螺钉相接，不要接反，否则易造成触电事故
第6步 安装 LED 灯泡		安装卡口式 LED 灯泡要牢固；安装螺口式 LED 灯泡时，松紧度要适当，不要拧得太松，造成接触不良，电灯不发光；也不能拧得过紧，否则会造成灯头内部短路

书本先生的提示

（1）为保证人身安全，灯头线不能装得太低，灯头距地面的高度不应小于 2.5m。在特殊情况下可以降到 1.5m，但应采取防护措施。

（2）采用螺口灯座时，应将相（火）线接顶心极，零线接螺纹极，不能接反，否则在装卸灯泡时容易发生触电事故。

（3）吊线灯具质量不超过 1kg 时，可用电灯引线自身作为电灯吊线；灯具质量超过 1kg 时，应采用吊链或钢管吊装。

表 4-6　矮脚式灯头的安装方法

步骤	示意图	说明
第1步		木枕的安装：在准备安装矮脚式灯头的地方居中钻1个孔，再塞上木枕
第2步	在木台上钻孔	木台的钻孔、开槽与固定：对准灯头穿线孔的位置，在木台上钻2个穿线孔和1个木螺钉孔，再在木台一边开好进线槽。然后，将已剖削的线头从木台的2个穿线孔中穿出，再把木台固定在木枕上
第3步	灯头与开关的连接线　导电螺圈	矮脚式灯头的接线：把2根线头分别接到灯头的2个接线柱上
第4步		矮脚式灯头的底座安装：装上卡口式或螺口式灯头的底座

3. 插座的安装

（1）插座安装形式。插座是供移动电气设备如台灯、电风扇、电视机、洗衣机及电动机等连接电源用的电器件。插座安装形式一般有固定式（明装插座和暗装插座）和移动式（又称接线板）2 种。常见固定式插座如图 4-4 所示。

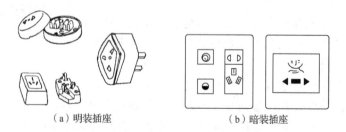

（a）明装插座　　　　　　　　（b）暗装插座

图 4-4　常见的固定式插座

（2）插座安装要求。插座安装的技术要求如下。

① 凡携带式或移动式电器用插座，单相应用三孔插座，三相用四孔插座，其接地孔应与接地保护线或零线相连接。

② 明装插座离地面的高度应不小于 1.3m，一般为 1.5～1.8m；暗装插座允许低装，但插座距地面高度不小于 0.3m。

③ 儿童活动场所的插座应用安全插座，采用普通插座时，距地面高度不应小于 1.8m。

④ 在特别潮湿的场所，不应安装插座。

⑤ 安装插座时，其插孔的接法如图 4-5 所示。

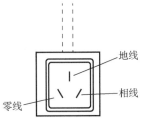

图 4-5 插座插孔的接法

（3）固定式插座安装范例。固定式插座的安装方式有明装和暗装两种，明装插座的安装方法如表 4-7 所示，暗装插座的安装方法如表 4-8 所示。

表 4-7 明装插座的安装方法

步骤	示意图	说明
第1步	灯头与开关的连接线 相线 塞上木枕	在墙上准备安装插座的地方（一般场所插座距地面1.5m，在特殊场所可装于离地面不小于0.3m的地方）居中钻1个小孔
第2步	在木台上钻孔	对准插座上穿线孔的位置，在木台上钻3个穿线孔和1个木螺钉孔，再把穿入线头的木台固定在木枕上
第3步	接地 零线 相线	卸下插座盖，把3根线头分别穿入木台上的3个穿线孔，再把3根线头分别接到插座的接线柱上，插座上面的1个孔接插座的接地保护线，插座下面的2个孔接电源线（左孔接零线，右孔接相线），不能接错

表 4-8 暗装插座的安装方法

步骤	示意图	说明
第1步	墙孔 埋入 接线暗盒	固定接线暗盒。将接线暗盒按定位要求埋设（嵌入）在墙内，埋设时用水泥砂浆填充，但要注意埋设平整，不能偏斜，暗盒口面应与墙的粉刷层面保持一致
第2步	地线 相线 零线	卸下暗装插座面板，把穿过接线暗盒的导线线头分别插入暗装插座底板的 3 个接线孔内。插座上面的孔插入保护接地线线头，插座下面的 2 个小孔插入电源线线头（左孔插入零线线头，右孔插入相线线头），固定暗装插座，盖上插座面板

书本先生的提示

（1）安装插座时，插座接线孔要按一定顺序排列。单相双孔插座双孔垂直排列时，相线孔在上方，零线孔在下方；单相双孔水平排列时，相线在右孔，零线在左孔；单相三孔插座，保护接地线在上孔，相线在右孔，零线在左孔。

（2）明装插座的安装高度距地面一般为 1.3m 以上；暗装插座的安装高度一般距地面不小于 0.3m；在幼儿园、小学等场所应选用安全插座或暗插座且距地面应不小于 1.8m。

导读卡三 民用漏电保护器的安装

漏电保护器俗称触电保安器或漏电开关，是用来防止人身触电和设备事故的主要技术装置。在连接电源与用电设备的线路中，当线路或用电设备对地产生的漏电电流达到一定数值时，通过保护器内的互感器检取漏电信号，并经过放大以驱动开关而达到断开电源的目的，从而避免人身触电伤亡和设备损坏事故的发生。漏电保护器外形如图 4-6 所示。

图 4-6 漏电保护器外形

1. 漏电保护器的安装

漏电保护器的安装接线应符合产品说明书规定，装置在干燥、通风、清洁的室内配电盘上。民用漏电保护器的安装比较简单，只需将电源两根进线连接于漏电保护器进线的两个桩头上，再将漏电保护器的两个出线桩头与户内原来两根负荷出线相连即可。

2. 漏电保护器的试验

安装好后要进行试跳。试跳方法为：将试跳按钮按一下，如漏电保护器开关跳开，则为正常；如发现拒跳，则应送修理单位检查修理。

日常因电气设备漏电或发生触电时，保护器跳闸，这是正常的情况，绝不能因动作频繁而擅自拆除漏电保护器。正确的处理方法应是查清、消除漏电故障后，再继续将漏电保护器投入使用。

导读卡四　模数化终端组合电器简介

模数化终端组合电器是一种能根据用户需要选用合适元件，构成具有配电、控制保护和自动化等功能的组合电器，如图 4-7 所示。它主要由模数化组装式元件以及它们之间的电气、机械连接和外壳等构成。模数化终端组合电器具有许多功能及优点，被广泛用于配电线路中。

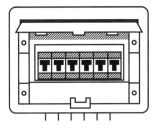

图 4-7　模数化终端组合电器

目前，使用较多的 PZ20 和 PZ30 系列模数化终端组合电器，具有如下功能。

（1）导轨化安装。如图 4-8 所示，可将开关电器方便地固定、拆卸、移动或重新排列，实现组合灵活化。

（2）器件尺寸模数化，外形尺寸、接线端位置均相互配套一致。

（3）功能组合多样，能满足不同需要。

（4）壳体外形美观大方，壳内设有可靠的中性线和接地端子排、绝缘组合配线排，接线、使用时安全性能好。

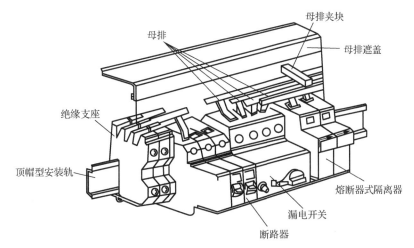

图 4-8　装有各种元件的模数化终端组合电器结构图

　　模数化终端组合电器的选用与安装，应该根据用户实际使用要求，确定组合方案，计算出所用电气元件的总尺寸，再选择所需外壳容量，并选定型号。然后，将其放入已预留孔洞的墙体中，并根据设计的电气线路图进行连线，连接完成后将其固定到墙体中即可。

议一议

　　凡带有接地极的三极电源插头，它的接地极为什么总是要比另外两个导电极长一些（图4-9）？

图4-9　电源插头上接地极总比导电极长

　　小柯说："工人师傅们在设计电源插头时，为了考虑到使用者的安全，有意将接地极设计得比导电极长几毫米。这样，可使插头在插入电源插座时，接地极先接触插座内的接地线；拔出电源插座时，导电极先与电源插座内的导电端分离，再脱开接地极。这样的措施可保证在插入电源插座时，总是先有保护接地，再接通电源；反之，在脱离电源插座时，总是先脱离导电极，再断开接地极。如果有金属外壳的家用电器万一绝缘损坏而使整个外壳带电，这时就会形成接地短路电流，从而烧毁配电板上的熔断器，起到保护作用。"

　　请你与同学讨论一下，小柯的解释对吗？

看一看

　　观察教师提供的开关、插座的外形和结构。

实践卡　电源插座的安装

　　（1）实训目的：学习电源插座的安装，以及故障检查和维修技能。
　　（2）实训所需器材。
　　①插座（三孔插座、两孔插座）；②木台；③导线（塑料护套线、软电线）；④冲击电钻及钻头；⑤锤子；⑥尼龙膨胀管、木螺钉；⑦电工刀或剥线钳；⑧绝缘胶布；⑨螺丝刀；⑩万用表或验电笔。
　　（3）实训步骤。
　　① 在2个木台上各安装三孔插座、两孔插座。

② 分别按正常高度在实训墙上正确安装开关、插座，并使之能正常工作。

书本先生的提示

插座接线柱的连接做到"左零右相"，即左边插孔的接线柱连接零线，右边插孔的接线柱连接相线，中间插孔的接线柱连接接地保护线，如图 4-10 所示。

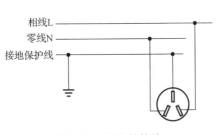

相线L
零线N
接地保护线

图 4-10　插座的接线

温馨提示

学习的过程不仅是知识的积累过程，也是锻炼和培养思维能力的重要途径。在学习过程中，要把重点放在培养分析问题和解决问题的能力上，而不要把主要精力放在死记硬背上。

评一评

把电源插头、开关、插座安装的收获或体会写在表 4-9 中，同时完成评价。

表 4-9　电源插头、开关、插座安装总结表

课题		电源插头、开关、插座安装				
班级		姓名		学号		日期	
训练收获或体会						
训练评价	评定人	评语			等级	签名
	自己评					
	同学评					
	老师评					
	综合评					

探讨卡一　螺钉、铁钉和膨胀螺栓

1. 常见螺钉、铁钉的规格

在电气照明安装中，常用的木螺钉、机螺钉、铁钉的规格如表 4-10～表 4-12 所示。

表 4-10　沉头型、半圆头型木螺钉的规格

公称直径/mm	长度范围/mm
1.6	6~12
2	6~16
2.5	6~25
3	8~30
(3.5)	8~40
4	12~70
(4.5)	16~85
5	18~100
6	25~100
8	40~100
10	70~120

注：（1）长度系列为6、8、10、12、14、16、18、20、22、25、30、35、40、45、50、60、70、85、100、120，单位为mm。

（2）括号内公称直径规格尽量少采用。

（3）沉头型长度包括螺母，半圆头型长度不包括螺母。

表 4-11　沉头型、半圆头型机螺钉的规格

公称直径/mm	长度范围/mm	
	沉头型	半圆头型
1	2~5	1.5~5
2	3~20	2~20
3	4~80	3~80
4	6~80	4~80
5	8~80	5~80
6	10~80	8~80
8	14~80	10~80
10	18~80	12~80
12	18~85	18~85
16	25~95	30~95
20	35~120	40~120

表 4-12　铁钉的规格

铁钉号		1	2	3	4	5	6	7	8	9	10	12	14	16	18	20
长度/mm		10	20	30	40	50	60	70	80	90	100	120	140	160	180	200
铁钉直径/mm	标准型	1	1.4	1.8	2.2	2.8	3.2	3.4	3.8	4.2	4.5	5	5.6	6	6.6	7.5
	轻型	0.9	1.2	1.6	2	2.5	2.8	3.2	3.4	3.8	4.2	4.5	5	5.6	6	6.6
	重型	1.2	1.6	2	2.5	3.2	3.4	3.6	4.2	4.5	5	5.6	—	—	—	—

2. 各式膨胀螺栓配件

在电气安装过程中，常用到的各式膨胀螺栓，其配件组合如图 4-11 所示。

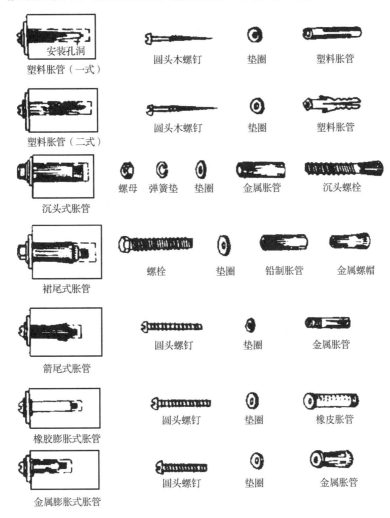

图 4-11　各式膨胀螺栓配件示意图

探讨卡二 **木台在建筑物上的固定**

在电气照明电器的安装过程中，由于居室的建筑结构不同，木台（木制或塑制木台）的固定方式也不同。表 4-13 所示是木台在不同建筑物上的几种固定方式。

表 4-13　木台在不同建筑物上的固定方式

名称	示意图	名称	示意图
木结构表面的安装	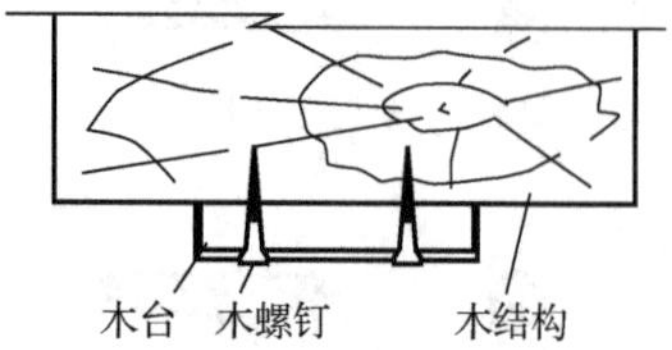 木台　木螺钉　木结构	墙壁上的安装	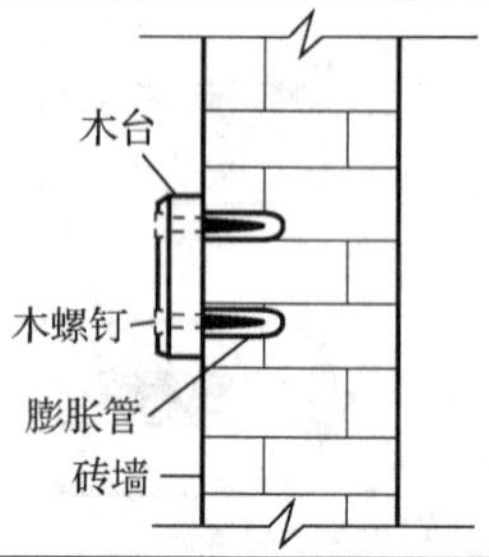 木台　木螺钉　膨胀管　砖墙
现浇混凝土顶板下的安装	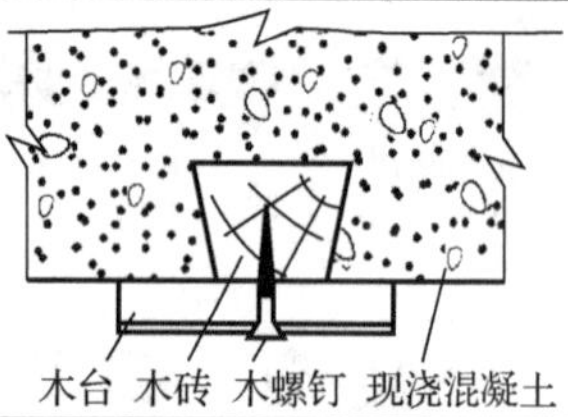 木台　木砖　木螺钉　现浇混凝土	吊顶下的安装	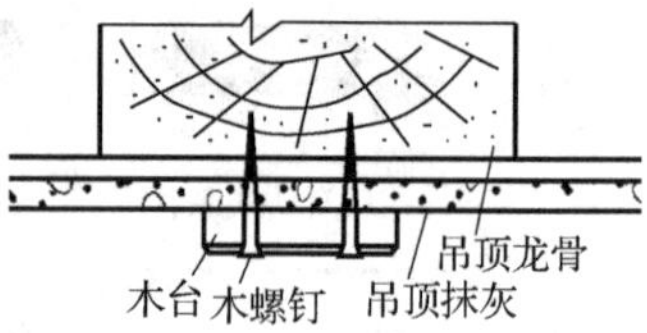 木台　木螺钉　吊顶龙骨　吊顶抹灰
预制混凝土空心板下的安装	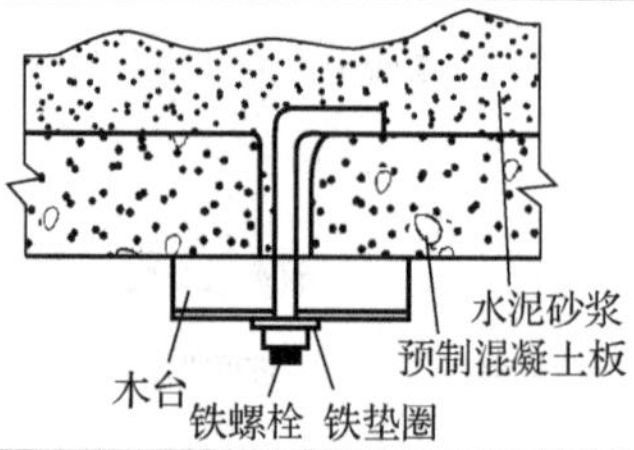 木台　铁螺栓　铁垫圈　水泥砂浆　预制混凝土板	预制混凝土顶板下的安装	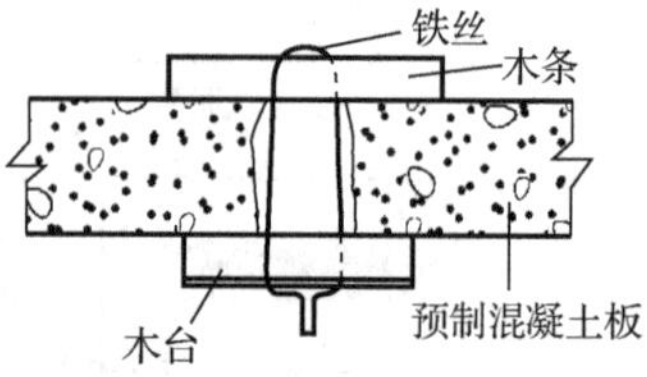 铁丝　木条　木台　预制混凝土板

任务二　LED 灯具的安装

任务目标▶
（1）熟悉电气照明有关的技术要求。
（2）了解 LED 灯电路原理。
（3）能识读电气照明图。
（4）会进行 LED 灯具的安装。
（5）会使用单联开关和双联开关控制 LED 灯具。

任务描述▶

　　LED 灯是家用照明中最重要的电光源之一。尽管气体放电灯仍在广泛应用，但 LED 灯作为一种随处可用、价格便宜的光源，具有优越的显色性能、便于调光、功率可以做得很小等优点。

　　你知道 LED 灯的基本电路原理吗？你掌握 LED 灯及其控制设备的安装技能吗？请你通过本任务的学习，去认识和掌握它们吧！

导读卡一　一只单联开关控制一盏灯的连接方法

　　一只单联开关控制一盏灯的连接方法，如表 4-14 所示。

表 4-14　一只单联开关控制一盏灯的连接方法

步骤	示意图	说明
第 1 步 连接灯头 的接线柱	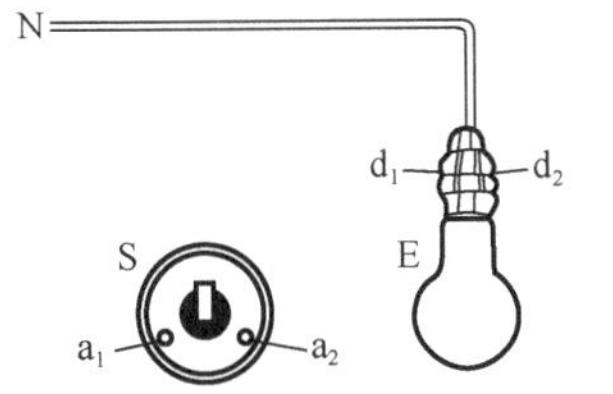	把电源线的零线 N 接到灯头的接线柱 d_2 上，如下图所对应的粗实线 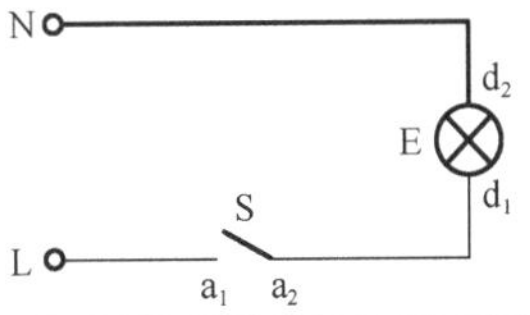
第 2 步 连接开关 的接线柱	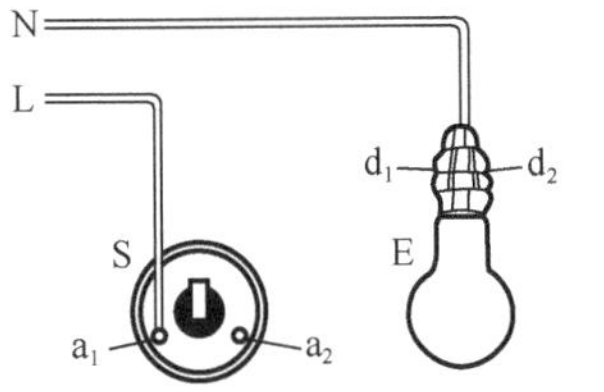	把电源线的相线 L 接到开关的接线柱 a_1 上，如下图所对应的粗实线 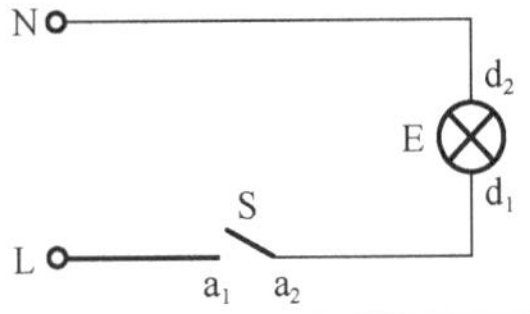
第 3 步 连接开关 与灯头的 另一接线 柱	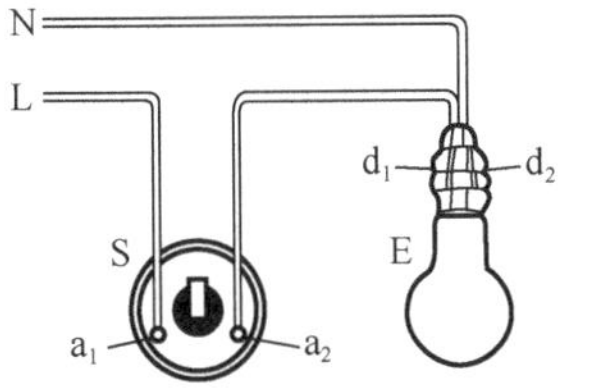	用导线连接灯头 E 的接线柱 d_1 与开关 S 的接线柱 a_2，如下图所对应的粗实线 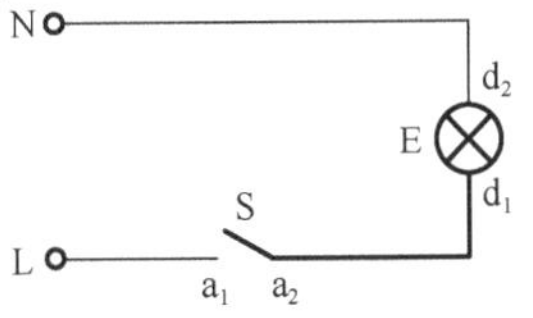

　　注：L 表示相线，N 表示零线；S 表示单联开关，a_1、a_2 表示单联开关接线柱；E 表示灯头，d_1 和 d_2 为 E 的灯头接线柱。

书本先生的提示

　　为了用电安全，我们一定要牢记开关接线时"相线（俗称'火线'）始终进开关，零线（俗称'地线'）始终进灯头"的法则。

两只单联开关分别控制两盏灯的连接方法

两只单联开关在不同的地方分别控制两盏不同的灯（即两盏灯各由一只单联开关控制）的连接方法，如表 4-15 所示。

表 4-15　两只单联开关分别控制两盏灯的连接方法

步骤	示意图	说明
第 1 步 灯头线的连接	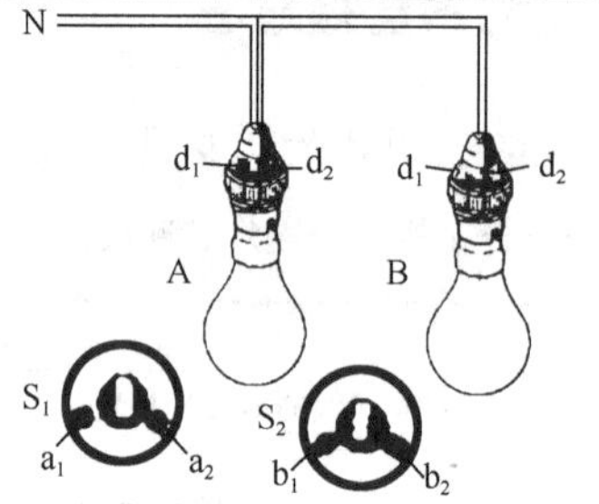	连接灯头线：先把零线 N 从电源上引来接到灯头 A 的接线柱 d_2 上，然后用另一段导线也接在灯头 A 的 d_2 上，接好后，引接到灯头 B 的接线柱 d_2 上，接好后旋紧，如左图所示。这就是电工师傅们习惯上说的"零线始终进灯头"
第 2 步 开关线的连接	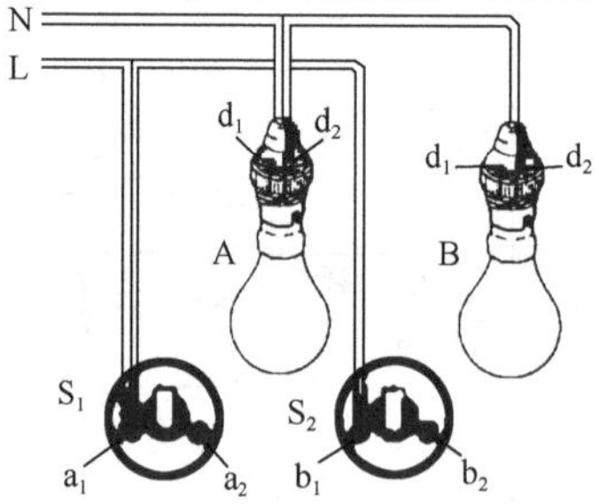	连接开关线：把相线 L 自电源上引来接在开关 S_1 的接线柱 a_1 上，然后用另一段线也接在开关 S_1 的 a_1 上，接好后，引到开关 S_2 的接线柱 b_1 上，接好后旋紧，如左图所示。这就是电工师傅们习惯上说的"相线始终进开关"
第 3 步 灯头与开关的连接	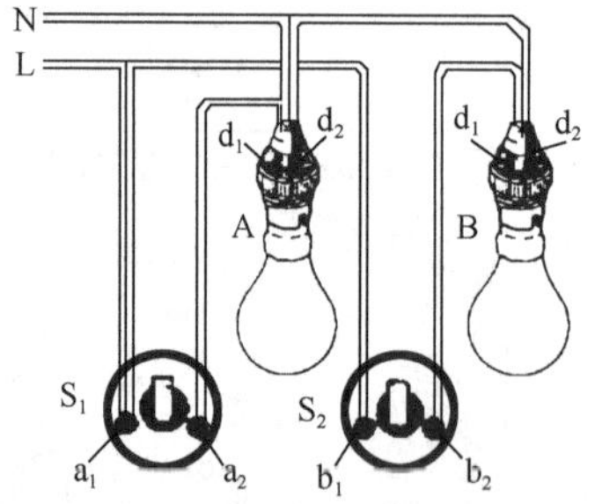	连接灯头与开关：方法是先测量开关和灯头的距离，截取两段导线，然后把一段导线自开关 S_1 的 a_2 接线柱引到灯头 A 的 d_1 接线柱上。另一段导线自开关 S_2 的接线柱 b_2 引到灯头 B 的接线柱 d_1 上即可

注：L 表示相线，N 表示零线；S_1、S_2 分别表示单联开关，a_1、a_2 和 b_1、b_2 分别为单联开关 S_1、S_2 的接线柱；A 和 B 分别表示灯头，d_1 与 d_2 为灯头的接线柱。

两只双联开关在不同地方控制一盏灯的连接方法

安装这种控制线路需要一种特殊的开关——双联开关，如图 4-12（a）、（b）所示。它比单联开关多 1 个接线柱，共有 3 个接线柱，其中 1 个接线柱是动触点，另外 2 个为定触点。如图 4-12（c）所示，①和④分别为双联开关 S_1 和 S_2 的动触点，②和③、⑤和⑥分别为双联开关 S_1 和 S_2 的定触点。两只双联开关控制一盏灯的连接方法如表 4-16 所示。

（a）明装双联开关

正面　　　　　　反面

（b）暗装双联开关　　　　　　　　　（c）接线图

图 4-12　双联开关

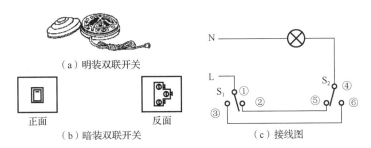

表 4-16　两只双联开关在不同地方控制一盏灯的连接方法

步骤	示意图	说明
第1步		相线 L 接开关 S_1 的连铜片接线柱①，如下图所对应的粗实线，即电工师傅所说："相线 L 始终接开关"
第2步		开关 S_1 接线柱②、③分别连接开关 S_2 接线柱⑤和⑥，如下图所对应的粗实线
第3步		开关 S_2 的铜片接线柱④接灯头，如下图所对应的粗实线
第4步		灯头的另一端接零线 N，如下图所对应的粗实线，即电工师傅所说："零线 N 始终接负载（如灯具）"

书本先生的提示

相线 L 始终接开关，零线 N 始终接负载（如灯具）。

议一议

讨论 LED 灯的工作原理，并将结果写在下面。

看一看

观察 LED 灯的外形和结构。

实践卡 **LED 台灯的组装**

（1）实训目的：学习 LED 台灯的组装。

（2）实训所需器材。

①台灯套件；②导线（软电线）；③电工刀或剥线钳；④电烙铁；⑤绝缘胶布；⑥螺丝刀；⑦LED 灯；⑧万用表。

（3）实训步骤。

①熟悉 LED 台灯套件；②画出 LED 台灯接线图，并进行正确组装；③用万用表检查组装情况，在教师的认可下方可接电源。

书本先生的提示

要仔细观察 LED 台灯及其电气控制线路，在组装中不能损坏相关组件，注意安全。

温馨提示

当我们想象某事物时，就是捕捉该事物与头脑中经历过的事物之间的特征和属性的关系，而头脑中事物特征和属性的获得首先得靠观察。

评一评

把 LED 灯具安装的收获或体会写在表 4-17 中，同时完成评价。

表 4-17　LED 灯具安装总结表

课题			LED 灯具安装				
班级		姓名		学号		日期	
训练收获或体会							
训练评价	评定人		评语			等级	签名
	自己评						
	同学评						
	老师评						
	综合评						

探讨卡一　壁灯的安装

（1）要求：初步掌握壁灯（图 4-13）安装的技能。

图 4-13　壁灯

（2）器材：钢凿或冲击电钻、手锤、螺丝刀、木螺钉、壁灯、M6 膨胀管、绝缘胶布。

（3）操作步骤及注意事项如表 4-18 所示。

表 4-18　壁灯的安装步骤及说明

步骤	示意图	说明
第1步	壁灯安装座（架）示意图	在选定的壁灯位置上，沿壁灯座画出其固定螺孔位置。用钢凿或 M6 冲击钻钻头打出与膨胀管长度相等的膨胀管安装孔
第2步		用手锤将膨胀管敲入膨胀管安装孔内
第3步		将木螺钉穿过安装座（架）的固定孔，并用螺丝刀将木螺钉拧紧，如左图所示
第4步	95～400　1440～1850　单位：mm　壁灯的安装高度	壁灯电源线引入灯座后，剖削出导线线头，接入壁灯灯头，注意壁灯的安装高度，一般要求如左图所示
第5步		将灯泡安装入灯座、灯罩固定在灯架上
第6步		检查安装完毕后，合闸通电试验
注意事项	① 自觉遵守实训纪律，注意安全操作。② 灯座装入固定孔时，要将灯座放正。③ 在固定灯罩时，固定螺钉不能拧得过紧或过松，以防螺钉损坏灯罩	

探讨卡二　吸顶灯的安装

图 4-14　吸顶灯

（1）要求：初步掌握安装吸顶灯座（图 4-14）的技能。

（2）器材：钢凿或冲击钻、手锤、螺丝刀、木螺钉、小木块（60mm×20mm×20mm）、绝缘胶布、吸顶灯。

（3）操作步骤及注意事项如表 4-19 所示。

表 4-19　吸顶灯的安装步骤及说明

步骤	示意图	说明
第1步	预制板孔　小木块 预制板 天花板　孔 细铁丝 固定小木块	先找出孔洞部位，用钢凿或冲击钻在孔洞部位打一个直径为 40mm 的小孔，将多孔板中的电源线引出孔外
第2步		在小木块中心用木螺钉旋出一个孔，并在木块中心部位扎上一根细铁丝，如左图所示，斜插入凿好的多孔板内，将木块上的细铁丝引出孔外，木块不要压住电源线
第3步	预制板　小木块 细铁丝　金属支架 安装吸顶灯金属架	用木螺钉穿过吸顶灯金属支架固定孔，导线穿过吸顶灯金属架线孔，右手拉住木块上细铁丝和吸顶灯金属支架，左手螺丝刀将木螺钉对准木块上的螺钉孔拧紧，如左图所示
第4步		剖削导线并接入吸顶灯金属支架的灯座，装好灯泡和吸顶灯罩
第5步		检查安装完毕后，合闸通电试验
注意事项	① 在固定小木块时，应防止木块压住电源的绝缘层，以防发生短路事故。 ② 在安装吸顶灯罩时，灯罩固定螺钉不能拧得过紧或过松，以防螺钉顶破灯罩。 ③ 在高处安装时，应注意安全操作，站的位置要牢固平稳	

探讨卡三　吊灯的安装

（1）要求：初步学会利用多用吊钩安装吊灯（图 4-15）的技能。

（2）器材：钢凿或冲击电钻、手锤、螺丝刀、多用吊钩、吊灯、绝缘胶布。

（3）操作步骤及注意事项如表 4-20 所示。

图 4-15　吊灯

表 4-20　吊灯的安装步骤及说明

步骤	示意图	说明
第1步	安装多用吊钩	在确定的吊灯位置，用清水刷一下预应力多孔板的底部（刷天花板横向面），发现先干燥处就是需要寻找的孔洞部位
第2步		用钢凿或冲击钻在孔洞部位打一个直径约 23mm 的小圆孔，将吊灯电源线引出孔外
第3步		将吊钩撑片插入孔内，用手轻轻一拉，使撑片与吊钩面垂直，或成"T"字形，并沿着多孔板的横截面放置。在安装时，多用吊钩不要压住导线
第4步		将垫片、弹簧片、螺母从吊钩末端套入并拧紧，如左图所示

续表

步骤	示意图	说明
第5步	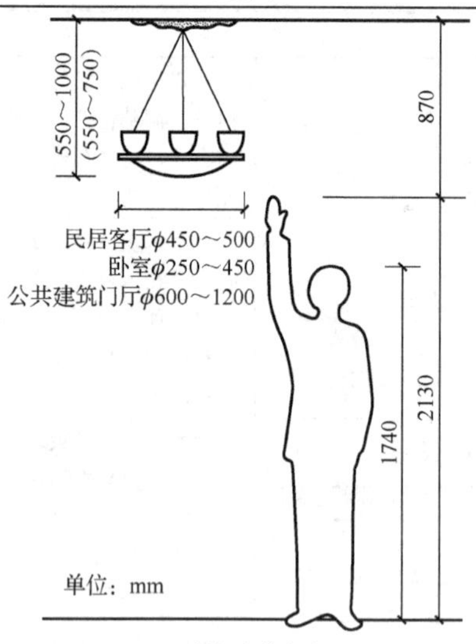 550~1000 (550~750) 870 民居客厅φ450~500 卧室φ250~450 公共建筑门厅φ600~1200 2130 1740 单位：mm 吊灯安装高度	将吊灯杆挂在吊钩上，并将多孔板上的电源引出线与吊灯杆上的引出线连接，用绝缘胶布包扎，固定好灯杆脚罩，注意吊灯的安装高度，一般要求如左图所示
第6步		检查安装完毕后，合闸通电试验
注意事项	① 吊灯应装有挂线盒。吊灯线的绝缘必须良好，并不得有接头。 ② 在挂线盒内的接线应采取措施，防止接头处受力使灯具跌落。超过 1kg 的灯具须用金属链条吊装或用其他方法支持，使吊灯线不受力。吊顶灯具超过 3kg 时，应预埋吊钩或螺栓。 ③ 在高处安装吊钩、吊灯，应注意安全，以免掉下	

探讨卡四　38 珠 LED 节能灯的制作

利用电子半成品制作 38 珠 LED 节能灯是一件非常有意义的举动，它不仅宣传了低碳环保、变废为宝的意识，而且通过制作可以提高自己的动手能力，增强节电节能的意识。

（1）制作材料。

用电子半成品制作 38 珠 LED 节能灯所需器材，如表 4-21 所示。

表 4-21　制作 38 珠 LED 节能灯器材表

名称	38 珠 LED 节能灯 E27 灯壳	38 珠 LED 环氧树脂板	发光二极管	电烙铁	焊锡
图片	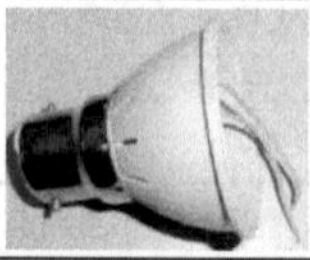				
名称	二极管 1N4007	电阻器	电源板	CBB22 电容器	铝电解电容器
图片		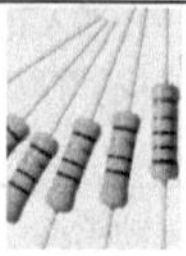	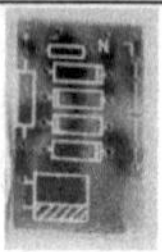		

（2）制作样图。

38 珠 LED 节能灯制作实物图及原理图，如图 4-16 所示。

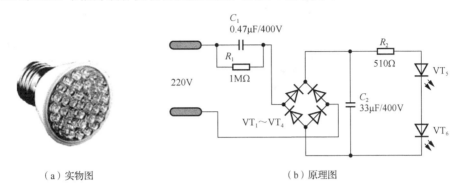

（a）实物图　　　　　　　　　　　　　（b）原理图

图 4-16　38 珠 LED 节能灯制作样图

（3）制作步骤及注意事项。

用电子半成品制作 38 珠 LED 节能灯的步骤及注意事项如表 4-22 所示。

表 4-22　制作 38 珠 LED 节能灯的步骤及注意事项

步骤	示意图	说明
第 1 步 焊接灯珠		38 颗 5mm 的高亮度 LED 发光二极管（如 F48 高亮草帽白光）全部串联，注意珠孔的正、负极方向，焊接时的焊点要扎实均匀，否则电路不通。电烙铁最大功率不超过 50W，焊接最长时间不超过 3s
第 2 步 焊接导线		38 珠灯焊好后，再接出正、负极两根导线，用来连接电源
第 3 步 焊二极管		注意整流二极管的极性，与电路中的方向一致
第 4 步 焊电阻器、电容器		按照步骤焊接电阻器、电容器，并检查焊接效果，注意节省空间，便于后面的操作
第 5 步 连接导线		电源板上标有 "IN" 的两个电源孔作为灯壳 220V 交流电的输入孔，没有先后之分。标有 "OUT" 的 "－" 端连接灯珠板的负极，"+" 端连接灯珠板的正极。注意方向，否则电路不通

续表

步骤	示意图	说明
第6步 检测照明		线路连接好后，将电源板、灯珠板安装在灯壳内，并在220V交流电灯头上通电检测LED灯工作情况，灯亮则表示安装成功，灯不亮要检查导线连接是否正确，或者灯珠的串接是否脱焊
注意事项	① 正确使用工具，操作时注意安全。 ② 连接导线要仔细，灯珠的串接方向要一致	

（4）拓展练习。

① 发光二极管连接时应注意哪些问题？

② 根据上述 LED 灯制作的启示，制作下列形式节能灯，如图 4-17 所示。

 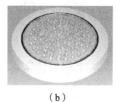 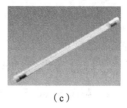 

（a）　　　　　　　（b）　　　　　　　（c）　　　　　　　（d）

图 4-17　各种形式的节能灯

温馨提示

学习效果和学习趣味总是成正比。
——鲍伯·派克《创意的训练技巧》

任务三　荧光灯具的安装

任务目标▶　（1）熟悉电气照明有关的技术要求。

（2）了解荧光灯电路原理。

（3）能识读电气照明图。

（4）会进行荧光灯的安装。

任务描述▶

　　荧光灯是一种主要的家用电光源。荧光灯是一种低压汞气弧光电灯，是现有的各种气体放电灯中最成功的一种，也是在目前电气照明装置中使用最广泛的一种。荧光灯具有光效高、显色性能好、表面亮度低和寿命长等优点，成为适合多用途的电光源。

　　你知道荧光灯的基本电路原理吗？你掌握荧光灯及其控制设备的安装技能吗？请你通过本任务的学习，去认识和掌握它们吧！

导读卡一　荧光灯具基本线路图

图 4-18 所示是荧光灯具实物图和电气原理图。

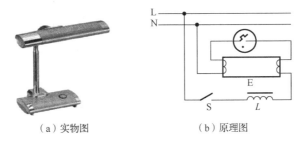

（a）实物图　　　　　　（b）原理图

图 4-18　荧光灯具实物图和电气原理图

导读卡二　荧光灯具的组装

1. 荧光灯管及其配件

　　荧光灯具，简称荧光灯（日光灯），主要由灯管、灯座、镇流器、启辉器等部件组成，如图 4-19 所示。

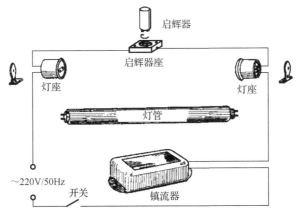

图 4-19　荧光灯具

（1）灯管。灯管是一根直径为 15～405mm 的玻璃管。两端各有一个灯丝，灯管内充有微量的氩蒸气和稀薄的汞蒸气，内壁上涂有荧光粉。两个灯丝之间的气体导电时发出紫外线，使涂在管壁上的荧光粉发出柔和的近似日光色的可见光。表 4-23 所示，是荧光灯规格及一些主要技术参数。荧光灯管的外形尺寸标注如图 4-20 所示。

表 4-23 荧光灯管的主要技术参数

灯管型号	光电参数额定值					外形尺寸			额定寿命/h
	功率/W	工作电流/mA	预热电流/mA	工作电压/V	光通量/lm	L_1/mm	L/mm	d/mm	
RG6	6	135±15	180±20	50±6	210	212	227	15	≥2000
RG8	8	145±15	200±20	60±6	325	287	302	15	
RG15	15	320±25	440±30	50±6	580	436	451	38	≥3000
RG20	20	350±30	500±30	60±6	970	589	604	38	
RG30（细管）	30	320±25	530±30	108±9	1700	894	909	25	
RG30	30	350±30	560±30	89±9	1550	894	909	38	
RG40	40	410±35	650±30	108±9	2440	1200	1215	38	

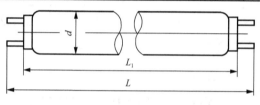

图 4-20 荧光灯管的外形尺寸

（2）镇流器。镇流器是一个带铁芯的电感线圈，它有两个作用：一是在启动时与启辉器配合，产生瞬时高压点亮灯管；二是在工作时利用串联于电路的高电抗限制灯管电流，延长灯管使用寿命。表 4-24 所示是镇流器的一些主要技术参数。

表 4-24 镇流器的主要技术参数

规格/W	工作状态		启动状态		功率损耗/W
	电压/V	电流/mA	电压/V	电流/mA	
6	202	140±20	215	180±20	≤4
8	200	160±20	215	200±20	≤4
15	202	330±30	215	440±30	≤7
20	196	350±30	215	460±30	≤7.5
30（细管）	163	320±30	215	530±30	≤7
30	180	360±30	215	560±30	≤7
40	165	410±30	215	650±30	≤8

规格/W	线径/mm	匝数/T	铁芯截面积/cm²	磁隙长度/mm
6	0.19～0.20	2200～2400	2.5	0.03～0.08
8	0.19～0.20	2200～2400	2.5	0.05～0.10
15	0.31～0.33	1360～1420	4.5	0.10～0.15
20	0.31～0.33	1360～1420	4.5	0.15～0.25
30（细管）	0.34～0.35	1360～1420	4.5	0.25～0.35
30	0.34～0.35	1360～1420	4.5	0.25～0.35
40	0.34～0.35	1360～1420	4.5	0.30～0.45

（3）启辉器。启辉器主要是一个充有氖气的小玻璃泡，里面装有两个电极，一个是固定不动的静触片，另一个是用双金属片制成的 U 形动触片，平时动触片与静触片分开。与氖泡并联的纸介电容器，容量为 5000pF 左右，它的作用是：与镇流器线圈组成 LC 振荡回路，能延长灯丝预热时间和维持脉冲放电电压；能吸收收录机、电视机等电子设备的干扰杂波信号。

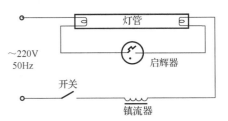

2. 荧光灯的安装

荧光灯的安装有吊挂式、吸顶式和钢管式 3 种方式。荧光灯照明的基本电路图如图 4-21 所示。荧光灯的安装以吊挂式直管荧光灯具为例，介绍其安装与接线的步骤，如表 4-25 所示。

图 4-21　荧光灯照明的基本电路图

表 4-25　吊挂式直管荧光灯的安装与接线

步骤	示意图	说明
第 1 步 灯座和启辉器座的安装		把 2 只灯座固定在灯架左右两侧的适当位置（以灯管长度为标准），再把启辉器座安装在灯架上
第 2 步 灯座与启辉器接线		用单导线（花线或塑料软线）连接灯座大脚上的接线柱 3 与启辉器的接线柱 6，启辉器座的另一个接线柱 5 与灯座的接线柱 1 也用单导线连接
第 3 步 镇流器接线		将镇流器的任一根引出线与灯座的接线柱 4 连接
第 4 步 电源线的连接		将电源线的零线与灯座的接线柱 2 连接
第 5 步 安装启辉器		把启辉器装入启辉器座中

续表

步骤	示意图	说明
第6步 安装灯管和悬挂 荧光灯	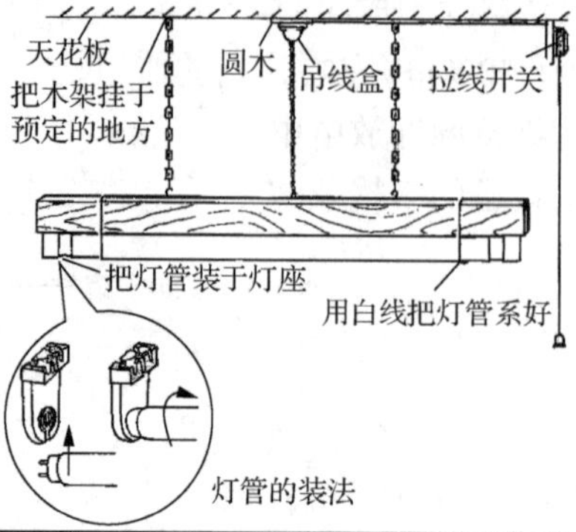 天花板 圆木 吊线盒 拉线开关 把木架挂于预定的地方 把灯管装于灯座 用白线把灯管系好 灯管的装法	将灯管装入灯座中，保证它们的良好接触，并装好链条，将荧光灯悬挂在天花板上，如左图所示。最后通过开关将两根引线分别与相线、零线接好，即完成荧光灯的安装工作

书本先生的提示

　　安装荧光灯时应注意以下 3 点。

　　（1）荧光灯及其附件应配套使用，应有防止因灯脚松动而使灯管坠落的措施，如采用弹簧灯脚或用扎线把灯管固定在灯架上。

　　（2）荧光灯不得紧贴装在有易燃性的建筑材料上，灯架内的镇流器应有适当的通风装置。

　　（3）嵌入顶棚内的荧光灯安装应固定在专设的框架上，电源线不应贴近灯具的外壳。

议一议

　　（1）节能灯与 LED 灯相比各有什么优势？

　　小柯说："一个节能灯要十几元，而一个 LED 灯才几元，从价格上看，似乎还是 LED 灯省钱。事实上，使用节能灯和 LED 灯各有优劣。"

　　请你找一找资料或上网查一查，小柯回答得对吗？

　　（2）灯具选择与房间的大小有关系吗？小柯说："灯具的选择与房间的大小是有关系的。在选择灯具时，灯具大小要结合室内的面积、家具的多少及相应尺寸来配置。如 12m² 以下小客厅宜采用直径为 200mm 左右的吸顶灯或壁灯，灯具数量、大小应配合适宜，以免显得过于拥挤。在 15m² 左右的客厅，采用直径为 300mm 左右的吸顶灯或多花饰吊灯，灯具直径不得超过 400mm。再在挂有壁画的两旁安装射灯或壁灯衬托，效果会更好。"

　　议一议小柯回答得对吗？

实践卡 **直管荧光灯具的组装**

根据图 4-22 所示，组装直管荧光灯具。

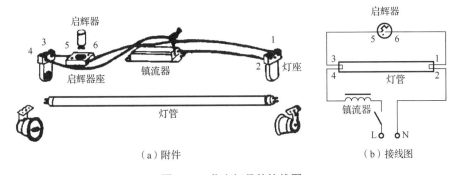

（a）附件　　　　　　　　　　　　（b）接线图

图 4-22　荧光灯具的接线图

书本先生的提示

　　线路上应避免接头，所有接头尽可能装接在灯座、启辉器座和开关上。

写一写

根据图 4-23 所示，在表 4-26 中填写出组装环形或 U 形荧光灯的操作步骤。

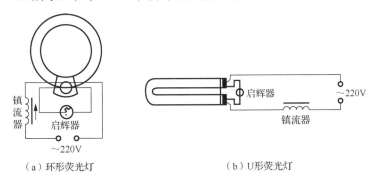

（a）环形荧光灯　　　　　　　　　　（b）U 形荧光灯

图 4-23　环形或 U 形荧光灯接线图

表 4-26　组装环形或 U 形荧光灯操作步骤

步骤	环形	U 形
第 1 步		
第 2 步		

续表

步骤	环形	U 形
第 3 步		
第 4 步		
第 5 步		
第 6 步		
第 7 步		
第 8 步		

温馨提示

　　模仿，能使你逐步认识事物之间的某些必然的联系。掌握这种方法，你就会自觉地把一种事物和与它有联系的另一种事物进行对比，这就是从模仿到创造的想象力发展的结果。

评一评

　　把荧光灯具安装的收获或体会写在表 4-27 中，同时完成评价。

表 4-27　荧光灯具安装总结表

课题	荧光灯具的安装						
班级		姓名		学号		日期	
训练收获或体会							
训练评价	评定人	评语			等级		签名
	自己评						
	同学评						
	老师评						
	综合评						

探讨卡一　影响荧光灯具使用寿命的因素

　　影响荧光灯使用寿命的因素主要有以下几点。

　　（1）启辉器和镇流器的质量。启辉器闭合时间长时，灯丝预热时间长，由于预热（启动）电流大而影响灯管的寿命；若启辉器闭合时间短，又会使阴极升温不足，就得多次启动，很难使两极间的气体放电建立起来，这也会影响灯管的寿命。若镇流器阻抗（匝数少）小，使预热电流增大，在启动时电极电子辐射物质飞溅激烈，大量的电子粉四处溅射，白白损耗掉；而且由于镇流器阻抗小，使得工作电流变大，也会影响灯管的寿命。

（2）电源电压的波动（有效值变化）对荧光灯的光电参数是有影响的。如电压增高，则灯管电流变大，电极过热促使灯管两端发黑，寿命缩短；电压降低启动不正常也会影响寿命，因为电压低，启辉器需多次启动，这就加剧了阴极发射物质的溅射，使灯管寿命缩短。所以，要求电源电压波动范围为±10%。

（3）荧光灯接线线路不正确也会影响到灯管的寿命。

探讨卡二　有副线圈的镇流器

为了利于荧光灯灯管的启动，克服电源波动较大的问题，有效地延长灯管使用寿命，在市场上常有一种带副线圈的镇流器，如图 4-24 所示。

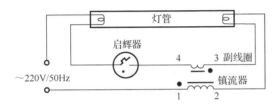

图 4-24　带副线圈的镇流器

带副线圈的镇流器有 4 个引线，主线圈的接线方法与前面所学习的相同；副线圈要串接于启辉器回路中。由于副线圈的匝数少，因此交流阻抗很小，接线时应特别注意这种镇流器的接线说明，切不可将副线圈接入电源，以免烧毁灯管和镇流器。如果没有接线图，可用测量线圈的冷态直流电阻的方法进行区分，阻值大的两根引线为主线圈，阻值小的两根引线为副线圈。图 4-24 中，标号 1、2 为主线圈，3、4 为副线圈。有黑点的一端为线圈的首端。由于线圈产地多，接线标号和引线方位不完全统一。使用时如果发现灯管工作不正常，说明副线圈接反，可将主线圈或副线圈的两根引线对调后重新接好即可解决。

探讨卡三　荧光灯具的 LED 改造

相比传统的荧光灯管，LED 灯管具有更低的能耗和更长的使用寿命。在生产和生活中，常出现将荧光灯管更换为 LED 灯管的改造，改造过程如下。

（1）选用合适的 LED 灯管。

LED 灯管的选择须考虑以下几个因素。

① 长度：LED 灯管长度应与原荧光灯管一致。

② 功率：选择与原荧光灯管相似光通量的 LED 灯管，以保证亮度相近。LED 灯的光效（每瓦流明输出）为 70～80lm/W，而荧光灯的光效则在 30～40lm/W 之间。因此，可以这样换算：LED 灯的光通量=LED 灯的功率×（70～80）lm/W；荧光灯的光通量=荧光灯的功率×30～40lm/W。例如，8W 的 LED 灯，光效是 75lm/W，其光通量大约是 8W×75lm/W=600lm。同样，20W 的荧光灯，光效是 35lm/W，其光通量也是 600lm（20W×

35lm/W）。即一 8W 的 LED 灯大约相当于 20W 的荧光灯。

③ 色温：根据需求选择合适的色温，一般可选择暖光（2700～3500K）、自然光（3500～4500K）或冷光（4500～6500K）。

（2）断电和拆卸灯罩。

在更换 LED 灯管之前，须确保断开电源。然后，用合适的工具将 LED 灯灯罩拆卸下来，通常是旋转或推拉方式。

（3）拆卸旧荧光灯管。

大部分荧光灯管都采用两个引脚连接，以固定在灯座上。将其旋转，然后将灯管拉出灯座。

（4）拆除启辉器和镇流器。

在安装过程中须将常规灯管的启辉器和镇流器拆除，然后将镇流器输入端接到其输出端，将镇流器短路，如图 4-25 所示。

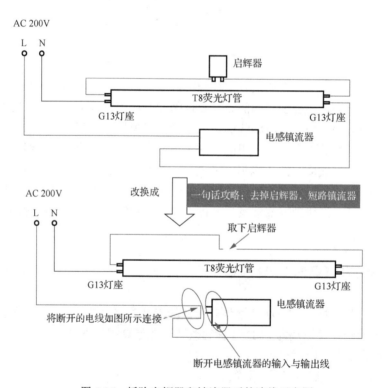

图 4-25　拆除启辉器和镇流器后的连线示意图

（5）安装 LED 灯管。

将新的 LED 灯管插入灯座，确保引脚与灯座的孔对齐。然后轻轻旋转灯管，将其固定在灯座上，确保稳固连接。

（6）测试和调试。

在安装完成后，打开电源开关，测试新的 LED 灯管是否正常工作。如果灯管无法正常亮起，可能是因为安装不正确或灯管本身存在问题。此时，可以重新检查安装步骤，或者更换新的灯管。

（7）重新安装灯罩。

在确保 LED 灯管正常工作后，重新安装灯罩。根据灯罩的型号和设计，可能需要旋转、推拉或者加固定螺钉等方式进行安装。

（8）清理和保养。

完成 LED 灯管更换后，可以对灯具进行清理和保养，以确保其正常工作和延长使用寿命。使用柔软的布或吸尘器清除灯具表面的灰尘和污垢，并定期检查灯管和灯具的连接是否松动。

任务四　新能源灯具的安装

任务目标▶

（1）熟悉新能源灯具有关的技术要求。

（2）了解新能源灯具电路原理。

（3）能识读电气照明图。

（4）会进行新能源灯具的安装。

任务描述▶

新能源灯具通常指的是利用新能源技术（如太阳能、风能等）来供电的照明设备。新能源灯具在我国照明领域的应用越来越广泛，有助于减少能源消耗，降低环境污染，促进可持续发展。随着科技的不断进步，新能源灯具的效率和性能也在不断提升，成为绿色照明的重要组成部分。

你知道新能源灯具的基本电路原理吗？你掌握了新能源灯具及其控制设备的安装技能了吗？请你通过本任务的学习，去认识和掌握它们吧！

导读卡一　太阳能照明灯具种类及特点

太阳能照明是以太阳能为能源，通过太阳能电池实现光电转换，白天用蓄电池积蓄、储存电能，晚上通过控制器为电光源供电，实现所需要的功能性照明。常见的太阳能照明灯具如图 4-26 所示。

图 4-26 常见的太阳能照明灯具

常见的太阳能照明设备分类及特点如表 4-28 所示。

表 4-28 常见的太阳能照明设备分类及特点

分类方式	类型	特点
电源类型	独立太阳能光伏照明	将太阳能电池组件、蓄电池、照明部件、控制器及机械结构等部件组合在一起
	风光互补的太阳能照明	在独立使用的太阳能照明装置上，增设风力发电机与太阳能电池共同使用，从而提高效率，降低太阳能电池的设计容量
	太阳能与市电互补照明	太阳能与市电互补，太阳能照明是以太阳能为主要能源，供当天晚上照明用电，当阴雨天电池储能不足时，由市电供电，可减小太阳能电池、蓄电池的装机容量
应用场合和功能	太阳能信号灯	有些地方电网不能供电，而太阳能信号灯可解决供电问题，光源以小颗粒定向发光的 LED 光源为主
	太阳能草坪灯	应用于绿草地美化照明点缀，光源功率 0.1～1W，一般采用小颗粒发光 LED 作为主要光源
	太阳能景观灯	应用于广场、公园、绿地等场所，采用各种造型的小功率 LED 点光源、线光源，以及冷阴极造型灯来美化环境
	太阳能标识灯	用于夜晚导向指示、门牌、路口标识的照明，光源一般可采用小功率 LED
	太阳能路灯	应用于村镇道路和乡村公路，是太阳能光伏照明装置主要应用之一
	太阳能杀虫灯	应用于果园、种植园、公园、草坪等场所。一般采用具有特定光谱的荧光灯或 LED 紫光灯，通过其特定谱线辐射诱杀害虫
	太阳能灯箱	用于广告灯箱，在不需要架电线或电缆的同时实现广告市场新颖个性化的需求
	太阳能手电筒	采用 LED 作为光源，可以在野外活动或紧急情况时使用
光源供电方式	直接式供电	太阳能电池板所发的电储存在蓄电池中，由蓄电池直接为光源供电
	间接式供电（逆变供电）	逆变器将直流电转换为交流电，为照明光源供电，逆变供电会增加 10%～20% 的功率损耗

导读卡二　太阳能照明灯具基本结构与工作原理

太阳能照明灯具由太阳能电池、充放电控制器、蓄电池、照明灯具组件及它们之间的电缆等几个主要部分组成，如图 4-27 所示。太阳能灯具利用光电效应原理制成太阳能电池，白天太阳能电池板接收太阳辐射能并转化为电能输出，经过充放电控制器储存在蓄电池中，夜晚蓄电池对 LED 灯放电，进行照明。常见太阳能灯具结构及其功能如表 4-29 所示。

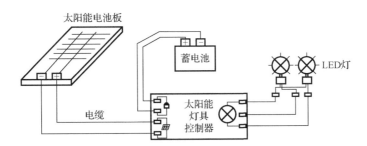

图 4-27 常见太阳能灯具电路

表 4-29 常见太阳能灯具结构及其功能

部件名称	主要功能
太阳能电池板	太阳能电池板是太阳能灯具的核心部件,它利用光电效应将太阳能转化为电能。太阳能电池板由多个太阳能电池组成,每个太阳能电池内部有一个 PN 结构,当阳光照射到太阳能电池板上时,PN 结构上的电场会随之改变,从而产生电流
蓄电池	太阳能电池板所产生的电流并不是恒定的,而太阳能灯具通常需要在夜间或阴天使用,因此需要使用电池储存白天收集到的电能。电池一般选择锂电池或铅酸蓄电池,能够在日间储存电能,并在晚上或阴天供给 LED 灯使用
太阳能灯具控制器	控制器是太阳能灯具的智能控制中心,对太阳能电池板和蓄电池之间的充电和放电进行调节。控制器具有过充保护、过放保护、光控功能和时间控制功能等。光控功能可以根据光照强度自动调节 LED 灯的亮度,时间控制功能可根据时间来设定 LED 灯的开关时间
LED 灯	LED 灯是太阳能灯具的光源,采用节能、高亮度的 LED 发光二极管。LED 灯有长寿命、低能耗和高亮度等优点,可满足各种户外照明需求。通过控制器控制 LED 灯的开关、亮度和闪烁等,以实现不同场景的照明效果

议一议

讨论太阳能照明灯具的工作原理,并将结果写在下面。

实践卡 **太阳能照明灯具的安装**

太阳能照明灯具采用高效照明光源设计,具有亮度高、安装简便、工作稳定可靠、无须敷设电缆、不消耗常规能源、使用寿命长等优点。主要适用于城市道路、小区广场、工业园区、旅游景区、公园绿化带、室外停车场、农村道路带等场所的亮化照明。常用的太阳能照明灯具由以下几个部分组成:太阳能电池板、太阳能控制器、蓄电池组、光源、灯杆及灯具外壳，有的还要配置逆变器。常见的太阳能灯具安装位置如图4-28所示，具体安装步骤如表4-30所示。

（a）安装在灯杆上　　　　　（b）安装在墙壁上　　　　　（c）安装在水泥电线杆上

图4-28　常见的太阳能灯具安装位置

表4-30　太阳能照明灯具的安装步骤

序号	步骤	操作过程
1	选择安装地点	选择阳光充足的位置，没有高大建筑物或树木遮挡，确保太阳能电池板可以充分接收阳光，并靠近需要照明的地方
2	安装支架	根据太阳能灯具的设计，安装支架或支撑架，确保它稳固地固定在地面或墙面上
3	安装蓄电池和控制器	蓄电池和控制器通常应安装在干燥通风的地方，远离火源和高温
4	安装太阳能电池板	将太阳能电池板安装在支架上，确保朝向阳光最充足的方向，并且倾斜角度合适（通常与所在地的纬度相等）
5	安装灯具	根据太阳能照明灯具的设计，安装灯具，通常是将灯具固定在支架上，并连接好电源线
6	连接电路	根据太阳能照明灯具的电路连接要求，连接好太阳能电池板、控制器、蓄电池和灯具之间的电路
7	测试功能	安装完成后，进行功能测试，确保太阳能照明灯具正常工作

评一评

把太阳能照明灯具安装的收获或体会写在表4-31中，同时完成评价。

表4-31　太阳能照明灯具安装总结表

课题	太阳能照明灯具的安装					
班级		姓名		学号	日期	
训练收获或体会						
训练评价	评定人	评语			等级	签名
	自己评					
	同学评					
	老师评					
	综合评					

探讨卡一 影响太阳能照明灯具使用寿命的因素

太阳能照明灯具的寿命是由其寿命最短的配件决定的。太阳能路灯的配件主要有太阳能电池板、控制器、蓄电池、光源和灯杆。目前，太阳能照明灯具大都使用 LED 光源，优质的 LED 光源寿命能达到 11 年以上；如果灯杆使用热镀锌材料并做好防锈措施，其寿命能有 10 年以上。常见的影响太阳能照明灯具使用寿命的因素如表 4-32 所示。

表 4-32 常见太阳能照明灯具使用寿命的因素

序号	影响寿命的主要因素	说明
1	太阳能电池板质量	高质量的太阳能电池板通常具有更高的转换效率和更长的使用寿命，其使用寿命在 20 年以上，在 20 年以后太阳能电池板也只是有一定的光衰（大约是 30%）
2	电池质量	镍氢/铅酸胶体电池使用寿命是在 3 年左右，一般快到年限的电池可能老化十分严重，容量不到标称值的 10%，基本不能满足亮灯需求。锂电池的耐高低温属性比铅酸胶体电池优秀，循环次数也比铅酸胶体电池多，深度放电能达 2000 次以上，因此锂电池的使用寿命能有 5 年以上。高品质的锂离子电池通常比普通的镍氢/铅酸电池具有更长的寿命和更好的性能
3	防水性能	太阳能照明灯具通常需要在户外环境中使用，因此其防水性能对其寿命至关重要。如果灯具不具备良好的防水性能，长期暴露在潮湿的环境中可能会导致损坏和腐蚀
4	材料质量	太阳能照明灯具的外壳和支架材料质量直接影响其耐用性。使用高品质材料制造的灯具通常能够更好地抵御恶劣天气和外部环境的影响
5	充电控制器质量	充电控制器的质量会影响太阳能电池的充电效率和充电周期，从而影响灯具的使用寿命。高质量的充电控制器可以确保太阳能电池受到适当的充电，并且在长期使用过程中不会受到过充电或过放电的影响
6	环境因素	太阳能照明灯具所处的环境条件也会影响其寿命。例如，强烈的阳光、高温、湿度和污染物可能会加速灯具部件的老化和损坏
7	维护和保养	定期的维护和保养可以延长太阳能灯具的寿命。清洁太阳能电池板表面、检查蓄电池状态、清理灯具内部等都是保持灯具性能的重要步骤

探讨卡二 常用逆变器的安装

有些太阳能灯具内设有逆变器，其主要作用是将太阳能电池板产生的直流电转换成交流电，以满足太阳能灯的使用需求。逆变器还可以起到保护蓄电池的作用，当蓄电池电量过低时，逆变器会自动切断太阳能电池板的输出，以避免蓄电池过度放电。

太阳能灯具的逆变器一般安装在太阳能电池板底座下方，这样可以使逆变器免受外部环境干扰，保证逆变器的稳定工作，如图 4-29 所示。同时，安装位置离灯杆较近，可以减少使用电缆的长度，提高灯具的效率。逆变器的安装还应该选择干燥、通风的位置，并且尽量避免阳光直射，以保证逆变器的正常工作。常见太阳能灯具的光伏逆变器安装接线步骤如表 4-33 所示。

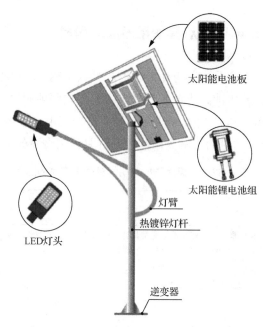

太阳能电池板

太阳能锂电池组

灯臂

热镀锌灯杆

LED灯头

逆变器

图 4-29　太阳能灯具逆变器安装位置

表 4-33　常见太阳能灯具的光伏逆变器安装接线步骤

序号	步骤	具体操作
1	准备工作	首先，检查逆变器的型号、规格和配件。然后，确定逆变器的安装位置，应选择有足够通风空间和防潮措施的地方。最后，确保安装现场工具齐备，如扳手、螺丝刀、绝缘胶带等
2	安装逆变器底座	逆变器底座是用于支撑和固定逆变器的重要组件。在安装逆变器底座之前，应先确定底座的安装位置，确保其处于平稳、固定的位置。然后，根据逆变器底座的尺寸和安装要求，使用合适的工具进行安装，如固定底座螺栓等
3	连接光伏电池串	需要先安装直流分流器，用于将光伏电池并联连接到逆变器。将光伏电池串的正极和负极分别连接到直流分流器的正极和负极。确保连线牢固、接触良好，并使用绝缘胶带将线缆进行绝缘
4	连接逆变器到电池	将直流分流器的输出端口连接到逆变器的输入端口，确保连接牢固。根据逆变器的接线要求，将正极和负极连接到相应的端子上
5	连接逆变器到交流电源	在连接逆变器到交流电源之前，首先需要确定交流电源的相位顺序和频率。然后，将逆变器的输出端口连接到交流电源输入端口。根据逆变器的接线要求，将交流电源的线缆连接到逆变器的对应相位端子上，并确保连接牢固、绝缘良好
6	接地处理	首先，找到逆变器的接地端子，并根据接地要求进行相应连接。然后，确保接地线缆的牢固连接和绝缘良好，避免因接地问题引起的安全隐患
7	检查和测试	首先，检查所有接线是否正确、牢固和绝缘良好。然后，关闭逆变器的输出开关，接通并稳定交流电源，观察逆变器的运行指示灯和显示屏。如果一切正常，可以打开逆变器的输出开关，并使用合适的电器测试仪表进行输出功率和电流的测试

探讨卡三 中国阶梯式电价简介

1. 阶梯式电价及推行意义

中国是一个人口众多、人均能源资源非常匮乏的国家。随着经济社会的持续快速发展，资源约束、环境污染、气候变化等一系列挑战接踵而至。

阶梯式电价（即阶梯式递增电价或阶梯式累进电价），是指把户均用电量设置为若干个阶梯分段或分档次定价计算费用。

阶梯式电价的实施有助于形成节能减排的社会共识，促进资源节约型、环境友好型社会的建设；有

图 4-30 阶梯式电价细分市场

利于细分市场差别定价的实现，如图 4-30 所示，促进用电效率的提高，并且能够补贴低收入居民，这样，既合理反映了供电成本，又兼顾不同收入水平居民的承受能力。

2. 阶梯式电价的实施内容

阶梯式电价将居民电价分三个阶梯：第一阶梯为基数电量，此阶梯内电量较少，电价也较低；第二阶梯电量较多，电价也较高一些；第三阶梯电量更多，电价更高。这样做真正体现了居民用电越少价格越低，用电越多价格越高的原则。

3. 阶梯式电价的电费计算

阶梯电价的电费计算是按年累计的。在一个周期里，累计用电量在 2760 度以内的，每度电 0.538 元，超过部分再按不同档次加价。通俗地说，就是用电越少越便宜，越多就越贵。

以浙江省为例，浙江省居民电价分三个阶梯——年用电量 2760 度以内的，电价为 0.538 元/度，其中峰电价 0.568 元/度，谷电价 0.288 元/度；年用电量 2761～4800 度部分，电价为 0.588 元/度，其中峰电价 0.618 元/度，谷电价 0.338 元/度；年用电量超过 4800 度以上部分，电价为 0.838 元/度，其中峰电价 0.868 元/度，谷电价 0.588 元/度。

◆◆ 开卷有益 ◆◆

（1）电路。电路是电流流过的路径。一个完整的电路通常至少要有电源、负载和中间环节三部分。

（2）使灯电路获得持续电流（如灯发光）所具备的条件：①电路必须是闭合回路；②提供源源不断的电能。

（3）电路的基本工作状态有通路、开路和短路三种。而熔断器是最常见的短路保护装置。

（4）开关安装的技术要求。

① 明装开关或暗装开关一般安装在门边便于操作的地方，开关位置与灯具相对应。所有开关扳把接通或断开的上下位置应一致。

② 拨动（又称扳把）开关距地面高度一般为 1.2～1.4m，距门框为 150～200mm。

③ 拉线开关距地面高度一般为 2.2～2.8m，距门框为 150～200mm。

④ 暗装开关的盖板应端正、严密并与墙面平。

⑤ 明线敷设的开关应安装在厚度不小于 15mm 的木台上。

⑥ 多尘潮湿场所（如浴室）应用防水瓷质拉线开关或加装保护箱。

（5）插座安装的技术要求。

① 凡携带式或移动式电器用插座，单相应用三眼插座，三相用四眼插座，其接地孔应与接地保护线相连接。

② 明装插座离地面的高度应不小于 1.3m，一般为 1.5～1.8m；暗装插座允许低装，但插座距地面高度不小于 0.3m。

③ 儿童活动场所的插座应用安全插座，采用普通插座时，距地面高度不应低于 1.8m。

④ 在特别潮湿的场所，不应安装胶木制品的插座。

⑤ 安装插座时，插座上面的 1 个孔接保护接地线，下面的 2 个孔接电源线（做到"左零右相"），不能接错。

（6）灯头安装要求。

① 一般环境中，灯头的绝缘材料以胶木为主，在潮湿的房间则应采用瓷质材料。

② 吊挂式灯具，其质量在 1kg 以下，可采用软导线吊装，大于 1kg 的灯具应采用吊链，且软导线宜编插在铁链内，导线不应受力。

③ 灯具应安装牢固，导线连接紧固可靠，且在吊盒（又称挂线盒）及灯头内打电工结扣。

④ 采用螺口灯头时，相线应接在灯头顶心的舌片上，金属外壳接零线，相线接开关。

（7）灯的基本控制电路有：一只单联开关控制一盏灯、一只单联开关同时控制多盏灯、两只单联开关在不同的地方分别控制不同的灯和两只双联开关在不同地方控制一盏灯等。

（8）灯具控制电路的基本原则：相线 L 始终接开关，零线 N 始终接负载（如台灯、壁灯、吊灯等）。

（9）荧光灯具，简称荧光灯（日光灯），主要由灯管、灯座、镇流器、启辉器等组成。在使用时，荧光灯与其附件应配套使用。

（10）太阳能照明是以太阳能为能源，通过太阳能电池实现光电转换，白天用蓄电池积蓄、储存电能，晚上通过控制器对电光源供电，实现所需要的功能性照明。

（11）太阳能照明灯具主要由太阳能电池、充放电控制器、蓄电池、照明灯具组件及它们之间的电缆等几个主要部分组成。

（12）照明装置安装完毕，一定要认真检查电路、用试电笔验电。

大 显 身 手

1. 填空题

（1）一个完整的电路通常至少要有_____、_____和_____三部分。

（2）使灯电路获得持续电流（如灯发光）所具备的条件：①_____；②_____。

（3）电路的基本工作状态有_____、_____和_____3种。

（4）熔断器是最常见的_____保护装置。

（5）拨动（又称扳把）开关距地面高度一般为_____m，距门框为_____mm。

（6）安装插座时，插座上面的 1 个孔接接地保护线，下面的 2 个孔接电源线，做到_____。

2. 判断题（对打"√"，错打"×"）

（1）家用电能表是一种计量家用电器电功率的仪表。　　　（　　）

（2）采用螺口式灯头时，相线应接灯头顶心的舌片上，金属外壳接零线，相线接开关。　　　（　　）

（3）大于 1kg 的灯具应采用吊链。　　　（　　）

（4）暗装插座允许低装，但插座距地面的高度不小于 0.8m。　　　（　　）

（5）多尘潮湿场所（如浴室）应用防水材质拉线开关或加装保护箱。　　　（　　）

（6）扳把式开关接通或断开的上下位置应一致。　　　（　　）

3. 问答题

（1）对开关安装有哪些技术要求？

（2）对插座安装有哪些技术要求？

（3）对灯头安装有哪些技术要求？

（4）对电能表安装和使用有哪些要求？

项目五

照明设计与施工

项目情景

一家新开的现代化餐厅，业主希望通过独特的照明设计来营造出舒适、温馨的就餐氛围。小柯在听取业主的想法后，设计了一种结合暖色调 LED 灯的照明方案，以突出餐厅的装饰风格，同时提供舒适的光线。小柯花费了几天时间安装各种灯具，调试灯光效果，最终让整个餐厅焕发出新的光彩。

那么，小柯是如何设计照明方案的？需要哪些知识和技能？一起来学一学吧。

项目目标

➤ 知识目标

（1）了解居室照明设计的重要性及其要求。
（2）知道居室照明特点及影响设计的因素。
（3）了解居室照明线路施工的内容。

➤ 技能目标

（1）能识读居室照明线路施工图。
（2）会居室照明布线基本操作技能。
（3）能对居室照明线路进行正确施工。

项目概述

照明设计和施工是保证电气照明系统正常运行的重要环节。照明施工就是按照设计的施工图纸，遵循有关施工技术的要求，将导线和各种电器件（开关、插座、配电箱及灯具等）正确、合理地安装在指定位置上。本项目主要介绍照明设计的原则、内容和要求，以及施工图纸识读和施工方法。

任务一 居室照明设计

■■■■·········■■■■■··■

任务目标▶　（1）了解居室照明设计的重要性及其要求。
　　　　　　　（2）知道照明设计的基本原则。
　　　　　　　（3）知道居室照明特点及影响设计的因素。
　　　　　　　（4）了解民用建筑照度国家标准。

任务描述▶　　　电气照明设计是电气照明施工的依据。电气照明线路的施工人员就是根据电气照明设计的技术要求，对电气照明线路、电气设备（开关、插座、灯具及配电箱等）进行正确、合理地敷设和安装。
　　　　　　　　　你知道居室照明施工前为什么要进行电气照明设计吗？它有哪些主要内容和基本要求？请通过本任务的学习，去掌握它们吧。

■··■■■■■■·■■■■

导读卡一　**照明设计的目的和原则**

1. 电气照明设计的目的

电气照明设计的目的：在充分利用自然光的基础上，运用现代人工照明的手段，为人们的工作、生活、娱乐等场所创造出一个优美舒适的灯光环境。也就是说，电气照明设计是通过对建筑环境的分析，结合室内装饰设计的要求，在经济合理的基础上，选择光源和灯具，确定照明设计方案，并通过适当的控制，使灯光环境符合人们在工作、生活、娱乐等方面的要求，从而在生理和心理两方面满足人们的需求。

影响室内照明设计的因素主要是建筑环境和灯光两个方面。建筑环境因素主要是指建筑规模、房间使用性质、室内装饰的风格等；灯光因素主要是指照明方式、光源的种类、灯具的形式等。建筑环境因素是创造灯光环境的基础和前提，灯光因素是满足照明要求的关键，两者是相辅相成的。建筑环境和灯光又为室内环境气氛的创造提供条件，起到强化和补充作用。

2. 照明设计的原则

（1）实用性原则。实用是设计的基本出发点。设计应分析使用对象对照度、灯具、光色等方面的需求，选择合适的光源、灯具及布置方式。在照度上，要保证规定的最低值；在灯具的形式与光色的变换上，要符合室内设计的要求。

实用性还包括照明系统的施工安装、运行及维修的便利性，以及为未来照明发展变化留有一定的空间等方面的内容。

（2）安全性原则。在选择设计照明系统时，要自始至终坚持安全第一的原则。在设计中，要遵循规范的规定和要求，严格按规范设计；在选择电气设备及电气材料时，应慎重选用一些信誉好、质量有保证的厂家或品牌，同时还应充分考虑环境条件（如温度、湿度、有害气体等）对电器件的影响。

（3）美观性原则。灯光照明还应具有装饰空间、烘托气氛、美化环境的功能。对于装饰要求较高的房间，装饰设计往往会对光源、灯具、光色的变换及局部照明等提出一些要求。因此，照明设计要尽可能地配合室内设计，满足室内装饰的要求。对于一般性房间的照明设计，也应该从美观的角度选择、布置灯具，使之符合人们的审美习惯。

（4）经济性原则。经济性原则包括节能和节约两方面：节能是指照明光源和系统应符合节能有关规定和要求，优先选用节能光源和高效率灯具等；节约是指照明设计应从实际出发，尽可能减少一些不必要的设施，同时，还要积极地采用先进技术和先进设施。

导读卡二　家用照明特点及影响设计的因素

1. 家用照明的特点

（1）照明要求的多样性。同一家庭中，由于各家庭成员的活动内容不同，则有不同的照明要求，照明要求的多样性不言而喻。

（2）照明要求的难兼容性。在同一房间内，不同的照明要求往往难以兼容。例如，看书必须有足够的照度，而睡觉必须熄灯或只能有昏暗的光线；又如，进行专业性工作必须具有足够的照度和照度的稳定度，而娱乐则要求照明产生动感；再如，绣花者需要照度高、显色性好的照明，而休闲者需要灯光暗淡的环境等，不同的照明要求是难兼容的。

2. 影响室内照明设计的主要因素

影响室内照明设计的主要因素有如下几方面。

（1）建筑本身因素的影响。包括建筑空间的大小、形状、装饰风格及室内表面材料等。

（2）建筑规范及有关标准的影响。包括照度标准、照度均匀度、眩光、周围环境亮度，以及灯的色温、显色性等。

（3）空间使用的影响。包括灯具具体的用途、工作性质、工作时间、使用者的要求及灯具的使用年限等。

（4）物理环境的影响。包括温度、湿度、振动、腐蚀、爆炸、潮气、灰尘等。

（5）维护管理及经济方面的影响。包括整个照明系统的投资及运行费用，方便今后维护管理等。

（6）其他方面的影响。包括空调、报警、自动报警系统及安全应急照明系统等。

导读卡三 照明设计的主要内容及要求

1. 照明设计的要求

一个良好的光环境受照度、亮度、眩光、阴影、显色性、稳定性等各项因素的影响和制约，设计时应恰当地选择。

（1）照度的合适性。照度是决定受照物体明亮程度的间接指标，因此常将照度水平作为衡量照明质量最基本的技术指标之一。不同的照度给人产生不同的感受，照度太低易造成疲劳和精神不振；照度太高往往会刺激太强，使人过度兴奋。试验研究证明，照度在 $500\sim1000lx$ 范围内是大多数连续工作的室内作业场所的合适照度。在确定被照环境所需要的照度水平时，还必须考虑被观察物的尺寸大小，以及观察物同其背景的亮度对比程度。

（2）照度的均匀性。为了减轻眼睛因照度不均所造成的视觉疲劳，室内照度的分布应具有一定的均匀度。我国民用建筑照明设计标准规定：工作区域内的照度的均匀度不应小于 0.7，工作房间内交通区的照度不应小于工作面照度的 1/5。照度的均匀性主要取决于灯具在室内空间的具体排列及各位置上光源照度的分配。灯具之间的距离与灯具安装的高度之比（通常称为距高比）是衡量照度均匀性的主要指标，因此在进行灯具布置时，距高比应不大于表 5-1 所示的最大允许值。

表 5-1 灯具布置最大允许值

灯具型式	距高比		采用单行布置的房间（层高为 H）
	多行布置	单行布置	
乳白灯、天棚灯	2.3～3.2	1.9～2.5	1.3H
无漫透射罩的配照灯	1.8～2.5	1.8～2.0	1.2H
搪瓷探照灯	1.6～1.8	1.5～1.8	1.0H
镜面探照灯	1.2～1.4	1.2～1.4	0.75H
有反射罩的荧光灯	1.4～1.5	—	—
有反射罩、带栅格的荧光灯	1.2～1.4	—	—

（3）亮度的反射性。要创造一个良好的光照环境，就需要亮度分布合理和室内各个面的反射率选择适当。亮度差异过大，会引起视觉疲劳；亮度过于均匀，又使室内显得呆板。相近环境的亮度应当尽可能低于被观察物的亮度，通常被观察物的亮度为相邻环境的 3 倍时，视觉清晰度较好。

在照明设计中，一般采用照度比和墙面、顶棚、地板的反射比作为评估和衡量的标准（照度比是指给定表面的照度与工作面的照度之比）。我国《建筑照明设计标准》（GB 50034—2024）中推荐：视觉工作对象照度比为 1；顶棚照度比为 0.25～0.90；墙面照度比为 0.30～0.80；地面照度比为 0.70～0.90；墙面反射比为 0.30～0.80；地面反射比为 0.10～0.50；顶棚反射比为 0.60～0.90；家具设备反射比为 0.25～0.45，如图 5-1 所示。

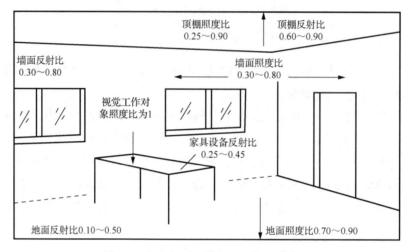

图 5-1　室内各面反射比和照度比推荐值

2. 一般居室照明设计的主要内容及具体步骤

居室照明设计的主要内容及具体步骤如下。

（1）收集原始资料，包括工作场所的设备布置、工作流程、环境条件及对照明的要求，以及已确定设计的建筑平面、剖面图和结构图等。

（2）确定照明方式和种类，并选择合理的照度。

（3）选择合适的光源。

（4）选择灯具类型与型号，并确定灯具的布置。

（5）进行照度计算，确定光源的安装功率。

（6）确定照明配电系统。

（7）选择导线和电缆的型号和布线方式。

（8）选择配电装置、照明开关和其他电气设备。

（9）绘制照明平面布置图，同时汇总安装容量，列出主要设备和材料清单。

|议一议|

议论不良光环境对人们的影响。

说一说书房照明设计的原则，并填入表 5-2 所示的栏目中。

表 5-2 书房照明设计的原则

良好的光环境	原则
照度	
亮度	
眩光	
显色性	

上网查一查国家对教室照度的规定。

查询结果：_____。

社会就是书本，事实就是教材。

——卢梭

实践卡 设计卫生间照明方案

卫生间照明既要满满的氛围感，又要满足日常使用需求，按照"哪里需要照""怎么照""用什么照"的照明设计逻辑，合理布置卫生间的灯具。在卫生间主要区域布置两盏射灯，或者在侧边开灯槽，用灯槽打亮浴室，营造自由且舒适的柔光氛围。再根据卫生间的三个区域：洗脸台区域、马桶区域、淋浴/浴缸区域来布设灯光，设计建议如表 5-3 所示；参考设计方案如图 5-2 所示。

表 5-3 卫生间照明方案设计

区域	设计思路	样例
洗脸台区域	该区域的光线要特别注重顶光和面光的结合，不仅要满足洗脸台区域的基础洗漱需求，更要满足在洗脸台区域的化妆需求	顶光使用 2~3 盏射灯，射灯数量可以根据洗脸槽大小设置；面光可以选择自带光源的镜子，柔光会打亮脸部，减少面部阴影
马桶区域	马桶区域作为卫生间的主要活动区域之一，因此也需要足够的照明条件	可在马桶前方区域设置一盏射灯补充该区域的照明
淋浴/浴缸区域	淋浴/浴缸区域属于较为潮湿的区域，该区域的灯具对防水等级的要求较高，建议选择防水等级（IP 等级）65 的灯具	淋浴区单独设置一盏灯具，建议使用筒灯或者其他泛光灯具

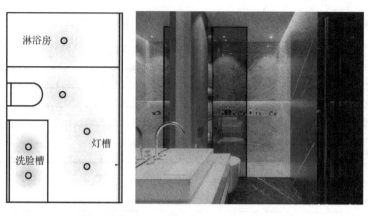

图 5-2　卫生间灯光设计样例

请根据家里卫生间实际情况，设计一个卫生间灯光改造方案，并进行交流。

评一评

通过对卫生间照明方案进行交流，并将认识和体会写在表 5-4 中，同时完成评价。

表 5-4　卫生间照明方案的认识总结表

课题	卫生间照明方案的认识					
班级		姓名		学号	日期	
训练收获或体会						
训练评价	评定人	评语			等级	签名
	自己评					
	同学评					
	老师评					
	综合评					

探讨卡一　我国民用建筑照度标准

电气照明是一门综合性技术。不同用途的生产设施和生活设施都对电气照度有着不同的标准和要求。由于各个国家的国情不同，因此照度标准也不一样。按照人们的视觉器官的需要，在完全没有月光的夜晚，如果仅仅依靠人工光源的照明进行连续性的学习或工作时，合理的照度应是 100lx 以上，最低也不能小于 50lx。如果低于 50lx，容易引起视觉疲劳，物像不清，久而久之就会使视力减退。根据上述情况，居室采用电气照明时的照度不应过低。另外，白炽灯属于暖光源，给人以温暖的感觉；LED 灯和荧光灯属于冷光源，光谱接近日光，所以家庭在选用光源时，也应考虑居室的朝向、季节的变化、不同的爱好等因素。

由住房和城乡建设部发布，于 2024 年 8 月正式开始实施的《建筑照明设计标准》（GB 50034—2024），在照明设计方面提出了更为科学的指导和新的要求，强调了视觉因素，并将非视觉效应对健康的影响纳入考量。该标准给出的照度系指工作场所参考平面（若未加说明，均指距地面 0.75m 的水平面）上的平均照度。视觉工作对应的照度分级如表 5-5 所示，公共建筑照明的照度标准如表 5-6 所示，住宅建筑照明的照度标准如表 5-7 所示。

表 5-5 视觉工作对应的照度分级

视觉工作	照度级别/lx	说明
简单视觉作业的照明	0.5 1 2 3 5 10 15 20 30	一般照明的照度
一般视觉作业的照明	50 75 100 150 200 300	一般照明的照度，或者一般照明和局部照明的总照度
特殊视觉作业的照明	500 750 1000 1500 2000 3000	一般照明的照度，或者一般照明和局部照明的总照度

表 5-6 公共建筑照明的照度标准

房间或场所		参考平面及其高度	照度标准时/lx	Ra
公共机动车库	车道	地面	50	60
	车位	地面	50	60
公共厕所、盥洗室、浴室		地面	150	60
公共活动室（空间）		地面	300	80
公共厨房	一般活动	0.75m 水平面	100	80
	操作台	台面	300*	
走廊		地面	100	60
普通阅览室、开放式阅览室		0.75m 水平面	300	80
普通会议室		0.75m 水平面	300	80
普通办公室		0.75m 水平面	300	80
一般商店营业厅		0.75m 水平面	300	80
中餐厅		0.75m 水平面	200	80
西餐厅		0.75m 水平面	150	80
教室、阅览室		课桌面	300	80

注：老年人书写应提高一级照度。

* 指混合照明照度。

表 5-7　住宅建筑照明的照度标准

房间或场所		参考平面及其高度	照度标准时/lx	Ra
起居室	一般活动	0.75m 水平面	100	80
	书写、阅读		300*	
卧室	一般活动	0.75m 水平面	75	80
	床头、阅读		200*	
餐厅		0.75m 餐桌面	150	80
厨房	一般活动	0.75m 水平面	100	80
	操作台	台面	300*	
卫生间	一般活动	0.75m 水平面	100	80
	化妆台	台面	300*	90
走廊、楼梯间		地面	100	60
电梯前厅		地面	75	60

注：老年人书写应提高一级照度。

* 指混合照明照度。

探讨卡二　居室照明设计举例与观赏

　　我国的家庭住宅多种多样，从住宅的布局、结构、分室数量和大小等方面，南方与北方、城市与农村各不相同。即使在同一个城市，一室户、二室户、三室户、四室户、别墅等不同居住条件的住户也情况各异。但是，尽管居住条件和住户特点千差万别，住宅也有住宅的共同特点。从住宅的功能看，应有以下几种功能室：①起居室；②学习室；③会客室；④健身室；⑤电视室；⑥娱乐室；⑦工作室，如计算机室；⑧厨房；⑨卫生间等。

　　房间的功能不同，对照明的要求也不同。如果同一房间有多种功能，照明应兼顾各种功能的需要。因此，家庭照明必须以房间的功能特点为依据。

　　1. 居室照明设计举例

　　（1）客厅照明。有一间面积为 25m² 的房间，用作客厅兼娱乐和看电视。试设计该房间的照明。根据导读卡二的居室照明设计步骤如下。

　　① 收集房间资料。该房间长 5.7m，宽 4.4m，高 2.9m，粉白墙壁，预置浅绿色转角沙发、茶几、电视机，用作客厅兼娱乐和看电视。

　　② 确定照明方式和种类，并选择合理的照度。由于家庭经济收入较宽裕，采用混合照明方式，照明种类为直接照明。

　　照度的选择根据表 5-5 与表 5-6 所示标准：选会客用照度 200lx，选看电视用照度 15lx，选娱乐用照度 150lx。

　　③ 确定合适的光源。选用白炽灯、荧光灯和 LED 灯这 3 种光源。

④ 确定灯具的类型。灯具为固定式白炽镶嵌灯（或 LED 筒灯）4 个、荧光吸顶灯（或 LED 吸顶灯）1 个、白炽壁灯（或 LED 壁灯）2 个。

⑤ 灯具的布置如图 5-3 所示。其中，A 为 DBY522，40W 荧光吸顶灯（或 XD-00489，24W LED 吸顶灯）；B 为 4 个 15W 乳白玻璃罩镶嵌灯（或 5W LED 暖白嵌入式筒灯）；C 为 2 个 JXBW 26-A，15W 的壁灯（或 5W LED 壁灯）。

⑥ 通过计算，总安装功率是能达到室内照度要求的。照明效果说明如表 5-8 所示。

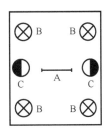

图 5-3　照明灯具布置示意图

表 5-8　照明效果说明

灯使用情况	示意图	说明
单独使用 A 灯		适用于一般家务活动，光线明亮，光效高而且节电
单独使用 B 灯		室内照度不均匀，适宜休息或看电视
使用 B 和 C 灯或 A 和 C 灯		使室内产生一种幽雅或欢快的气氛。适宜娱乐或欣赏音乐
同时使用 A、B、C 灯		室内照度最高，产生一种明亮、热烈而又亲切愉快的气氛。适宜节日家庭团聚或朋友聚会

（2）老人卧室照明。有一间 13m² 的房间，用作老人居室。该房间长 4.06m，宽 3.2m，高 2.9m，粉白墙壁，两个靠墙单人沙发，外罩白色沙发套，木制本色扶手，木制本色茶几，木制本色立柜。采用一般照明方式，漫射照明类型。

老年人居室的照度要求高，设照度为 150lx，采用功率为 60W 的 D07A4 型短杆白炽吊灯（或功率为 24W 的 ZK-8693 型 LED 吸顶灯）。另外，为了方便老人看报，在茶几上加设功率为 40W 的 BT301-2 台灯（或功率为 10W 的 LED 台灯）。

通过计算，以上设计都能达到照度要求，而且可使老人感到明快、适宜、心情舒畅。

2. 居室照明设计观赏

现代灯具已经从原来仅满足照明，发展为现代建筑设计必不可少的一部分。灯饰已成为体现现代建筑装修风格的点睛之笔。它不仅要满足人们对光照的技术上的需求，而且在造型和色彩上还必须与建筑装饰风格相协调，符合人们的审美要求。表 5-9 所示是一些居室照明布置示图，表 5-10 所示是一些其他场所照明布置示图，供观赏。

表 5-9　居室照明布置

名称	示意图	说明
门厅与走道		门厅是住宅的出入通道，走道是连接居室各房间的交通要道，两者都是作为交通联系用，要求营造（增加）一种空间宽广的感觉，因此光线一定要比较柔美。门厅与走道的照明方式主要采用吸顶灯或设置光带、光槽、嵌入筒灯，走道也可以采用壁灯
客厅		客厅是接待客人的地方，要求营造一种温暖热烈的氛围，因此客厅的灯一定要明亮、大方，同时又有可调节的亮度，一般以豪华明亮的吊灯或大吸顶灯为主灯，搭配其他多种辅助灯饰，如壁灯、筒灯、射灯
卧室		卧室是休息睡觉的地方，温馨的灯具可以营造气氛，因此光线一定要柔和，最好不要选择带尖头的吊灯，以免给人不安全感
厨房		厨房是家庭中最繁忙、劳务活动最多的地方，厨房的照明主要以实用为原则，因此应选用合适的照度和显色性较高的光源，一般选择 LED 灯或荧光灯
餐厅		餐厅是人们用餐的地方，其照明应以餐桌表面为目标，光线应保持明亮又不刺眼，光色应偏暖色为好，这样有利于人的食欲。餐厅一般照明采用直接照明的方式，也可采用射灯或壁灯辅助照明
卫生间、浴室		浴室是一个使人身心松弛的地方，因此要用明亮柔和的光线均匀地照亮整个浴室。面积小的浴室，只需安装一盏吸顶灯就足够了；面积较大的浴室，可以采用发光天棚漫射照明或采用吸顶加壁灯的方式。用壁灯作浴缸照明，光线融入浴缸，散发出温馨气息，令身心格外松弛。但要注意，此壁灯应具备防潮性能

表 5-10　其他场所照明布置

名称	示意图	说明
剧院		剧院是人们聚会、观看演出的地方。剧院内的照明，由于剧情的需要，还要配上各种有灯光效果的射灯、聚光灯等，而剧院休息厅和门厅则应选用光线柔和、令人身心松弛、温馨的照明，一般照明采用筒灯和槽灯相结合的照明
书房或办公室		书房或办公室是人们工作、学习的地方，因此光线既要明亮又要柔和，同时要避免眩光。通常书房或办公室照明采用一般照明和局部照明相结合的方式，一般照明采用光线柔和的荧光灯或吸顶灯，局部照明采用光线集中的台灯
教室		教室是学生学习文化技能的地方，因为学生正处在发育时期，所以要求照明能创造出舒适的学习环境，且避免眩光，同时要排除高亮度对比，使学生都能清楚地看到黑板上的字，一般选用荧光灯。根据教育部的规定，教室内各课桌面的照度不应低于80lx
商店		商店是人们购物的地方，由于商店照明受商品、销售动机所支配，因此要求突出商品的优点，吸引顾客，并能引起顾客的购买欲。一般照明采用直接照明和辅助照明相结合的方式
橱窗		橱窗是展示、设立重点商品的地方，人们通过橱窗可以了解商店销售商品的类型、档次和风格，因此橱窗内商品的展示和环境气氛应能达到吸引顾客、引导顾客的目的。橱窗对照度要求很高，除使用荧光灯之外，往往采用射灯等

任务二　居室照明线路施工

任务目标▶
（1）明确居室照明线路施工的内容。
（2）能识读居室照明线路施工图。
（3）掌握居室照明布线基本操作技能。
（4）能对居室照明线路进行正确施工。

任务描述▶　　　　照明电气线路施工是电工进行实际操作的一项重要技能，它要求输电安全，布线合理，美观便捷，能满足使用者不同的需要。

　　　　在居室照明线路施工时，你能识读电气照明施工图吗？你掌握电气照明施工的基本要求和操作方法吗？请你通过本任务的学习，去掌握它们吧。

导读卡一　**照明施工图的识读**

　　照明施工图是电气照明施工和竣工验收的重要依据，它用统一的电工图形、符号来表示线路和实物，并用这些图形、符号组成一个完整的系统，以表达电气设备的安装位置、配线方式及其他一些特征。

　　照明施工图常有系统图、平面图、原理图等几种。系统图是按照线路走向（系统）而绘制的图形；平面图则是按照线路布置，依据建筑施工图按比例绘制而成的图形；原理图是描述电气设备的线路结构和工作原理的图纸。常用电气图形符号如表 5-11 所示。

表 5-11　常用电气图形符号

名称	图形符号	名称	图形符号
球形灯	●	专用电路上的应急照明灯	✕
局部照明灯	◖	自带电源的应急照明灯	⊠
矿山灯	⊖	一般开关	
安全灯	⊜		
防爆灯	◎	单极开关	明装开关
防水防尘灯	⊗		暗装开关
深照型灯	△		防水（密闭）开关
广照型灯	◭		防爆开关
大棚灯、吸顶灯	◓	双极开关	明装双极开关
花灯（吊灯）	⊗		暗装双极开关
弯灯（马路弯灯）	⌐○		防水双极开关
壁灯	◒		防爆双极开关
投光灯	⊗	三极开关	明装三极开关
聚光灯	⊗→		暗装三极开关
泛光灯	⊗↗		防水三极开关
			防爆三极开关

续表

名称	图形符号	名称	图形符号
荧光灯（日光灯）	荧光灯一般符号 ⊢——⊣ 双管灯 ⊢===⊣ 3管灯 ⊢===⊣ 5管灯 ⊢—5—⊣	单极拉线开关	暗装 ●↗ 明装 ○↗
防爆荧光灯	⊢—◀	单极双控拉线开关	○↗
定时器（限时设备）	[t]	单极限时开关	○↗ t
定时开关	[⏱ ╱]	双控单极开关	○╱
钥匙开关	[🔑]	具有指示灯的开关	⊗
按钮盒	普通型 [○ ○] 密闭型 [○ ○] 防爆型 [○ ○]▶	多拉单极开关（如用于不同照度）	╱↗
（电源）插座	⟂	调光器	○⤢
暗装插座	⟂	插座箱、插线板	[⟂]
防水（密闭）插座	⟂	多个（电源）插座（多功能插座，图中两种形式均表示3个插座）	形式1 ⟂⟂⟂　形式2 ⟂³
防爆插座	⟂	带滑动防护板的（电源）插座	⟂
带保护极的（电源）插座	⟂	带单极开关的（电源）插座	⟂
暗装带保护接点（电源）插座	⟂	带联锁开关的（电源）插座	⟂
防水带保护接点的插座	⟂	带隔离变压器的（电源）插座	⟂
带接地插孔的三相插座	明装 ⟂ 暗装 ⟂ 防水 ⟂ 防爆 ⟂	一般电信插座	用下列文字符号区分： TP=电话 BC=广播 TD=数据传输 TFX=用户传真 TLX=用户电报 TV=电视 T=一般指电信
吊扇	⟡	抽油烟机排风扇	⊗　[∞]
热水器	⊘	电阻加热装置	[▭]
感应加热炉	[∩∩]	电话有线分路站	▷◁
架空线路	—○—	中性线、零线	⟋

续表

名称	图形符号	名称	图形符号
保护线	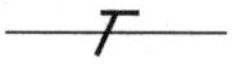 ⊥	保护线和零线共用	 ⊥
向上配线；向上布线	如：由 1 楼向 2 楼 	向下配线；向下布线	
电杆的一般符号	 ○	带照明灯的电杆	一般符号—○ 指出投照方向—○↓  示出灯具—⊗ 
动力或动力照明配电箱		信号板、信号箱、信号屏	 ⊗
照明配电箱（屏）	 ■	事故照明配电箱（屏）	 ⊠
落地配电箱	 ⊠	多种电源配电箱（屏）	
直流配电盘（屏）	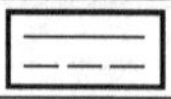 ▭	交流配电盘（屏）	 ∼
分线盒	可加注：$\dfrac{A-B}{C}D$ A—编号；B—容量； C—线序；D—用户线	室内分线盒	 内容同"分线盒" $\dfrac{A-B}{C}D$
室外分线盒	 内容同"分线盒" $\dfrac{A-B}{C}D$	分线箱	 内容同"分线盒" $\dfrac{A-B}{C}D$
壁龛分线箱	 内容同"分线盒" $\dfrac{A-B}{C}D$	天线	 Y
电话		电缆中间接线盒	 ◇
电缆分支接线盒	 ◇	两路分配器	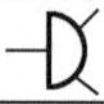
三路分配器		电缆穿管保护	 ▭—可加注文字符 号表示规格数量
配电室（表示 1 根进线、 5 根出线）	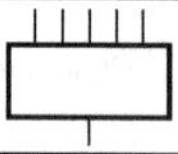	示出配线照明引出位置	一般符号——✕  墙上引出——✕ 

1. 电气照明施工图的识读

在识读电气照明施工图时，应遵循以下原则要求。

（1）结合施工图的绘制特点识读。施工图的绘制是有规律的，如配电室到电工房、仓库的线路走向的外线平面布置图中，一般分高压配电和低压配电等。因此，首先要了解施工图的绘制特点，才能够运用掌握的知识认识、理解图纸的含义。

（2）结合电气元件的结构和工作原理识读。施工图中包括各种电器件，如开关、熔断器等，必须先弄懂这些电器件的基本结构、性能、原理，以及电器件间的相互制约关系、在整个电路中的地位和作用等，才能识读、理解图纸的内容。

（3）结合典型电路识读。典型电路是构成施工图的基础，因此熟悉典型电路图会对识读、理解其他类型图带来很大的方便。

（4）施工图识读时，应注意以下几点。

① 看标题及栏目：了解工程名称、项目内容、设计日期。

② 看说明书：了解工程总体概况及设计依据，以及图纸中未能表示清楚的各有关事项，如供电电源的来源、电压等级、线路敷设方式、安装要求、施工注意事项等。

③ 看系统图：了解系统的基本组成、主要电气设备及连接关系，以及电器件的规格、型号、参数等。

④ 看平面图和原理图：了解电气设备的安装位置、导线敷设部位、敷设方法及其之间的关系等。

2. 识读施工图实例

（1）识读电气系统图实例。图 5-4 所示是四室二厅标准层单元的电气系统图。

住宅照明的电源取自供电系统的低压配电电路。进户线穿过进户开关后，先接入配电线（屏），再接到用户的分配电箱（屏），最后经电能表、空气开关接入灯具和其他用电设备上。为了使每盏灯的工作不影响其他灯具（用电器），各条控制电路应并接在相线与中性线上，在各自控制电路中串接单独控制用的开关。为了保证安全用电，每条线路最多能安装 25 盏灯（每只插座也作为 1 盏灯具计算），并且电流不能超过 15A，否则要减少灯具的盏数。

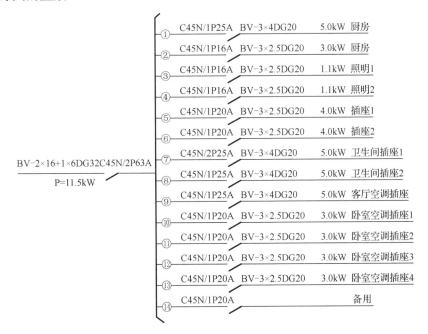

图 5-4　四室二厅标准层单元的电气系统图

从系统图可知：单元配电箱的总线为 2 根 16mm² 加 1 根 6mm² 的 BV 型铜芯电线接入电源。设计使用功率为 11.5kW，经空气开关（型号：C45N/2P63A）控制，安装管道直径为 32mm。电气分 14 路控制（其中一只在配电箱内，备用），各由空气开关（型号：C45N/1P16A、20A、25A）控制。每条支路有 2.5mm² 和 4mm² 的 BV 型铜芯线 3 根，穿线管道直径为 20mm。各支路设计使用功率分别为 5.0kW、3.0kW、1.1kW、4.0kW。

（2）识读电气平面图实例。图 5-5 所示是四室二厅标准层单元照明线路的电气平面图。

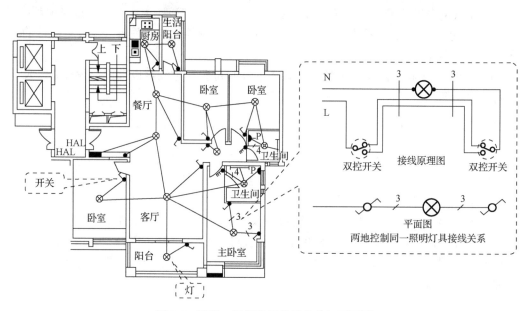

图 5-5　四室二厅标准层单元的电气平面图

图中有客厅 1 间、餐厅 1 间、卧室 4 间、卫生间 2 间、厨房 1 间和阳台 2 间，共计 11 间。在门厅过道有配电箱 1 个，分 14 路（其中第 14 路在配电箱内作备用）引出；室内有 13 个天棚灯座、24 个插座，若干开关及连接这些灯具（电器）的线路。所有的开关和线路为暗敷设，并在线路上标出 3、4 等字样，与图 5-4 所示电气系统图一一对应。此外，还有门厅墙壁座灯一盏。

应指出的是：这些线路（画在图中间位置的线）实际均装设在房间内的天棚上，通过门处实际均在门框上部，所以看图时应考虑这个现象。如果线路沿墙水平安装时，要求距离地面至少 2.5m。

室内施工项目：荧光灯（日光灯）、天棚座灯、墙壁座灯、吸顶灯、开关和插座等线路的暗敷设，将这些装置连接起来。

（3）识读电气原理图实例。图 5-6 所示分别是单联开关电气控制原理图和双联开关电气控制原理图。

从原理图可知：零线接灯，而相线接开关，开关与灯之间通过连接线形成回路。这就是前面工人师傅所说的那句口头禅："零线 N 始终接负载（如灯具），相线 L 始终接开关"。

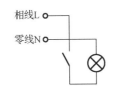
（a）单联开关电气控制原理图

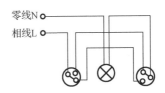
（b）双联开关电气控制原理图

图 5-6　照明电气控制原理图

导读卡二　居室布线要求与工序

1. 居室布线要求

导线布线应根据设计图纸，即室内电气设备分布的具体情况、实际使用等要求，进行敷设和分配，做到电能传送安全可靠，线路布置合理便捷，整齐美观，经济实用，能满足使用者的需要，具体要求如下。

（1）导线额定电压大于线路工作电压，绝缘层应符合线路的安装方式和敷设的环境条件，截面积应满足供电要求和机械强度。

（2）导线敷设的位置，应便于检查和维修，并尽量避开热源。

（3）导线连接和分支处，不应受机械力的作用。

（4）线路中尽量减少线路的接头，以减少故障点。

（5）导线与电器件端子的连接要紧密压实，力求减小接触电阻，并防止脱落。

（6）若水平敷设的线路距地面小于 2m 或垂直敷设的线路距地面小于 1.8m 的线段，均应装设预防机械损伤的装置。

（7）为防止漏电，线路的对地电阻不应小于 0.5MΩ。

2. 居室布线工序

导线敷设分明敷设和暗敷设两种。导线沿墙壁、天棚、梁、柱等表面的布线方式，称为明敷设；导线穿管埋设于墙壁、地墙、楼板等处内部或装设在天棚内的布线方式，称为暗敷设，如图 5-7 所示。

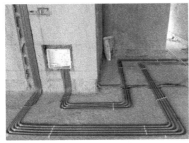

图 5-7　暗敷设施工现场图

导线敷设的基本工序如下。

（1）熟悉施工图，做预埋、敷设准备工作（如确定配电箱柜、灯座、插座、开关、启动设备等的位置）。

（2）沿建筑物确定导线敷设的路径，穿过墙壁或楼板的位置和所有配线的固定点位置。

（3）在建筑物上，将配线所有的固定点打好孔，如预埋螺栓、角钢支架、保护管、木枕等。

（4）装设绝缘支持物、线夹或管子。

（5）敷设导线。

（6）导线连接、分支、恢复绝缘和封端，并将导线出线接头与设备连接。

（7）检查验收。

导读卡三　居室常见的两种布线方法

1. 明线敷设范例

对图 5-8 所示房间进行护套线的明线敷设，其明线敷设步骤如表 5-12 所示。

图 5-8　照明布置示意图（以餐厅为例）

表 5-12　照明线路明线敷设步骤（以餐厅为例）

步骤	示意图	说明
读图		阅读施工图，明确施工要求
定位划线		根据施工要求，在现场对插座、开关、灯座等设备进行定位划线。定位划线时，用粉袋弹线（划线），做到走向合理，线条"横平竖直"，尽可能避免在混凝土结构上施工。每个插座、开关、灯座等固定点的中心处画一个"×"记号，以方便接线盒孔的开凿和护套线的敷设

续表

步骤	示意图	说明
开凿接线盒孔	 接线盒	根据定位线，开凿埋设用的开关、插座接线盒孔
钻孔，埋设木枕或管膨胀，固定线卡	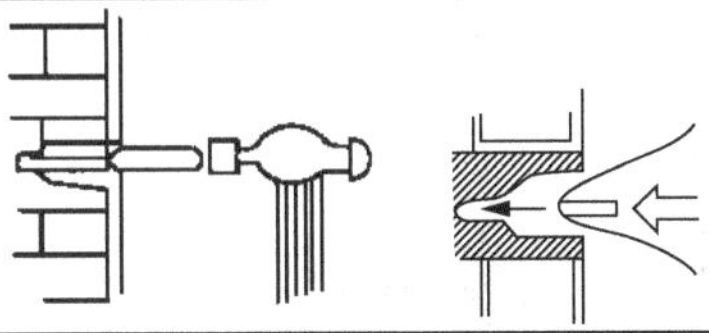	根据木枕或管膨胀的规格，用冲击电钻（或用钢凿）钻打膨胀管或木枕孔，埋设管膨胀或木枕，固定线卡
敷设护套线	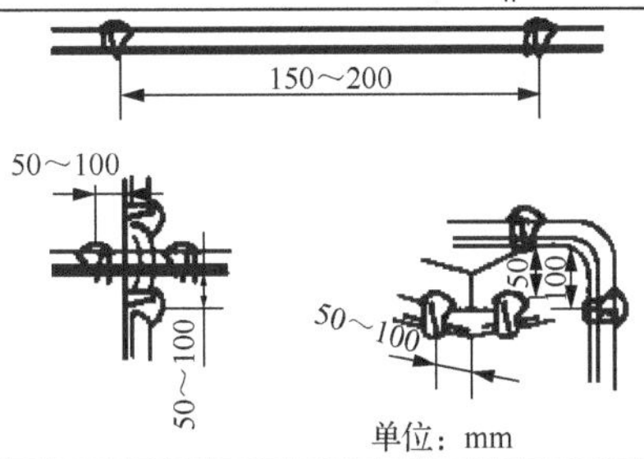 150~200　50~100　50~100　50~100　单位：mm	护套线敷设自上而下进行，做到护套线平整、贴墙。护套线线卡夹持间距（尺寸）相等
安装开关、插座	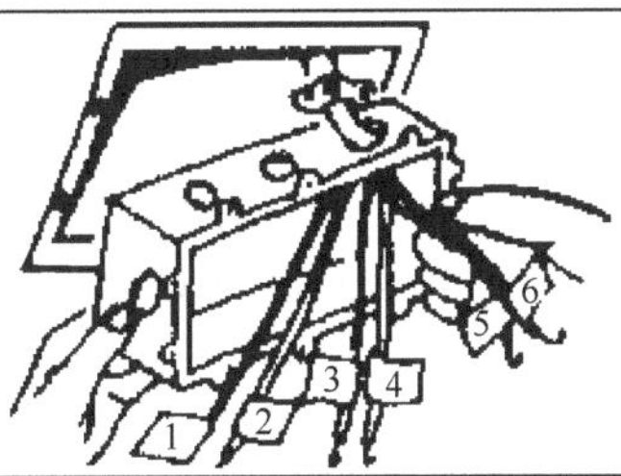	将护套线穿入接线盒，编好线号，根据要求进行开关或插座装接。开关扳把向上为"合"，扳把向下为"分"；插座左插孔接零线、右插孔接相线
安装灯具		安装灯具参见项目四相关内容
通电测试	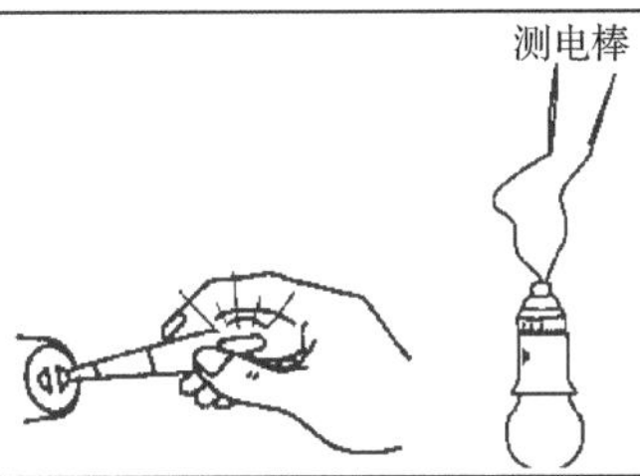 测电棒	根据施工图对照实际线路检查安装是否符合技术要求，线路是否有错接、漏接等现象。在确认接线完全正确后，进行通电测试。此时可以用验电笔或校验灯逐一检查，做到准确无误

2. 暗线敷设（砂灰层布线）范例

对图 5-9 所示房间进行护套线的暗线敷设，其暗线敷设步骤如表 5-13 所示。

图 5-9　照明布置示意图（以客厅为例）

表 5-13　照明线路暗线敷设步骤（以客厅为例）

步骤	示意图	说明
读图		阅读施工图，明确施工要求
定位划线	走向线 线盒埋位	根据施工要求，在现场对插座、开关、灯座等设备进行定位划线。定位划线时，用粉袋弹线（划线），做到走向合理，线条"横平竖直"，尽可能避免在混凝土结构上施工。每个插座、开关、灯座等固定点的中心处画一个"×"记号，以方便接线盒孔的开凿和护套线的敷设
开凿墙槽和接线盒孔	砖角	根据定位线，开凿埋设电线管用的墙槽

续表

步骤	示意图	说明
埋设电线管	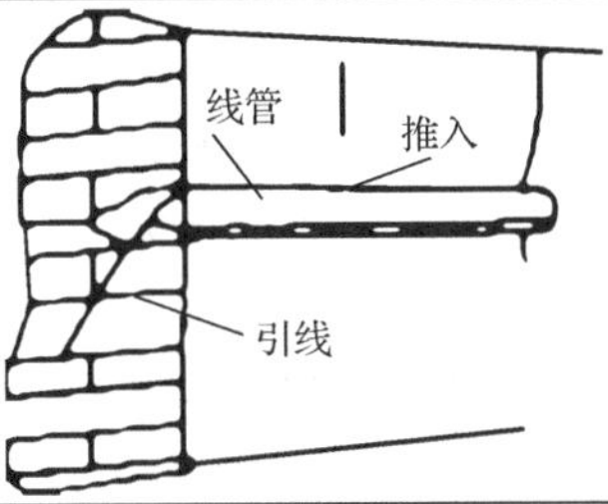	按要求截取一定长度的塑料电线管,并埋设在电线管槽内
埋设接线盒	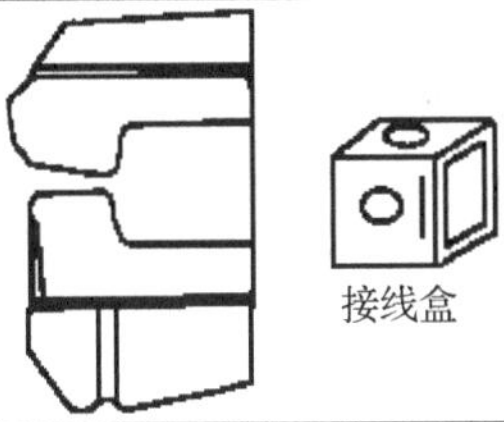	将接线盒埋设在接线盒孔内,要求接线盒平整,防止松动
穿线编线号	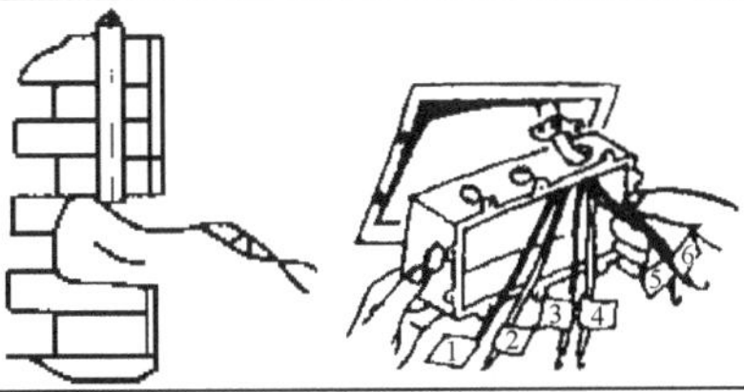	对塑料电线管进行穿线,做线号标记,方便电器接线
安装开关	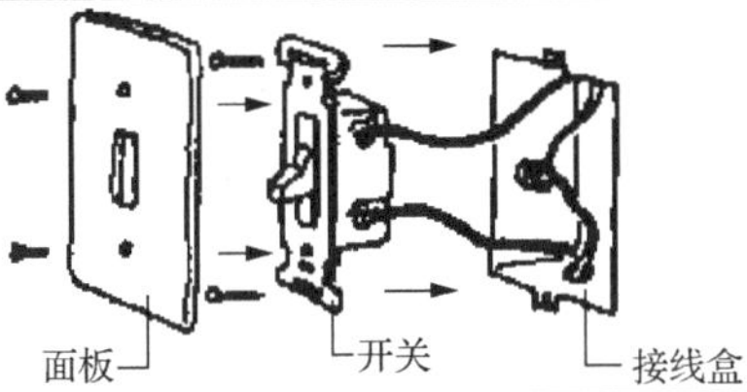	根据编好的线号,对开关进行装接。安装开关时要注意平整,不能偏斜;开关扳把方向应一致,即扳把向上为"合",扳把向下为"分"
安装灯具		安装灯具参见项目四
通电测试	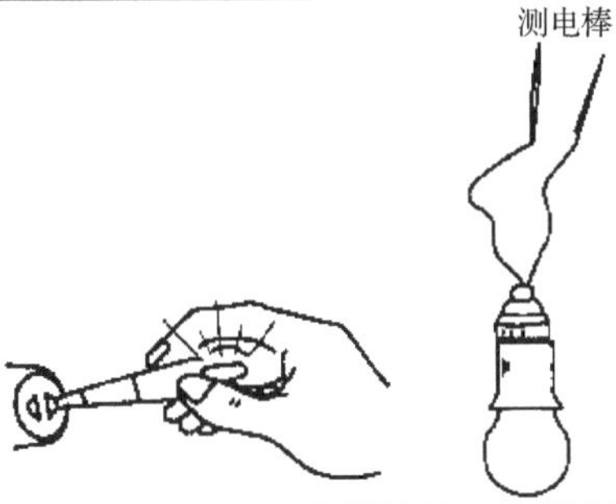	根据施工图对照实际线路检查安装是否符合技术要求,线路是否有错接、漏接等。在确认接线完全正确后,进行通电检测。此时可以用验电笔或校验灯逐一检查,做到准确无误

续表

步骤	示意图	说明
填补槽孔		在通电测试合格后，对凿开的墙面用水泥砂浆补平，粉刷层与墙面保持一致

议一议

某实训场所（图 5-10）需要在墙顶安装一盏吸顶灯（或荧光灯）作为照明用，控制开关位置在门左侧，并在灯拐角墙下方（即贴脚线处）装一只插座，供电视机等家用电器用。请你与同学们议一议用塑料护套线进行明配线施工的方案，并写在下面空格中。

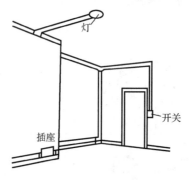

图 5-10　实训场所照明施工要求

进行明配线施工的方案：

填一填

绘制电气施工图、开具材料清单。根据实训场所要求，绘制电气施工图，开具材料清单（表 5-14）。

表 5-14　实训电气施工图并开具材料清单

材料清单			电气施工图及技术要求
名称	规格	数量	

实践卡 现场照明施工（作业）

在实训场所进行照明施工（作业）的具体操作步骤如下。

（1）电器件的定位。根据施工图纸将电器件位置及导线敷设的路径在实训场所定位划线。

（2）凿开关、插座孔。在指定墙面位置凿打开关、插座安装孔。

（3）导线布线。进行敷设线路（明配线敷设时，应采用铝线卡或塑料线卡固定导线，固定点间距为150～200mm，且距离相等；暗配线敷设时，应根据暗配线位置，先开预埋暗线槽再进行导线埋设工作），并在开关、插座和灯接线盒的连接处留有一定长度的导线，用来连接开关、插座和灯接线盒。

（4）导线的连接。用导线将插座、开关及灯正确连接起来。

（5）灯具的安装。吸顶灯（或筒灯）的安装要符合要求。

（6）线路检查。用万用表检查线路，经教师复核无误，方可接通电源。

温馨提示

注意每个细节，自觉养成良好的职业行为。

评一评

把对居室现场照明施工的收获或体会写在表5-15中，同时完成评价。

表5-15 居室现场照明施工总结表

课题	居室现场照明施工						
班级		姓名		学号		日期	
训练收获或体会							
训练评价	评定人	评语				等级	签名
	自己评						
	同学评						
	老师评						
	综合评						

建筑工程图例识读

常用建筑工程图例符号，如表 5-16 所示。

表 5-16　常用建筑工程图例符号

图例	名称	图例	名称
	普通砖墙		自然土壤
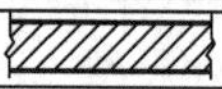	普通砖墙		砂、灰土及粉刷材料
	普通砖柱	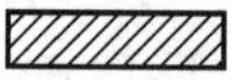	普通砖
	钢筋混凝土柱	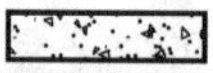	混凝土
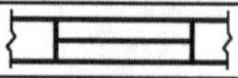	窗户		钢筋混凝土
	窗户	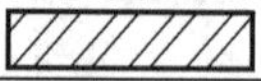	金属
	单扇门	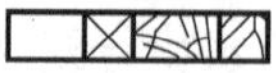	木材
	双扇门		玻璃
	双扇弹簧门		松土夯实
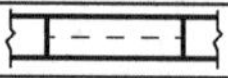	高窗		空门洞
	不可见孔洞	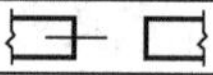	墙内单扇推拉门
	可见孔洞		污水池
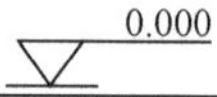 0.000	标高符号（用 m 表示）	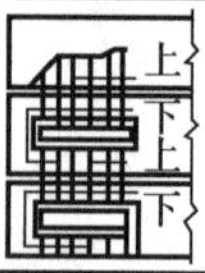	楼梯底层、中间层、顶层
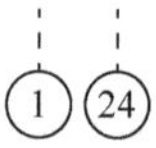 ①　㉔	轴线号与附加轴线号		

吊挂螺栓在楼板上的装设

预制楼板或现浇楼板内预埋吊挂螺栓的方式，如表 5-17 所示。

表 5-17　预制楼板或现浇楼板内预埋吊挂螺栓的方式

楼板结构	示意图	说明
预制楼板	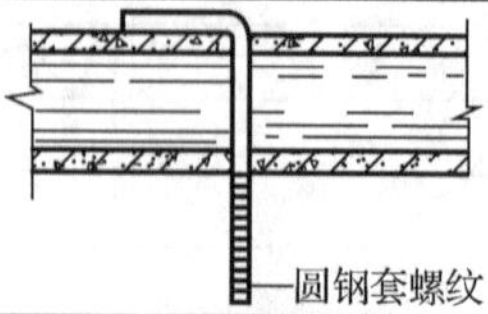 圆钢套螺纹	吊挂螺栓应选用 ϕ8mm 圆钢，经套螺纹、弯折后，在预制空心楼板上安装，其形状见左示意图
	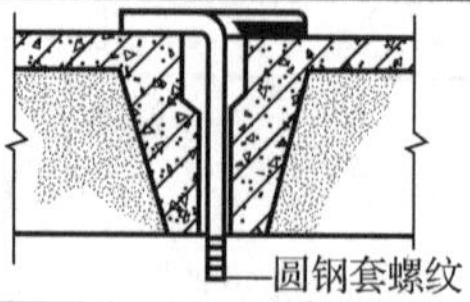 圆钢套螺纹	吊挂螺栓应选用 ϕ8mm 圆钢，经套螺纹、弯折后，沿预制楼板缝安装，其形状见左示意图

续表

楼板结构	示意图	说明
现浇楼板	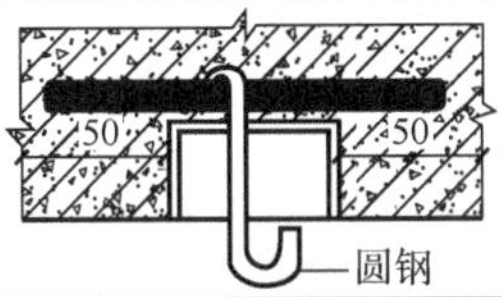 圆钢	现浇楼板吊钩应选用 φ8mm 圆钢，经弯折后，预埋（套钩）在准备浇注的楼板钢筋上，浇注成一体，其形状见左示意图
	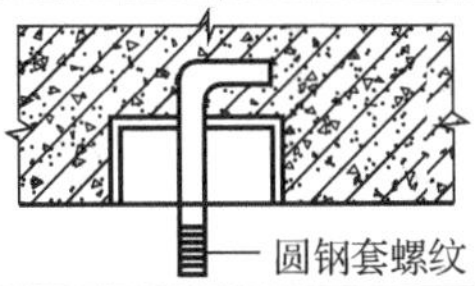 圆钢套螺纹	现浇楼板单螺栓应选用 φ8mm 圆钢，经套螺纹、弯折后，直接预埋在准备浇注的楼板模具内，浇注成一体，其形状见左示意图
	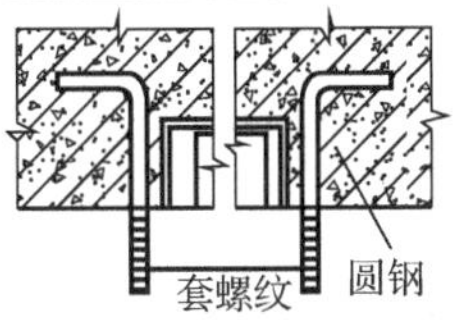 套螺纹 圆钢	现浇楼板双螺栓应选用 φ8mm 圆钢，经套螺纹、弯折后，直接预埋在准备浇注的楼板模具内，浇注成一体，其形状见左示意图

探讨卡三 **吊钩在空心楼板上的装设**

1. 轻型吊钩的装设方式

轻型吊钩用来悬吊小型吊灯和吊扇之类的电器，其装设方式如表 5-18 所示。

表 5-18　轻型吊钩在空心楼板上的装设方式

示意图	说明
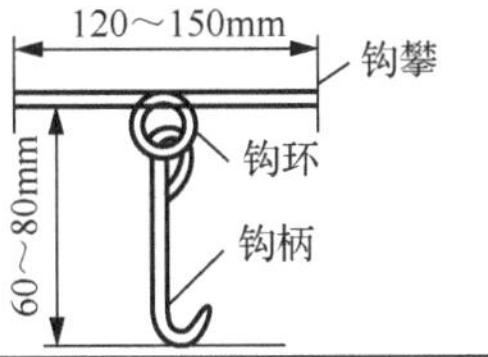 120～150mm 钩攀 钩环 钩柄 60～80mm	吊钩用 φ8mm 圆钢按左图标注尺寸制作，钩外径控制在 φ15mm 以内
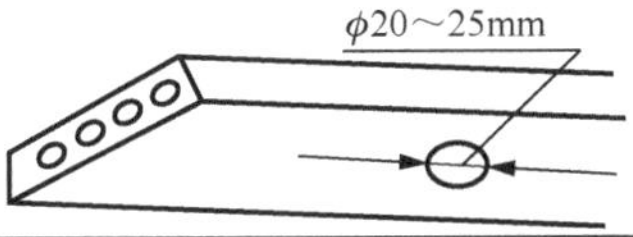 φ20～25mm	先在灯具悬吊位置找出空心楼板的内孔中心部位，然后凿打吊钩孔，孔径一般控制在 φ20～25mm 范围内，不宜过大
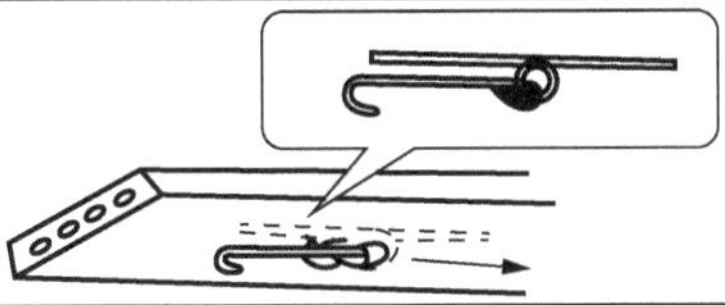	先把钩柄向一边钩攀，然后插入孔内
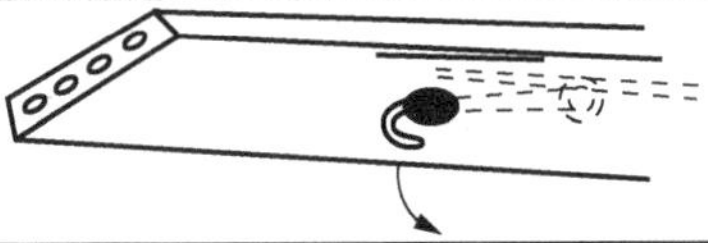	当钩攀完全入孔后，应拉动钩柄朝反向移动

续表

示意图	说明
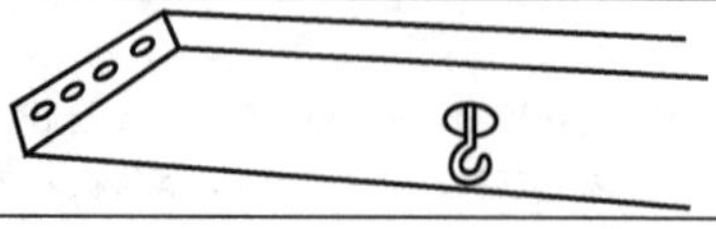	移至钩柄垂直时即可
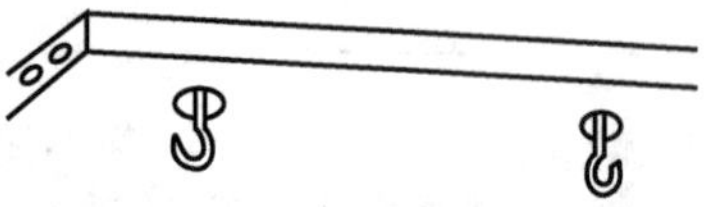	悬吊荧光灯的两吊钩时，必须注意钩口方向。如两吊钩口处于横向平行状态，两钩口朝向必须一左一右，不可以置于一个方向；如果两吊钩口处于纵向直线状态，两钩口朝向必须背背相反，切不可置于一前一后的排列状态

2. 中型吊钩的装设方式

中型吊钩用来悬吊单层七叉及其以下的装饰吊灯和中小型吊扇，质量不超过 7kg，其装设方式如表 5-19 所示。

表 5-19　中型吊钩在空心楼板上的装设方式

示意图	说明
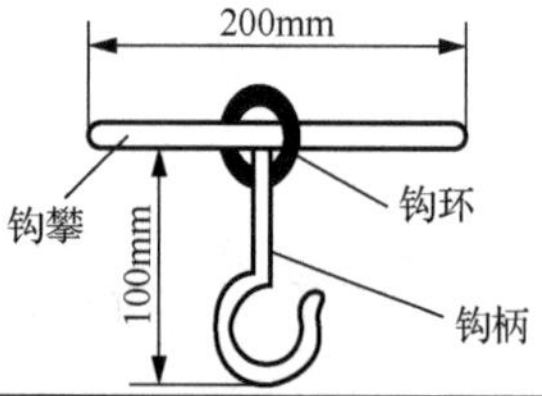	吊钩用 ϕ8mm 圆钢按左图标注尺寸制作，钩外径控制在 ϕ20mm 以内
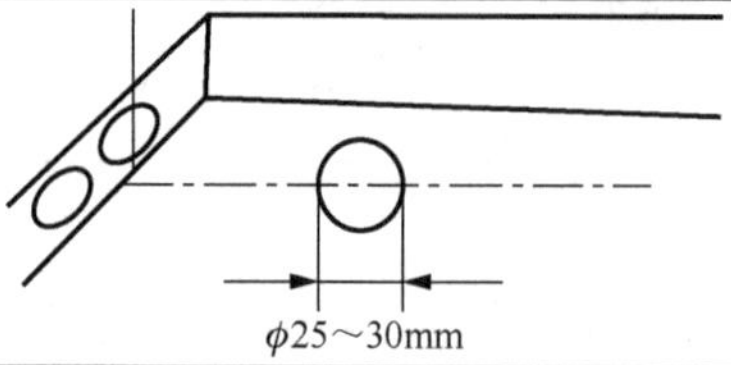	先在灯具悬吊位置找出空心楼板的内孔中心部位，然后凿打吊钩孔，孔径一般控制在 ϕ25～30mm 范围内，不宜过大
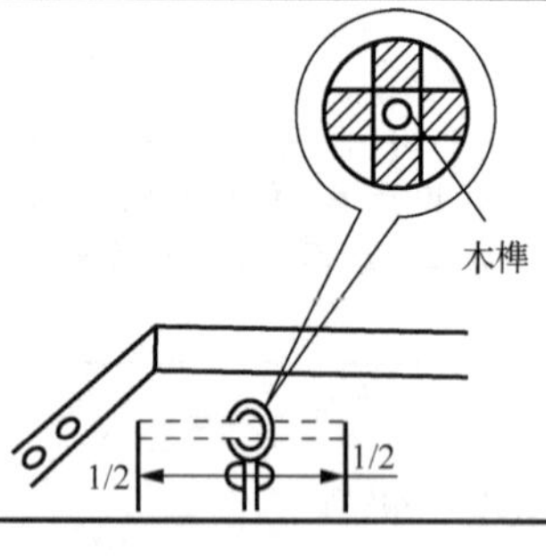	先把钩攀插入孔内，然后装上吊钩，并使钩环处于钩攀的中心部位，固定好钩柄，使其不会因播晃而移位

3. 重型吊钩的装设方式

重型吊钩用来悬吊较大型的装饰吊灯和大型吊扇，其装设方式如表 5-20 所示。

表 5-20 重型吊钩在楼板上的装设方式

示意图	说明
上压板／钩柄／下压板／吊钩	吊钩用 φ10mm 或 φ12mm 圆钢制作，钩长度（连柄）为 250～400mm；用 40mm×4mm 或 30mm×4mm 扁钢板制成压板，长度为 150mm 左右
地坪／通孔／楼板	先在楼板的悬吊位置凿打吊钩孔，并在楼板地坪上再按压板尺寸凿去通孔周围地坪的混凝土。楼板通孔直径比钩柄直径大 5mm 即可
敲弯	在钩柄上装入螺母后，钩柄从下压板穿过，再装入上压板和螺母，并拧紧，然后敲弯钩柄余端，最后用 1:2 水泥砂浆补平地坪

探讨卡四 灯具智能化改造

随着技术迭代，智能化语音设备进入照明电路设计之中，实现语音对照明设备的控制。在不改变原有灯具基础上，仅需更换智能化 LED 灯泡，再与智能设备配对设置，即可完成智能化改造。用 APP 控制灯具的场景如图 5-11 所示。智能 LED 灯与智能设备配对设置与控制如表 5-21 所示。

图 5-11 APP 控制灯具

表 5-21　智能 LED 灯与智能设备配对设置与控制

操作类型	具体操作
配网	① 打开某智能设备 APP，在"家居设备"页面中，单击"添加设备"。 ② 选择对应品牌的灯具，并跟随指引进行配网操作
语音控制	① 连接好设备后，可以使用语音控制的方式操作灯具。例如，可以说："××，打开客厅的灯"或者"××，关闭书房的灯"。 ② 如果有多种灯具需要控制，可以设置别名来区分。例如，客厅的灯可以被命名为"客厅"的灯，书房的灯可以被命名为"书房"的灯
手机 APP 控制	① 智能设备 APP 中可以直接对设备进行操作。例如，可以打开 APP，在"家居设备"页面中，单击对应的设备，然后进行对应操作。 ② 如果需要进行更加个性化的操作，可以使用场景模式。例如，在回家的时候，可以设置好回家场景，让灯光在适当的时候自动打开

使用智能设备控制灯具非常方便，并且在确保设备连接正常的情况下，无论是语音控制还是 APP 控制，都可以实现智能化控制灯具，提高生活的便利性。常见问题与解决如下。

（1）灯具无法连接智能设备：首先检查灯具设备是否支持该智能设备控制，并确认是否正确配对成功。如果你的灯具无法连接，请重新启动智能设备，或者更换网络环境后再次配对。

（2）声音控制灯具时，灯具无法响应：确认智能设备是否能正常连网，是否开启了麦克风，离灯具的距离是否过远而导致声音传输不稳定。建议在较近的距离使用语音控制。

（3）通过手机 APP 无法打开灯具：确认灯具是否在线，并检查智能设备 APP 与 Wi-Fi 连接是否正常。有异常时，断电重置设备后再进行连接。

任务三　世界职业院校技能大赛"新型电力系统运行与维护"赛项照明负载模块设计与施工

■ ■ ■ ■ ■ ■ ■ ■ ■ ■

任务目标▶　（1）熟悉照明线路施工的内容。
　　　　　　　（2）能识读照明线路施工图。
　　　　　　　（3）掌握照明布线基本操作技能。
　　　　　　　（4）能对照明线路进行正确施工。

任务描述▶

　　世界职业院校技能大赛"新型电力系统运行与维护"赛项旨在适应能源转型发展、服务国家"双碳"战略目标及现代电力工匠培育，赛项内容涵盖的专业知识综合性、操作技能实用性强，能够实现从能源仿真规划、新能源的产能模拟、能源管控、离并网发电和负载应用到分布式光伏工程运维的全过程，可多方面检验人才培养与产业需求匹配度，并引领能源电力等相关领域人才培养改革。

　　在新型电力系统运行与维护操作时，你能识读电气施工图吗？你掌握照明施工的基本要求和操作方法吗？请你通过本任务的学习，去掌握它们吧。

导读卡一　照明负载模块施工图的识读

　　世界职业院校技能大赛"新型电力系统运行与维护"赛项可选用的新型电力系统综合实训平台（RHNPS-01），如图 5-12 所示。这是基于对新能源应用系统的实现原理、性能特性的深刻研究，整合分布式能源发电技术、传感技术、信息通信技术、能源管控技术和仿真规划模拟技术等具有学科递进式的光伏实训系统，能够实现从能源仿真规划、新能源的产能模拟、能源管控、离并网发电和负载应用到分布式光伏工程运维的全过程模拟。

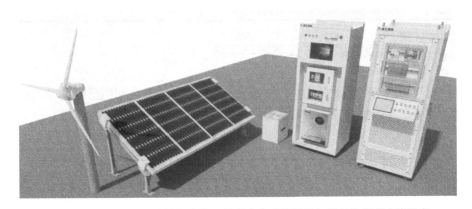

图 5-12　世界职业院校技能大赛"新型电力系统运行与维护"赛项竞赛设备

　　新型电力系统综合实训平台的功能单元由多种类型负载组成，涵盖变频电机负载、充电类负载、照明负载和模拟量控制负载等。新型电力系统综合实训平台负载模块接线图如图 5-13 所示，接线说明如表 5-22 所示。

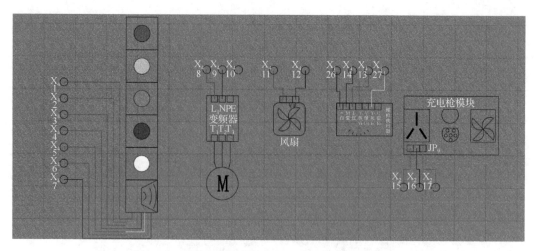

图 5-13 新型电力系统综合实训平台负载模块接线图

表 5-22 新型电力系统综合实训平台负载模块接线说明

模块名称	接线说明
报警指示灯	红、黄、绿、蓝、白、紫、灰色导线分别接在 X_4 端子排的 1、2、3、4、5、6、7 号端子
变频器	L_1、N、PE 黑分别接在 X_4 端子排的 8、9、10 号端子
风扇	正负分别接在 X_4 端子排的 11、12 号端子
执行器	"–"接在 X_1 端子排的 26 号端子，"M、L"分别接在 X_4 端子排的 14、13 号端子，"Y"接在 X_1 的 27 号端子
充电枪模块	三角插头对应的 JP_9 分别接在 X_2 端子排的 15、16、17 号端子

导读卡二 照明负载模块布线要求与工序

室内电气线路的明敷设有塑料线槽敷设、塑料护套线敷设和明管敷设等，而塑料线槽敷设、塑料护套线敷设是常用的两种，明线敷设范例如表 5-23 所示。

表 5-23 常见明线敷设要求

敷设类型	敷设特点	施工步骤
塑料线槽敷设	塑料线槽敷设是利用沿建筑物墙、柱、顶边角走向的塑料线槽，将导线固定在线槽内的敷设，具有导线不外露，整齐美观的特点，常用于用电量比较小的室内干燥场所，例如，住宅、办公室等室内的电气线路敷设	定位划线，线槽一般沿建筑物墙、柱、顶的边角处定位。定位时，要注意避开不易打孔的混凝土梁、柱。用粉袋弹线（划线）时，要做到横平竖直。在每个开关、灯具和插座等固定点的中心处画一个"×"记号
		槽底下料，根据所划线位置截取合适长度的槽底，转角处槽底要锯成斜角。有接线盒的位置，线槽要到盒边位置为止
		固定槽底和明装盒，用钉固定好线槽槽底和明装盒等附件。槽底的固定位置，直线段不大于 0.5mm，短线段距两端 10cm。在明装盒下部的适当位置开孔，用于进线
		下线、盖槽盖，把导线放入线槽，槽内不准接线头，导线接头在接线盒内进行。在放线的同时把槽盖盖上，以免导线掉落

续表

敷设类型	敷设特点	施工步骤
塑料护套线敷设	塑料护套线敷设是利用铝片卡或塑料线卡将塑料护套线直接固定在墙壁、楼板及建筑物上的敷设,具有抗腐蚀能力强、耐潮性能好、线路美观、敷线费用少等特点,只是导线的截面积较小。常用于敷设在潮湿和有腐蚀的场所	定位划线,线槽一般沿建筑物墙、柱、顶的边角处定位。定位时,用粉袋弹线(划线),做到横平竖直。在每个开关、灯具和插座等固定点的中心处画一个"×"记号
		凿孔,根据定位划线要求,在走线固定点上凿打预埋件孔
		埋设预埋件,在凿打预埋件孔中埋设预埋件(如木榫等)
		固定线卡,用铁钉把线卡固定在木榫上
		导线敷设,应自上而下进行,做到导线平直、贴墙。塑料护套线夹持的位置

　　"新型电力系统运行与维护"赛项集中控制模块由继电器和接触器组成,实现对用能模块(照明负载)的控制,各继电器功能如表 5-24 所示。

表 5-24　集中控制模块各继电器功能表

集中控制模块	继电器	功能描述
	KA_1	控制报警灯的红色灯
	KA_2	控制报警灯的黄色灯
	KA_3	控制报警灯的绿色灯
	KA_4	控制报警灯的蓝色灯
	KA_5	控制报警灯的白色灯
	KA_6	控制报警灯的蜂鸣器
	KA_7	控制变频器的启动
	KA_8	控制风扇的启动
	KA_9	控制执行器的启动
	KA_{10}	控制充电枪的启动

实践卡 现场照明负载施工(作业)

议一议

　　集中控制模块接线包含三个任务,具体实施如下。
　　(1)完成控制线路继电器的接线。
　　(2)完成控制线路接触器的接线。
　　(3)完成控制线路开关按钮的接线。

练一练

　　"新型电力系统运行与维护"赛项照明负载施工操作步骤如下。
　　(1)阅读集中控制模块接线图,如图 5-14 所示。了解各控制元件的控制原理。

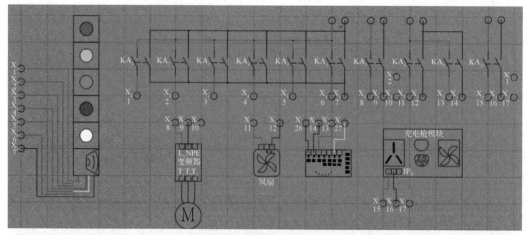

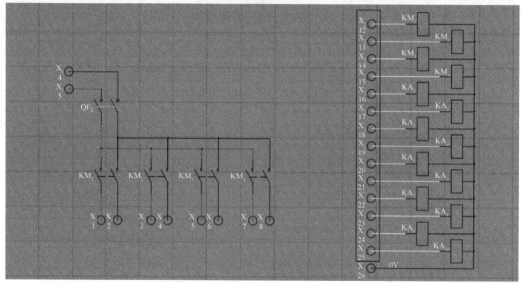

图 5-14　集中控制模块接线图

（2）根据接线原理图，完成相关接线。

① 将准备好的红线接在相应的中间继电器上，中间继电器均选择常开触点。KA₁ 的下端常开触点接在 X₄ 端子排的 1 号端子，KA₂ 的下端常开触点接在 X₄ 端子排的 2 号端子，KA₃ 的下端常开触点接在 X₄ 端子排的 3 号端子，KA₄ 的下端常开触点接在 X₄ 端子排的 4 号端子，KA₅ 的下端常开触点接在 X₄ 端子排的 5 号端子，KA₆ 的下端常开触点接在 X₄ 端子排的 6 号端子，KA₁～KA₆ 上端的常开触点并联后接在 X₃ 端子排的 9 号端子。

② 将准备好的黑线接在相应中间继电器上，KA₁～KA₆ 下端的常开触点并联后接在 X₄ 端子排的 7 号端子，KA₁～KA₆ 上端的常开触点并联后接在 X₃ 端子排的 10 号端子。

③ 将准备好的红黑线接在相应接触器和空开上。空开 QF₂ 上端接在 X₁ 端子排的 4、5 号端子，KM₁～KM₄ 上端常开触点并联后接在空开 QF₂ 下端，KM₁ 下端常开触点接在

X_3 端子排的 1、2 号端子，KM_2 下端常开触点接在 X_3 端子排的 3、4 号端子，KM_3 下端常开触点接在 X_3 端子排的 5、6 号端子，KM_4 下端常开触点接在 X_3 端子排的 7、8 号端子。

④ 将准备好的红黑线接在相应中间继电器上，KA_7 下端常开触点分别接在 X_4 端子排的 8、9 号端子，KA_7 上端常开触点分别接在 X_3 端子排的 11、12 号端子。KA_8 下端常开触点分别接在 X_4 端子排的 11、12 号端子，KA_9 下端常开触点分别接在 X_4 端子排的 13、14 号端子，KA_8、KA_9 上端常开触点并联后分别接在 X_3 端子排的 13、14 号端子，KA_{10} 下端常开触点分别接在 X_4 端子排的 15、16 号端子，KA_{10} 上端常开触点分别接在 X_3 端子排的 15、16 号端子。

⑤ 将准备好的白线接在相应的中间继电器与接触器的正极上，如表 5-25 所示。

表 5-25 中间继电器与接触器接线对照表

元件	正极对接端子排	端子号
KM_1	X_2 端子排	12
KM_2	X_2 端子排	13
KM_3	X_2 端子排	14
KM_4	X_2 端子排	15
KA_1	X_2 端子排	16
KA_2	X_2 端子排	17
KA_3	X_2 端子排	18
KA_4	X_2 端子排	19
KA_5	X_2 端子排	20
KA_6	X_2 端子排	21
KA_7	X_2 端子排	22
KA_8	X_2 端子排	23
KA_9	X_2 端子排	24
KA_{10}	X_2 端子排	25

⑥ 将准备好的黑线接在相应的中间继电器和接触器负极上。将图 5-14 中 $KM_1 \sim KM_4$、$KA_1 \sim KA_{10}$ 的负极并联后接在 X_2 端子排的 26 号端子。

⑦ 将准备好的白线接在相应的按钮开关和 PLC 控制点上，如表 5-26 所示。

表 5-26 按钮开关和 PLC 控制点接线对照表

元件	接线端子	PLC 控制点
SB_1	JP_6 端子排 1 号端子	QI0.0
SB_2	JP_6 端子排 2 号端子	QI0.1
SB_3	JP_6 端子排 3 号端子	QI0.2
SB_4	JP_6 端子排 4 号端子	QI0.3
SB_5	JP_6 端子排 5 号端子	QI0.4
SB_6	JP_6 端子排 6 号端子	QI0.5
SB_7	JP_6 端子排 7 号端子	QI0.6
SB_8	JP_6 端子排 8 号端子	QI0.7

（3）按照要求完成相关功能自检，如表 5-27 所示。

表 5-27　自检相关功能表

检查项目	规格要求	自检结果
按钮开关接线	用万用表查看相关线路的通断情况	
继电器接线	用万用表查看相关线路的通断情况	
接触器接线	用万用表查看相关线路的通断情况	
通电实验	按要求单击按钮开关，查看设备反应是否与图纸一致，相应继电器与接触器是否动作	

评一评

把"新型电力系统运行与维护"赛项照明负载施工的收获或体会写在表 5-28 中，同时完成评价。

表 5-28　照明负载施工总结表

课题	照明负载施工						
班级		姓名		学号		日期	
训练收获或体会							
训练评价	评定人	评语			等级		签名
	自己评						
	同学评						
	老师评						
	综合评						

探讨卡一　综合实训平台各功能模块识读

新型电力系统综合实训平台主要由储能运行管理中心、负载及控制中心和可再生能源发电中心等组成，其主要功能如表 5-29 所示。

表 5-29　新型电力系统综合实训平台各模块功能

功能区分	功能模块	具体功能
储能运行管理中心	智能监控模块	分布式光伏系统平台的监控、测量、信息交互和管理核心，包括 BMS、PCS、相关保护设备等，各子系统通过局域网和协议与监控系统进行连接
	并网配电模块	具有安全保护、电能计量、通信等功能，主要由箱体、刀闸、电表、并网专用开关、断路器、防雷器等部件组成，是分布式光伏电站接入公共电网的必要设备
	变流器模块	用于连接光伏能源、储能，以及公共电网和负载端之间的能源转换与连接，其主要工作内容是：①将光伏电能给予储能、公共电网或负载；②将储能给予公共电网或负载；③将公共电网给予储能或负载

续表

功能区分	功能模块	具体功能
储能运行管理中心	数据采集模块	由 2 块单相液晶多功能电力仪表、2 块直流液晶多功能电力仪表组成，用来采集光伏、储能、市电，以及负载运行中的电流、电压及电量
	通信模块	主要是串口服务器 USR-N540，能够将 TCP/UDP 数据包与 RS485 接口实现数据透明传输。在储能运行管理平台中分别传输电池管理系统、单相多功能电力仪表、变流器、IO 控制盒采集的数据到监控系统
	储能电池模块	主要负责能量的存储、释放工作
负载及控制中心	信息处理模块	由 PLC、按钮盘、触摸屏和手持式数据模拟终端等元器件构成。实现依据按钮盘和触摸屏的操作，处理数据采集模块的电压、电流和环境数据，对分布式光伏系统平台、集中控制模块和用能模块进行控制
	数据采集模块	由 2 个 Lora 通信模块、1 个光照温湿度传感器和 4 块单相液晶多功能电力仪表组成
	集中控制模块	由继电器和接触器组成，实现对用能模块的控制
	用能单元	由多种类型负载组成，涵盖变频电机负载、充电类负载、照明负载和模拟量控制负载
可再生能源发电中心	组件装调模块	由光伏支架和光伏组件组成，是光伏发电核心部件
	风力装配模块	由风轮、发电装置、调向器、塔架等构件组成。当风力达到切入风速时，风轮开始旋转并牵引发电装置发电
	多能互补调节模块	由汇流箱、风光互补控制器、模拟输出模块组成。实现光伏阵列汇流功能，通过风光互补控制器来实现对光伏和风力的智能控制，整个模块可模拟 20～200V 电压、0～5A 电流输出

探讨卡二 光伏板的装设

"新型电力系统运行与维护"赛项光伏组件装调模块由光伏支架和光伏组件组成。光伏支架采用 41×41×2.0 型 C 型钢搭建，具有性能稳定、安装简便、承载力较强的优势，最大占地面积为 2m×0.6m，组件倾角为 10°～25°，可调节。组件电池片类型单晶硅，单块功率为 90Wp［Wp 是 Watt-peak（瓦峰）的缩写，它是衡量太阳能电池板或光伏组件功率的一个单位。瓦峰是指在标准测试条件下（通常是 1000W/m² 的光照强度、25℃ 的环境温度和 AM1.5 的光谱分布），太阳能电池板或光伏组件能够达到的最大输出功率］，采用标准接线盒 IP65 防护等级，数量 4 片。

光伏组件装调具体步骤如表 5-30 所示。

表 5-30 光伏组件装调步骤

序号	图例	步骤操作
1		将底座与底座边连接，使用塑翼螺母连接，每一条底座边安装两个底座
2		安装短立边，将短立边分别安装在前侧底座上，使用六角螺母连接

序号	图例	步骤操作
3	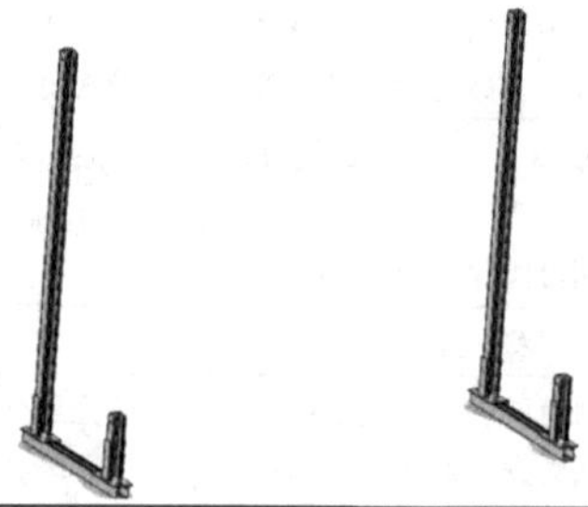	安装长立边，将长立边分别安装在后侧底座上，使用六角螺母连接
4		安装平面连接片，将平面连接片用塑翼螺母固定在长立边上
5	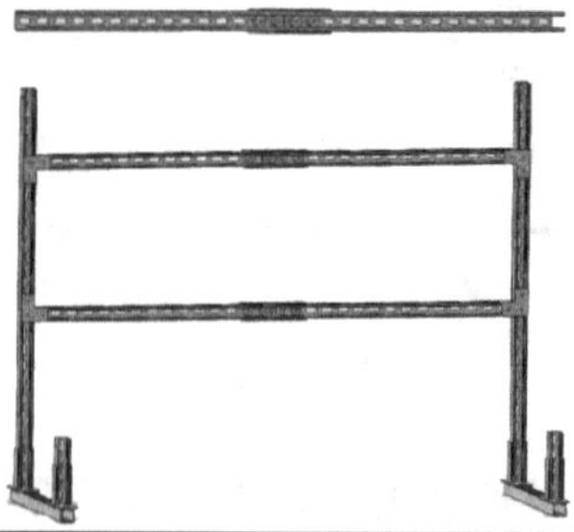	横梁边组装，首先使用六角螺母将两条横梁直连接，然后使用塑翼螺母将其连接安装至平面连接片处
6		安装斜边，将组装好的斜边分别跟长立边与短立边连接起来
7	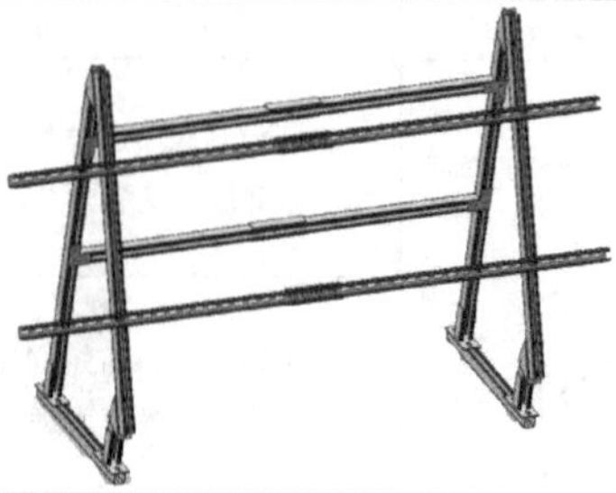	安装光伏边，将组装好的光伏边用塑翼螺母与斜边连接起来

续表

序号	图例	步骤操作
8	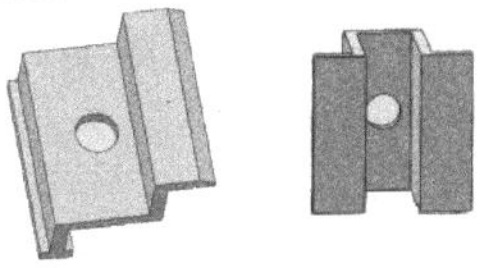 边压块　　中压块 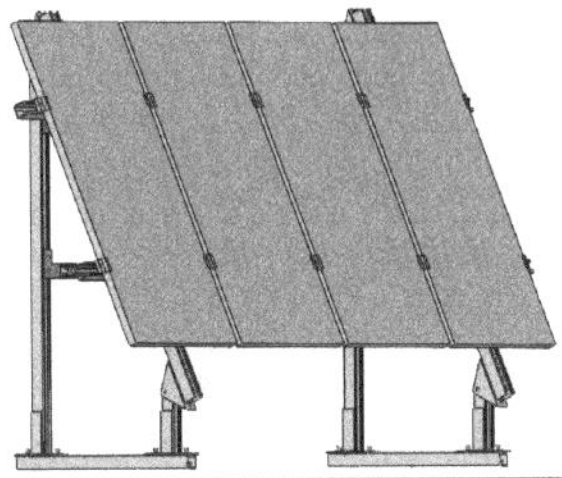	安装光伏板，将光伏板安装到光伏边上。最左与最右边使用边压块压住，光伏板之间使用中压块连接

◆ 开卷有益 ◆

（1）电气照明设计的目的，是在充分利用自然光的基础上，运用现代人工照明的手段，为人们的工作、生活、娱乐等场所创造出一个优美舒适的灯光环境。在设计中，要考虑它的实用性、安全性、美观性和经济性 4 个原则。

（2）一个良好的光环境受照度、亮度、眩光、阴影、显色性、稳定性等各项因素的影响和制约。

（3）照明电气线路施工是电工进行实际操作的一项重要技能，它要求输电安全，布线合理，美观便捷，能满足使用者不同的需要。

（4）居室布线的基本要求：电能传送安全可靠，线路布置合理便捷，整齐美观，经济实用，能满足使用者的需要。

（5）居室常见的布线方法分明线敷设和暗线敷设两种。

（6）在识读电气照明施工图时，要结合施工图的绘制特点、电气元件的结构、工作原理和典型电路识读。

（7）施工图识读时，要了解工程名称、项目内容；了解工程总体概况及设计依据；了解图纸中未能表示清楚的各有关事项；了解系统的基本组成、主要电气设备及连接关系；了解电器的规格、型号、参数等；了解电气设备的安装位置、导线敷设部位、敷设方法及其之间的关系等。

（8）导线敷设的基本工序是：

① 熟悉施工图，做预埋、敷设准备工作（如确定配电箱柜、灯座、插座、开关、启动设备等的位置）。

② 沿建筑物确定导线敷设的路径，穿过墙壁或楼板的位置和所有配线的固定点位置。

③ 在建筑物上，将配线所有的固定点打好孔，预埋螺栓、角钢支架、保护管、木枕等。

④ 装设绝缘支持物、线夹或管子。

⑤ 敷设导线。

⑥ 导线连接、分支、恢复绝缘和封端，并将导线出线接头与设备连接。

⑦ 检查验收。

大显身手

1. 填空题

（1）电气照明设计的目的，是在充分利用自然光的基础上，运用现代人工照明的手段，为人们的工作、生活、娱乐等场所创造出一个优美舒适的灯光环境。在设计中，要考虑_____、_____、_____和_____4个原则。

（2）光环境一般受_____、_____、_____、_____、_____、_____等各项因素的影响和制约。

（3）居室布线的基本要求是_____，_____，_____，_____，能满足使用者的需要。

（4）居室常见的布线方法分_____和_____两种。

（5）居室楼板上的轻型吊钩用来悬吊_____。

（6）吊扇安装与楼板的安装距离一般不小于_____mm。

2. 判断题（对打"√"，错打"×"）

（1）平面图是按照线路走向（系统）而绘制的图形。　　　　　　　（　　）

（2）原理图是描述电气设备的线路结构和工作原理的图纸。　　　　（　　）

（3）系统图是按照线路布置，依据建筑施工图按比例绘制而成的图形。（　　）

（4）在识读电气照明施工图时，要结合施工图的绘制特点、电气元件的结构、工作原理和典型电路识读。　　　　　　　　　　　　　　　　　　　　（　　）

（5）施工图识读时，要了解工程名称、项目内容；了解工程总体概况及设计依据；了解图纸中未能表示清楚的各有关事项；了解系统的基本组成、主要电气设备及连接关系；了解电器件的规格、型号、参数等；了解电气设备的安装位置、导线敷设部位、敷设方法及其之间关系等。　　　　　　　　　　　　　　　　　　　　（　　）

3. 问答题

（1）简述导线敷设的基本工序。

（2）指出图（a）～图（d）的含义。

（a）　　　　　（b）　　　　　（c）　　　　　（d）

项目六

照明故障分析与排除

项目情景

有一天，小柯接到了陈奶奶家照明故障的报修电话。他和师傅赶紧拿着工具箱赶到现场，发现陈奶奶家客厅灯不亮了。师傅指导小柯首先检查了电源线，确认电源是正常的；接着他检查了灯管和灯座，发现灯管没有损坏，灯座也没有松动。于是，小柯开始怀疑是电路故障导致灯管不亮，他打开了配电箱，仔细检查了每个连接点，发现有一个接线端子松动了。他立刻重新固定了接线端子，然后关闭配电箱，重新打开了控制客厅灯的开关，陈奶奶家的客厅恢复了照明。

那么，小柯是如何分析与排除照明故障？需要哪些知识和技能？一起来学一学吧。

项目目标

➢ 知识目标

（1）熟悉 LED 灯具的故障现象与判断方法。

（2）熟悉荧光灯具的故障现象与判断方法。

➢ 技能目标

（1）能对 LED 灯具的故障进行分析与排除。

（2）能对荧光灯具的故障进行分析与排除。

项目概述

电气照明线路在工作过程中，由于各种原因，往往会发生这样或那样的故障，只有仔细观察、认真分析、及时排除，才能保证它的正常工作。本项目主要介绍电气线路及其灯具常见的故障现象、产生原因和处理方法。

任务一　LED灯具故障分析与排除

任务目标▶　（1）熟悉LED灯具的故障现象与判断方法。
（2）能对LED灯具的故障进行分析与排除。

任务描述▶　　　LED灯具是家用照明中应用最广的一种灯具，它显色性好，价格便宜，便于调光，并且LED灯的功率可以做得很小，是目前其他电光源都取代不了的。LED灯还是一种广泛应用的电光源，且具有很大发展前途。LED灯具在使用过程中，难免会发生这样或那样的故障。当线路发生故障时，就应该仔细观察、认真分析、及时处理。

　　　你了解LED灯具常见故障吗？你能对这些故障进行分析与排除吗？请你通过本任务的学习，去熟悉和掌握它们吧。

导读卡一　LED灯具线路故障寻迹图

LED灯具线路故障寻迹图，可参照室内电气照明线路故障寻迹图，如图6-1所示。

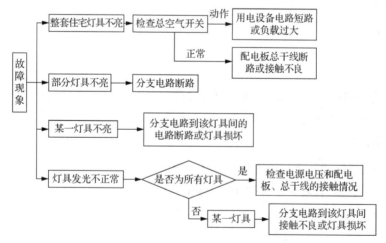

图6-1　室内电气照明线路故障寻迹图

LED灯具及设备故障寻迹图如图6-2所示。

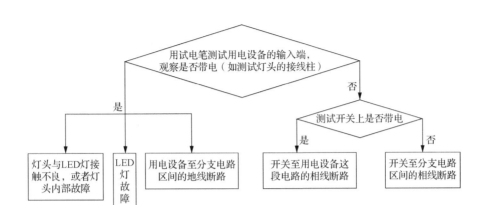

图 6-2　LED 灯具及设备故障寻迹图

导读卡二　LED 灯具常见故障现象与分析

　　LED 灯具在使用过程中，难免会发生故障，这时应仔细观察、认真分析、及时而正确地排除故障。常见故障有短路故障、断路故障和漏电故障三类。

　　（1）短路。短路是指电流不经过用电设备而直接构成回路，又称碰线。在日常生活中，一些短路现象及原因分析如表 6-1 所示。灯具线路短路故障检修流程如图 6-3 所示。

表 6-1　一些短路现象及原因分析

短路现象	示意图	原因分析
线路短路		导线陈旧，绝缘层包皮破损，支持物松脱或其他原因使两根导线的金属裸露部分相碰造成短路
灯具线头短路		灯座、灯头、吊线盒、开关内的接线柱螺钉松脱或没有把绞合线拧紧，致使铜丝散开、线头相碰，造成短路
违章作业引起短路		违章作业，未用插头就直接把导线线头插入插座，造成线路短路

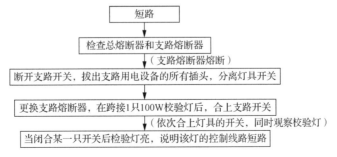

图 6-3　灯具线路短路故障检修流程

（2）断路。断路是指线路中断开或接触不良，使电流不能形成回路。在日常生活中，一些断路现象及原因分析如表6-2所示。灯具线路断路故障检修流程如图6-4所示。

表6-2　一些断路现象及原因分析

断路现象	示意图	原因分析
导线线头（连接点）松散脱落		灯头线未拧紧，脱离接线柱，产生断路
LED灯接合稍损坏		LED灯珠损坏、接合稍损坏或灯头和灯座的接合缺口断裂脱落，产生断路
开关接触不良		开关触点烧蚀或弹簧弹性下降，致使开关接触不良，产生断路
熔断器熔断		小截面导线因严重过载而损坏，或者熔断器熔断，产生断路
导线线头脱落		熔断器盒或闸刀开关的螺钉未拧紧，致使电源线线头脱开，产生断路
导线损伤		导线被老鼠咬断或受外物撞击、勾拉而损伤等，产生断路

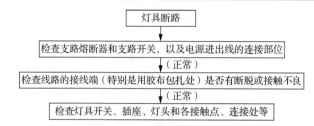

图6-4　灯具线路断路故障检修流程

（3）漏电。漏电是指部分电流没有经过用电设备而白白漏掉。在日常生活中，一些漏电现象及原因分析如表 6-3 所示。灯具线路漏电故障检修流程如图 6-5 所示。

表 6-3 一些漏电现象及原因分析

漏电现象	示意图	原因分析
线头包扎安装不当	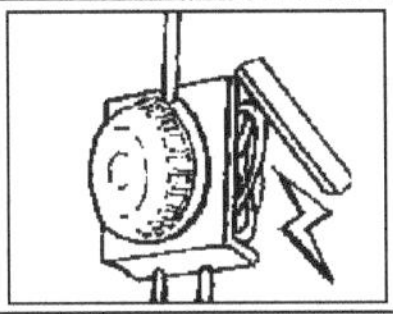	线路安装不符合电气安全技术要求，导线接头绝缘处理不合理，引起漏电
电器件质量差或损坏	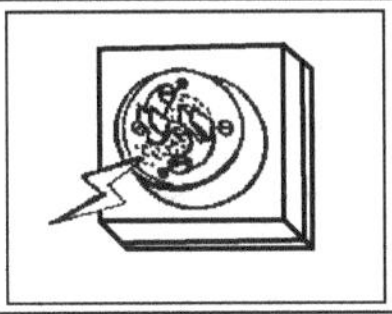	选用"三无"产品的电器件，外壳受潮或损坏，引起漏电
导线漏电	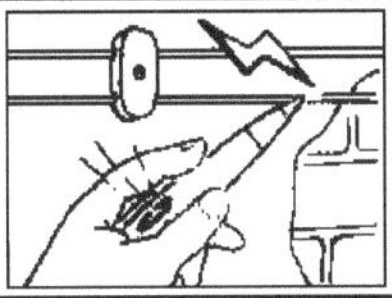	线路或设备受潮、受热或遭受化学腐蚀，致使绝缘性能严重下降，引起接地漏电

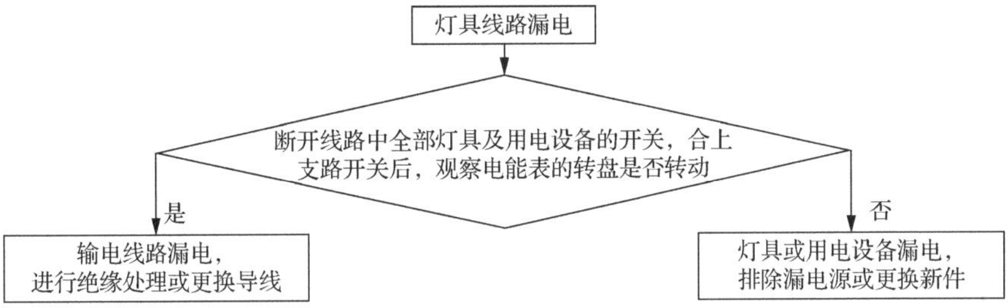

图 6-5 灯具线路漏电故障检修流程

导读卡三 LED 灯具常见故障速查及处理方法

LED 灯具常见故障速查及处理方法如表 6-4 所示。

表 6-4 LED 灯具常见故障速查及处理方法

故障现象	原因	处理方法
LED 灯不亮	① LED 灯损坏或灯头引线断线 ② 开关、灯座（灯头）接线松动或接触不良 ③ 电源熔断器烧断或空气开关动作 ④ 线路断路或灯座（灯头）导线绝缘损坏而短路	① 更换 LED 灯或检修灯头引线 ② 查清原因，加以紧固 ③ 检查熔断器烧断原因，更换熔断器；检查空气开关动作原因，合上空气开关 ④ 检查线路，在断路或短路处重接或更换新线
LED 灯闪烁	① 零线和火线接反 ② LED 灯珠可能损坏或老化 ③ 驱动电源故障 ④ 电源不稳定或电压不足	① 查清原因，开关接火线 ② 更换 LED 灯 ③ 更换合适的驱动电源 ④ 采取相应措施

续表

故障现象	原因	处理方法
LED 灯变暗	① 灯具过热 ② LED 灯陈旧，电流减小 ③ LED 灯寿命终止 ④ 有部分 LED 灯珠损坏 ⑤ 电源电压过低	① 改善散热条件 ② 查清原因，采取相应措施 ③ 更换 LED 灯 ④ 更换 LED 灯珠 ⑤ 增加电源稳压装置

议一议

表 6-5 所示的两种不同的接法，哪一种接法安全？为什么？

表 6-5　两种不同的接法

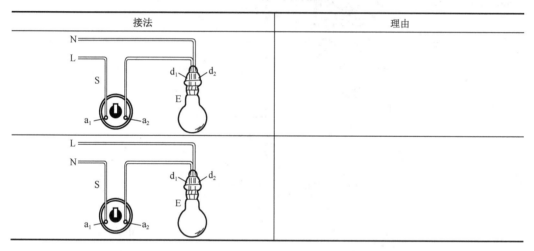

接法	理由

实践卡　LED 灯具的检修

在现场完成一只开关控制一盏灯（教师事先设置 1 个或 2 个故障点）的检修工作，并将检修情况填写在表 6-6 中。

表 6-6　一只开关控制一盏灯的检修

故障现象	检修方法	效果

写一写

写一写对一只开关控制一盏灯检修后的收获与体会。

温馨提示

　　学习科学知识的最终目的在于应用。对于学习者来说，不仅要懂得理论，还要懂得技术方法和设备操作知识，这样才能解决科学研究和生产实践中的具体问题。

评一评

　　通过对 LED 灯具线路的检修，把演练后的认识和体会写在表 6-7 中，同时完成评价。

表 6-7　LED 灯具线路的检修总结表

课题	LED 灯具线路的检修						
班级		姓名		学号		日期	
训练收获或体会							
训练评价	评定人	评语				等级	签名
	自己评						
	同学评						
	老师评						
	综合评						

探讨卡一　验电笔的妙用

　　（1）判断家用电器外壳是否带电。若验电笔的氖管闪亮，而且和接触相线时的亮度差不多，说明外壳带电，有危险；若氖管不亮，说明外壳没有带电，是安全的。
　　（2）判断电器接地是否良好。把验电笔作电器指示灯时，若氖管闪烁，则表明某线头松动，导致接触不良或电压不稳定。
　　（3）区分照明电路中的相（火）线和零线。用验电笔的金属笔尖与电路中的一根导线接触，手握笔尾的金属体部分。若这时验电笔中的氖管发光了，说明金属笔尖所接触的那根导线就是相（火）线，另一根导线则为零线。

（4）区分交流电和直流电。交流电通过验电笔时，氖管中两极会同时发亮，而直流电通过验电笔时，氖管中只有一个极发光。

（5）区分交流电的同相和异相。两手各持一支验电笔，站在绝缘体上，将两支验电笔同时接触待测的两根导线，如果两支验电笔的氖管均不太亮，则表明两根导线是同相；若发出很亮的光，说明是异相。

（6）区分直流电的正负极。把验电笔跨接在直流电的正、负极之间，氖管发亮的一头是负极，不发亮的一头是正极。

（7）判断直流电源正负极接地。在要求对地绝缘的直流装置中，人站在地上用验电笔接触直流电，如果氖管发光，说明直流电存在接地现象；反之则不接地。当验电笔尖端一极发亮时，说明正极接地；若手握的一极发亮，则是负极接地。

（8）用作零线监测器。把验电笔一头与零线相连接，另一头与地线相连接，如果零线断路，则氖管发亮；如果没有断路，则氖管不发亮。

探讨卡二 **万用表的使用**

1. 万用表的组成

万用表是一种测量电压、电流和电阻等参数的仪表，有指针式和数字式两种，其外形如图 6-6 所示，主要由表壳、表头、机械调零旋钮、欧姆调零旋钮、选择开关（量程选择开关）、表笔插孔和表笔等组成。

（a）指针式万用表 　　　（b）数字式万用表

图 6-6　万用表

2. 万用表的使用

（1）万用表使用前准备。

① 将万用表水平放置。

② 检查指针。检查万用表指针是否停在表盘左端的"零"位。如不在"零"位，则用小螺丝刀轻轻转动表头上的机械调零旋钮，使指针指在"零"位，如图 6-7 所示。

③ 插好表笔。将红、黑两支表笔分别插入表笔插孔。

图 6-7　万用表机械调零

④ 检查电池。将量程选择开关旋到电阻 $R×1$ 挡，把红、黑表笔短接，如进行"欧姆调零"后，万用表指针仍不能转到刻度线右端的"零"位，说明电压不足，需要更换电池。

⑤ 选择项目和量程。将量程选择开关旋到相应的项目和量程上。禁止在通电测量状态下转换量程选择开关，以免可能产生的电弧作用损坏开关触点。

（2）万用表测电流和电压。

万用表测电流和电压的方法如表 6-8 所示。

表 6-8　万用表测电流和电压的方法

测量项目	示意图	操作说明
直流电流		① 选择量程。万用表电流挡标有"mA"，有 1mA、10mA、100mA、500mA 等不同量程。应根据被测电流的大小，选择适当量程。若不知电流大小，应先用最大电流挡测量，逐渐换至适当电流挡。 ② 测量方法。将万用表与被测电路串联。应将电路相应部分断开后，将万用表表笔接在断点的两端。如是直流电流，红表笔接在与电路的正极相连的端点，黑表笔接在与电路的负极相连的端点。 ③ 正确读数。仔细观察标度盘，找到对应的刻度线读出被测电流值。注意读数时，视线应正对指针
直流电压		① 万用表直流电压挡标有"V"，有 25V、10V、50V、250V、500V 等不同量程，应根据被测电压的大小，选择适当量程。若不知电压大小，应先用最高电压挡测量，逐渐换至适当电压挡。 ② 测量方法。将万用表并联在被测电路的两端。红表笔接被测电路的正极，黑表笔接被测电路的负极。 ③ 正确读数。仔细观察标度盘，找到对应的刻度线读出被测电压值。注意读数时，视线应正对指针
交流电压		① 万用表交流电压挡标有"V"，有 10V、50V、250V、500V 等不同量程，应根据被测电压的大小，选择适当量程。若不知电压大小，应先用最高电压挡测量，逐渐换至适当电压挡。 ② 测量方法。将万用表并联在被测电路的两端。 ③ 正确读数。仔细观察标度盘，找到对应的刻度线读出被测电压值。注意读数时，视线应正对指针

（3）万用表测电阻。万用表测电阻的方法如表 6-9 所示。

表 6-9　万用表测电阻的方法

步骤	示意图	操作方法
第 1 步		选择量程。万用表电阻挡标有"Ω"，有 $R×1$、×10、×100、×1k、×10k 等不同量程。应根据被测电阻的大小把量程选择开关拨到适当的挡位上，使指针尽可能在中心附近，因为这时的误差最小

续表

步骤	示意图	操作方法
第2步		欧姆调零。将红、黑表笔短接，如万用表指针不能满偏（指针不能偏转到刻度线右端的零位），可进行"欧姆调零"
第3步		测量电阻。将被测电阻同其他元器件或电源脱离，单手持表笔并跨接在电阻器两端。读数时，应先根据指针所在位置确定最小刻度值，再乘以倍率，即为电阻器的实际阻值。如指针指示的数值是18.1Ω，选择的量程为 $R \times 100$，则测得的电阻值为1810Ω。注意每次换挡后，应再次调整"欧姆调零"旋钮，然后再测量。左图所示是用万用表测量台灯（合上开关）直流电阻值

（4）万用表的维护。万用表的维护要注意以下内容。

① 使用完毕后，拔出表笔。

② 将量程选择开关拨到"OFF"或交流电压高挡位，防止下次测量时不慎烧坏万用表。

③ 若长期搁置不用时，应将万用表中的电池取出，以防电池电解液渗漏而腐蚀内部电路，如图6-8所示。

④ 平时要注意对万用表进行保洁，保持干燥，防止万用表被严重震动和机械冲击。

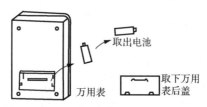

图6-8　万用表的维护

任务二　荧光灯具故障分析与排除

任务目标▶　（1）熟悉荧光灯具的故障现象与判断方法。
　　　　　　　（2）能对荧光灯具的故障进行分析与排除。

任务描述▶

　　荧光灯是家用照明中又一主要电光源，它具有光效高、显色性能好、表面亮度低、寿命长、适于大量生产、价格较低等特点，已成为适合多用途的电光源。在使用荧光灯照明时，由于内因或外因（如质量优劣、电源电压的波动、接线方法和电路中连接点接触不良等），都会使荧光灯出现各种各样的故障。我们只有根据出现的各种现象认真分析，抓住实质，才能找出排除故障的方法，保证荧光灯正常点燃（工作）。

　　你了解荧光灯具常见故障吗？你能对这些故障进行分析与排除吗？请你通过本任务的学习，去熟悉和掌握它们吧。

导读卡一　荧光灯具线路故障寻迹图

　　荧光灯具线路故障寻迹图同样参照室内电气照明线路故障寻迹图，即如图 6-1 所示。荧光灯具及设备故障寻迹图如图 6-9 所示。

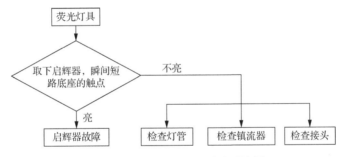

图 6-9　荧光灯具及设备故障寻迹图

导读卡二　荧光灯具常见故障与分析

1. 不发光

　　荧光灯具接入电路后，启辉器不跳动，灯管两端和中间都不亮，这说明荧光灯管没有工作，所以不发亮。发生这种情况的原因可能有：

（1）电路中有断路或灯座与灯脚接触不良；

（2）灯管断丝或灯脚与灯丝脱焊；

（3）镇流器线圈断路；

（4）启辉器电极与启辉器座接触不良等；

（5）供电部门因故停电，电源电压太低或线路压降过大。

　　究竟属于哪种原因，需要进行逐项检查和分析，缩小可疑面，找出故障点。

　　方法：首先用万用表的交流 250V 挡位检查电源输入电压，如电源电压正常，则进一步检查启辉器座上的电压降如图 6-10 所示。若没有万用表，也可以用 220V 串灯检查。用万用表检测时，先将启辉器从启辉器座中取出（一般是逆时针转动为取出，顺时针转动为装入），此时万用表的读数应为电源电压；用串灯检查时，白炽灯能发光，按图 6-10 测量辉光启动器座上的电压降，说明电路中没有断路点，此时更换质量好的启辉器即可启动。

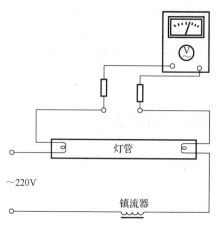

图 6-10　测量启辉器座上的电压降

如果用万用表测不出电压，或者串灯检查也不发光，则可能是荧光灯座与灯脚接触不良。若经转动荧光灯管后仍无反应（荧光灯不亮），应进一步将灯管取下，检查两端灯丝的通断情况。

方法：如图 6-11 所示，可根据现有条件用表测法、串灯法或电珠法。几种常用规格灯管灯丝的冷态直流电阻值如表 6-10 所示。

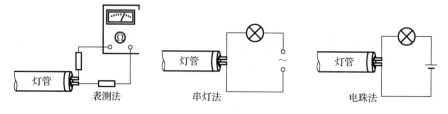

图 6-11　灯丝通或断的检查

表 6-10　常用规格灯管灯丝的冷态直流电阻值

灯管功率/W	6.0～8.0	15～40
冷态直流电阻/Ω	1.5～1.8	3.5～5.0

注：由于各生产厂的设计、用料不完全相同，因此表中所列灯管灯丝的阻值范围仅供参考，不作为质量标准。

经过检查，如灯丝完好，万用表低阻挡读数应接近表 6-10 所示值或灯泡电珠发亮；反之说明灯丝有问题（这里指的是新灯管或使用时间不长的灯管。对衰老的灯管，灯丝阻值虽然在指定范围内，但是如果电子发射物质已耗尽，也不能正常发亮）。灯管一头断，可用裸铜丝把两个灯脚短接后插入灯座，再用导线搭接启辉器座上的两个接点，此时如果灯管两端发亮，则可能是启辉器的问题或启辉器与座接触不良。

如果用导线搭接启辉器座上的 2 个触点后仍无反应，应进一步检查镇流器的通断情况，如线圈通路，并且冷态直流电阻值符合表 6-11 所示数值，接入电路后应能使灯管正常工作。

表 6-11 镇流器正常的冷态直流电阻值

镇流器规格/W	6.0～8.0	15～20	30～40
冷态直流电阻/Ω	80～100	28～32	24～28

注：由于各生产厂的设计、用料不完全相同，表中所列的镇流器阻值范围仅供参考，不作为质量标准。

如果灯管仍不亮，要继续检查启辉器。把外罩打开，看启辉器氖管的外接线是否脱焊，发现脱焊的要重新焊牢；如系氖管内部电极损坏，应更换新件。如果启辉器拧入座内仍不能使荧光灯发光，则是启辉器与座的两个触片接触不良，检修后即可使灯管启动发光。

2. 灯管两头发亮中间不亮

荧光灯灯管常有两头发亮中间不亮的现象。一种是合上开关后，灯管两端发出像白炽灯似的红光，中间不亮，在灯丝部位也没有闪烁现象，任凭启辉器怎样跳动，灯管都不起作用（不能点亮），这种现象说明灯管已慢性漏气，应更换灯管。

另一种现象是灯管两端发亮，而中间不亮，在灯丝部位可以看到闪烁现象。可能的原因有：

（1）启辉器座或连接导线有故障；

（2）启辉器故障。

方法：若拿掉启辉器后，灯管两端仍发亮，则是连接导线或启辉器座有短路故障，应进行检修。

如果把启辉器拿掉之后，用导线搭接启辉器座的 2 个触点，灯管如能启动并正常工作，说明是启辉器有问题。此时可把启辉器的外罩打开，用万用表的电阻挡位测量小电容器是否短路。测量时，先烫开 1 个焊点。若表针指到"零"位，说明小电容器已击穿，应换上 1 只 0.005μF 的纸介质电容器。如果一时没有替换的电容器，可把击穿的电容器剪去，启辉器还能暂时使用，但对附近的无线电设备有干扰。若小电容器是好的而氖管两端短路，则是氖管内的双金属片与静触片搭连，应更换新的启辉器。

3. 灯管跳不亮

天气冷的时候，环境温度低，管内气体不易电离，荧光灯是比较难启动的，往往开灯很久才能跳亮点燃，有时启辉器的氖管一直在跳动，而灯管仍不能正常发光。实际上，不只是天气冷、温度低会影响灯管启动，还有多种原因也会引起灯管跳不亮。例如：

（1）电源电压低于灯管的最低启动电压（额定电压为 220V，规定的最低启动电压为 180V）；

（2）灯管衰老；

（3）镇流器与灯管不配套；

（4）启辉器故障；

（5）环境温度太低，管内气体难以电离。

方法：先用万用表测量电源电压是否低于荧光灯管的额定电压。如果故障不是由于电源电压或气温过低等原因造成的，那么就要考虑灯管及其主要附件的质量问题。若灯管使用时间较长，灯丝发射电子的能力就会降低，因而难以启动。如果换上新灯管后仍不能正常点亮，就要进一步检查镇流器与灯管是否配套。

另外，如果启辉器的质量不好，使得断开瞬间所产生的脉冲电动势不够高，或者启辉器电压低于灯管的工作电压，灯管也难点亮，或者点亮后也不能稳定发光。此时，可将启辉器的两个触点调换方向后插入座内（这样做等于改变了双金属片的接线位置），如果灯管仍不能点亮，就要更换启辉器。

导读卡三 **荧光灯具常见故障速查及处理方法**

荧光灯具常见故障速查及处理方法如表 6-12 所示。

表 6-12　荧光灯具常见故障速查及处理方法

故障现象	原因	处理方法
灯管不发光	① 供电线路开路或接触不良； ② 元器件开路或接触不良； ③ 电压太低	① 排除故障或修理； ② 修理或更换； ③ 调整到合适电压
灯管两头发红但不启辉	① 启辉器内电容器或氖管短路； ② 电压太低； ③ 气温太低； ④ 灯管老化	① 修理或更换； ② 调整到合适电压； ③ 升温； ④ 更换
灯管启辉困难，两端不断闪烁，中间不启辉	① 电压太低； ② 气温太低； ③ 灯管老化	① 调整到合适电压； ② 升温； ③ 更换
灯管两头发黑或有黑斑	① 灯管老化； ② 电压太高	① 更换； ② 调整到合适电压
灯管亮度变低或色彩变差	① 气温太低； ② 电压太低； ③ 灯管老化	① 升温； ② 调整到合适电压； ③ 更换
灯管闪烁	① 启辉器坏； ② 线路接触不良	① 更换； ② 修理
有嗡嗡声	① 镇流器质量差； ② 元器件或螺钉松动	① 修理或更换； ② 紧固或修理或更换
镇流器过热	① 镇流器质量差； ② 电源电压过高	① 更换； ② 调整电压
灯管跳不亮	① 电源电压过低； ② 灯管衰老； ③ 镇流器与灯管不配套； ④ 启辉器故障	① 调整电压； ② 更换； ③ 更换； ④ 修理或更换
电源关断后，灯管两端仍有微光	① 接线错误； ② 开关漏电	① 重接； ② 更换或修理

议一议

议一议节能灯与白炽灯的优缺点。

（1）节能灯的优缺点：_____。

（2）白炽灯的优缺点：_____。

实践卡　直管荧光灯具的检修

在现场完成一只开关控制一盏直管荧光灯（教师事先设置 1 个或 2 个故障点）的检修工作，并将检修情况填写在表 6-13 中。

表 6-13　一只开关控制一盏直管荧光灯的检修

故障现象	检修方法	达成效果
收获与体会		

温馨提示

要注意锻炼自己的动手操作能力。一方面培养在课堂上的实验操作能力；另一方面培养在日常生活中的动手能力。

评一评

通过对直管荧光灯线路故障的检修，把演练后的认识和体会写在表 6-14 中，同时完成评价。

表 6-14　直管荧光灯线路故障检修总结表

课题	直管荧光灯线路故障的检修						
班级		姓名		学号		日期	
训练收获或体会							
训练评价	评定人	评语				等级	签名
	自己评						
	同学评						
	老师评						
	综合评						

探讨卡一 **居室照明的改善**

由于照明设备的目的或房间的使用目的发生变更，使原照明不能适应变更后的需要。尤其居民购置住房后都需要装潢修饰，需要改善房间的照明。因此要进行照明改善工作。表 6-15 列出了照明调查的项目及应采用的照明改善措施。

表 6-15　照明调查与改善措施

序号	调查项目	主要原因	改善措施
1	是否因闪烁和发生频闪而妨碍工作	灯具不良	更换灯具
2	面向窗工作时，窗外光是否妨碍工作	工作面安排不当	改变工作面安排
3	工作时间长了，眼睛是否感到疲劳	① 照度不足； ② 灯具位置不适当； ③ 灯具配光不当	① 增加照度； ② 改正灯具布置； ③ 更换灯具
4	工作时是否有妨碍工作的阴影	① 灯具布置不当； ② 灯具配光不适当	① 改正灯具布置； ② 更换灯具
5	工作时是否常常看到物件摇动	① 照度不足； ② 灯具布置不当； ③ 灯具配光不适当	① 增加照度； ② 改正灯具布置； ③ 更换灯具
6	工作时是否可以看到反射罩中的 LED 灯	灯具配光不适当	更换灯具或改正灯具布置
7	在工作时是否感到暗	① 照度不足； ② 灯具配置不当	① 增加照度； ② 适当配置灯具或更换灯具
8	在阴雨天是否因照明无法工作		
9	是否仅工作面亮，而周围感到黑暗		
10	在进行精细工作时，是否要凝视才能看清		
11	人的肤色是否与日光下观看时明显不同	显色性差	用 LED 灯或高显色荧光灯
12	是否感到红色度特别低		
13	是否感到深蓝色与黑色难以区分		
14	是否有机械和部件的反射光而难以看清物件的细节	① 灯具的位置不适当； ② 灯具配光不适当	① 改正灯具布置； ② 更换灯具
15	观看机械和部件是否感到缺少轮廓立体感		
16	从横向观看物件时，是否难以看清		

探讨卡二 **使用荧光灯具的几点常识**

荧光灯照明和白炽灯照明相比有许多优点，如发光效率高、寿命长、光线柔和等；但也有容易出现故障的缺点，因为荧光灯照明的附件较多，灯管能不能正常工作，除了受灯管、镇流器及启辉器本身质量影响之外，还受电源电压、温度、湿度等外界因素的影响，这些因素如果不符合要求，还会缩短荧光灯的使用寿命。

1. 启动次数对灯管寿命的影响

启动的次数频繁，荧光灯管的寿命就会比额定值缩短。因为每启动一次，在两阴极之间就要受到一次脉冲高电势的冲击，这种冲击加速了灯丝上电子发射物质的消耗，当灯丝上的电子发射物质逐渐耗尽以后,灯管的使用寿命也就即将终了。荧光灯的寿命一般不少于3000h,其条件是每启动一次连续点燃时间至少为3h。随着每启动一次连续点燃时间的长短,灯管寿命也相对地延长或缩短。因此,在使用中应尽量减少不必要的开关次数(根据实验分析,每开关一次相当于连续点燃2h),以延长灯管的使用寿命。图 6-12 所示是启动后连续点燃时间对寿命影响的关系曲线。从图上可以看出,如每启动一次,连续点燃1h,灯管的使用寿命将缩短到70%以下,那么额定寿命3000h,将缩短到2000h;如每启动一次,连续点燃6h,则灯管寿命可以延长到125%,相当于灯管的利用率提高了25%。

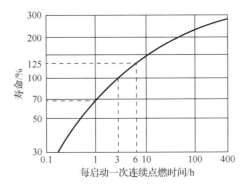

图 6-12 灯管寿命和启动一次连续点燃时间的关系

2. 电源电压对灯管寿命的影响

荧光灯电路中电源电压的波动,会导致灯管中电流的变化,电流增加,寿命就会缩短;电流减少,寿命就会延长。但电源电压过低,通过灯管的电流就会大幅度下降,使灯丝得不到应有的预热温度,不但造成启动困难,而且灯管的使用寿命也会缩短。图 6-13 所示是交流 220V、50Hz、40W 荧光灯的工作电流和寿命的关系曲线。为了进一步说明电压与电流之间的相互关系,用实测的方法做出了一条电压线,并示意于横坐标之下,以便对应出所变化的电流值。

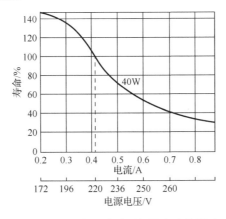

图 6-13 电源电压波动对灯管寿命的影响

由图中可以看出：当电源电压为 220V 时，所对应灯管的电流值为 410mA，此时，灯管的使用寿命为 100%；当电压升高到 260V 时，所对应灯管的工作电流值为 700mA，已超过 40W 灯管的预热电流，此时不仅灯管寿命缩短到 42%，镇流器也会因过热造成绝缘胶外溢或绝缘损坏而发生短路事故；当电压低于 170V、电流值小于 200mA 时，曲线的峰顶开始下弯，这时预热温度过低，灯管灯丝上的电子发射物质将飞溅，从而使灯管的寿命缩短。因此，在电源电压过高的地方，要采取适当的降压措施，如串接扼流圈（图 6-14）或暂时改变镇流器的配套关系，另外还要注意在电压高峰时间尽量减少开、关次数。在电源电压低的地方，可在镇流器两端并接一个高感抗线圈来解决荧光灯的启动困难问题，此外也可以采用改变灯管与镇流器正常配套关系的方法来适应电压长期过高或过低的需要。当电源电压超过 220×(1+10%)V 而接近 240～250V 时，可采用镇流器功率递减的方法，暂时改变镇流器与灯管的配套关系，即 40W 灯管配用 30W 镇流器，30W 灯管配用 20W 镇流器，20W 灯管配用 15W 镇流器，8W 灯管配用 6W 镇流器。当电源电压低于 220×(1-10%)V 而接近 170～180V 时，可采用镇流器功率递增的方法，即 30W 灯管配用 40W 镇流器，20W 灯管配用 30W 镇流器，15W 灯管配用 20W 镇流器，6W 灯管配用 8W 镇流器。这种配用方法，通过测试，虽然有些参数不十分理想，但对维护荧光灯的使用寿命来说是有帮助的。不过对于供电电源在照明时间内电压高低波动较大的情况下，上述方法不宜采用。

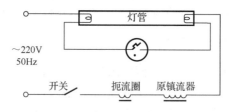

图 6-14　电源电压偏高时串接扼流圈

3. 灯管与镇流器配套问题

使用荧光灯照明时，必须注意荧光灯灯管功率与镇流器功率的配套关系，在额定电压、额定功率的情况下，40W 灯管要和 40W 镇流器配套，30W 灯管要和 30W 镇流器配套，以此类推。不能和上面介绍的特殊情况混为一谈。因为不同规格镇流器的电气参数是根据灯管的要求设计制作的，只有很好地配套使用，才能达到最理想的效果。

任务三　新能源灯具故障分析与排除

任务目标▶　（1）了解新能源灯具的故障现象与判断方法。
　　　　　　（2）能对新能源灯具的故障进行分析与排除。

任务描述▶

　　随着地球资源的日益枯竭和环境问题的日益严重，清洁能源成为全球关注的焦点之一。太阳能、风能等可再生能源作为清洁能源的代表，被广泛应用于照明领域。新能源照明的诞生，为人们提供了低成本、环保的照明解决方案。在使用新能源灯具照明时，由于环境、元件寿命、设计等因素，都会使新能源灯具出现各种各样的故障。因此，我们只有根据出现的各种现象认真分析、抓住实质，才能找出排除故障的方法，保证新能源灯具正常工作。

　　你了解新能源灯具常见故障吗？你能对这些故障进行分析与排除吗？请你通过本任务的学习，去熟悉和掌握它们吧。

导读卡一　新能源灯具线路故障寻迹图

　　新能源灯具线路故障寻迹图同样参考室内电气照明线路故障寻迹图，如图 6-1 所示。新能源灯具及设备故障寻迹图如图 6-15 所示。

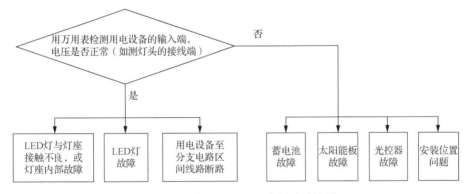

图 6-15　新能源灯具及设备故障寻迹图

导读卡二　新能源灯具常见故障与分析

1. 新能源灯不亮

　　新能源灯无法发出光亮。发生这种情况的原因可能有：太阳能电池板损坏、电池电量耗尽、LED 灯具故障、光控开关/感应开关损坏、线路连接松脱或接触不良。

　　方法：

　　（1）检查太阳能电池板是否受到阻碍物的遮挡或损坏，如果是，须清理遮挡物或更换损坏的太阳能板；

　　（2）检查电池状态，如电量低于正常范围，须及时更换电池；

　　（3）检查 LED 灯具是否存在损坏，如有损坏情况，须修复或更换灯具；

（4）检查光控开关和感应开关，如果灯具无法根据环境光照自动启动或关闭，可能是光控开关故障或感应开关设置有问题，须更换光控开关及设置感应开关的灵敏度；

（5）检查太阳能电池板、电池、LED 灯具和光控开关/感应开关的连接线路是否松脱或接触不良，如有松脱情况，紧固相应连接线路。

2. 新能源灯闪烁

新能源灯发光不稳定，一直闪烁。发生这种情况的原因可能有：光控器故障、电池电压异常。

方法：

（1）检查光控器是否损坏，如果损坏了，须修复或更换光控器；

（2）检查电池电压是否过高或过低，如有异常，须检修电池或调整电池电压。

3. 新能源灯光照时间不足

新能源灯在晚上发出的光照时间明显减少，发生这种情况的原因可能有：电池容量减小、电池老化、控制器设置问题。

方法：

（1）检查电池设计容量是否较小，如果是，须更换大容量电池；

（2）检查电池是否老化，如果是，须更换新的电池；

（3）检查控制器设置是否正确，根据实际需求进行调整。

4. 灯杆倾斜或损坏

新能源灯灯杆倾斜、杆体变形或损坏。发生这种情况的原因可能有：强风、杆体质量问题。

方法：

（1）检查灯杆基础是否稳固，如不稳固，须加固或重新安装；

（2）若杆体变形或损坏严重，须更换新的灯杆。

5. 太阳能电池板发出异常声音

新能源灯的太阳能电池板发出噪声。发生这种情况的原因可能有：电池板松动或损坏。

方法：

（1）检查太阳能电池板是否松动，如有松动，须紧固螺钉或更换形变大的电池板；

（2）检查太阳能电池板是否损坏，如果太阳能电池板破裂或损坏，须更换新的太阳能电池板。

导读卡三 新能源灯具常见故障速查及处理方法

新能源灯具常见故障速查及处理方法如表 6-16 所示。

表 6-16　新能源灯具常见故障速查及处理方法

故障现象	原因	处理方法
灯不发光	① 连接线路开路或接触不良； ② 太阳能板遮挡或损坏； ③ 电池损坏； ④ 光控开关故障； ⑤ 感应开关灵敏度不够； ⑥ LED 灯具损坏	① 排除故障或修理； ② 清理或更换； ③ 更换电池； ④ 更换光控开关； ⑤ 调整感应开关灵敏度； ⑥ 更换 LED 灯具
灯闪烁	① 光控器损坏； ② 电池电压过高或过低	① 修理或更换； ② 检修电池或调整电池电压
灯光照时间不足	① 电池设计容量较小； ② 电池老化； ③ 控制器设置不正确	① 更换为大容量电池； ② 更换电池； ③ 重新设置控制器
灯杆倾斜或损坏	① 灯杆基础不稳固； ② 杆体变形或损坏严重	① 加固或重新安装； ② 调整到合适电压
太阳能电池板发出异常声音	① 太阳能电池板松动； ② 太阳能电池板损坏	① 紧固螺钉或更换电池板； ② 更换电池板

议一议

议一议新能源灯与节能灯的优缺点。

（1）节能灯的优缺点：_____。

（2）新能源灯的优缺点：_____。

实践卡 新能源灯具的检修

在现场完成一盏太阳能户外灯、庭院灯（教师事先设置 1 个或 2 个故障点）的检修工作，并将检修情况填写在表 6-17 中。

表 6-17　太阳能户外灯、庭院灯的检修

故障现象	检修方法	达成效果
收获与体会		

评一评

通过对太阳能户外灯、庭院灯线路的检修，把演练后的认识和体会写在表 6-18 中，同时完成评价。

表 6-18　太阳能户外灯、庭院灯线路检修总结表

课题	太阳能户外灯、庭院灯线路的检修					
班级		姓名		学号	日期	
训练收获或体会						
训练评价	评定人	评语			等级	签名
	自己评					
	同学评					
	老师评					
	综合评					

探讨卡一　风光互补照明

风光互补照明装置是由风力发电机和太阳能发电设备组合而成，主要有风力发电机、太阳能电池方阵、智能控制器、蓄电池组、多功能逆变器、电缆及支撑和辅助件等部件，如图 6-16 所示。夜间和阴雨天无阳光时由风能发电，晴天由太阳能发电，在既有风又有太阳的情况下两者同时发挥作用，实现了全天候的发电功能，可以克服太阳能照明系统在发电时间、光照强度和天气环境等方面的限制，提高照明系统的稳定性和可靠性。风光互补照明系统可应用于道路照明、景观照明、交通监控、通信基站、大型广告、家庭供电等各个方面，以及军营哨所、海岛高山、戈壁草原、森林防火、防空警报、偏远农村等地域范围。

图 6-16　风光互补照明装置

探讨卡二　太阳能灯具的维护方法

太阳能灯的维护是保证其正常运行的关键，须定期清洁电池板、检查电池情况、维护灯具和电路连接、备好零部件以及做好维护记录等，如图 6-17 所示。具体步骤如下。

图 6-17　太阳能灯的维护

1. 定期清洁太阳能电池板

太阳能电池板是太阳能灯的能量来源，如果太阳能电池板表面被灰尘、污垢覆盖，则会影响光能的吸收和转换效率。定期清洁太阳能电池板可以保持其工作高效，延长使用寿命。清洁时，注意使用清水和软刷轻轻清洗，避免使用有机溶剂或尖锐物品。

2. 检查电池是否老化

电池是太阳能灯的储能设备，长期使用后会出现老化现象。定期检查电池的电压和容量，如发现电压异常或容量下降明显，应及时更换电池，避免影响太阳能灯的正常工作。

3. 检查灯具和电路连接情况

灯具和电路的连接是否牢固也是太阳能灯维护的重要内容。定期检查灯具和电路的连接线是否松动，如发现问题，及时重新连接或更换连接线，同时还要检查电路的正常工作情况，确保电流传输无障碍。

4. 备用零部件的储备

为保证太阳能灯能够及时修复，应储备一定数量的备用零部件。备用零部件可以提高故障处理的效率，减少维护时间。常见的备用零部件包括电池、灯具等，可以根据实际情况确定备件的类型和数量。

5. 做好太阳能灯的维护记录

维护记录是太阳能灯维护的重要参考依据。每次维护完成后，都要详细记录维护的时间、维护项目和维护结果。通过分析维护记录可以发现维护中存在的问题，并为今后的维护工作提供经验。

◆◇ 开卷有益 ◇◆

（1）灯具在使用过程中难免会发生这样或那样的故障。检修时，应仔细观察、认真分析、及时予以排除故障。

（2）LED灯具在使用过程中难免会发生故障，这时应仔细观察、认真分析、及时而正确地排除故障，否则就会造成电气这样或那样的故障。常见故障有：短路故障、断路故障和漏电故障三类。

（3）万用表是一种测量电压、电流和电阻等参数的仪表，有指针式和数字式两种。

（4）荧光灯是家用照明中一种常见的电光源。它具有光效高、显色性能好、表面亮度低、寿命长、价格较低等特点。

（5）荧光灯具常见故障有：不发光、灯管两头发亮中间不亮、灯管跳不亮、螺旋形光带、电源关断后灯管两端仍有微光、镇流器过热和镇流器有蜂鸣声等现象。

（6）新能源灯具常见故障有：灯不发光、灯闪烁、灯光照时间不足、灯杆倾斜或损坏、太阳能电池板发出异常声音等现象。

大显身手

1. 填空题

（1）在室内电气线路施工中，应考虑_____和_____。

（2）室内照明线路一般采用交流电压_____V。

（3）电气工程施工完成后，一定要进行_____工作，合格后方可交付使用。

（4）安装的插座接线孔的排列顺序是_____。

（5）在照明灯具安装时一定要牢记：_____。

（6）电气线路常见故障一般有_____、_____和_____三类。

2. 判断题（对打"√"，错打"×"）

（1）短路是指电流不经过用电设备而直接构成回路。（　　）

（2）导线受外物拉断或被老鼠咬断是一种"短路"现象。（　　）

（3）对于螺口式灯座，电源的中性线要与灯座螺纹相连的接线柱相连，电源的相线要与灯座顶心铜弹簧片相连。（　　）

（4）在没有插头的情况下，可以临时采用线头直接插入插座的方法解决设备线路没电的问题。（　　）

（5）在检修电气线路或设备过程中，一定要做到仔细观察、认真分析，及时而正确地排除故障。   （ ）

（6）接通荧光灯具电源后，发现启辉器不跳动，灯管两端和中间都不亮，表示荧光灯灯管没有工作。   （ ）

3. 简答题

（1）电工在线路施工中，有哪些具体技术要求？

（2）在线路施工中，一般要经过哪些基本操作工序？

项目七

照明管理与节约用电

项目情景

　　小柯每天下班都会在离开时把办公室的灯都关闭,同时还会检查一遍所有的插座,确保所有的电器都已经关闭了。有一天,同事问他为什么这么做,小柯笑着告诉他说,这样做不仅可以节约能源,减少公司的电费支出,还有助于保护环境,减少碳排放。同事听了之后深受启发,也开始学习小柯的做法,逐渐养成了一种良好的节能习惯。

项目目标

> ### 知识目标

（1）了解电能的生产、输送和分配。
（2）了解电气设备管理项目。
（3）熟悉电气作业安全防范措施。
（4）了解节约用电的意义及方法。

> ### 技能目标

（1）能进行电气设备管理工作。
（2）能将电子技术在照明节能方面的应用付诸实践。

项目概述

　　细水能长流,峰谷能节电。同样的住宅人口和户型,各户每月的用电为什么有差别?累月经年,数目惊人。惜能节电有学问,科学管理出效益。本模块主要介绍电气管理知识与节约用电的方法。

任务一 照明设备管理

任务目标▶
（1）了解电能的生产、输送和分配。
（2）了解电气设备管理项目。
（3）熟悉电气作业安全防范措施。
（4）能进行电气设备管理工作。

任务描述▶
在日常生活中，照明设备的应用和分布很广泛，而且线路分支复杂。照明管理是指电气人员对照明设备从安装开始，经过使用、维护保养、修理改造，直到报废更新为止的一系列活动。为了保障照明设备的安全运行和人身安全，必须重视照明设备及其线路的安全。

你了解照明设备管理内容吗？你知道电气人员的管理工作职责和从业条件吗？你知道电能的生产、输送、分配过程吗？请你通过本任务的学习，去熟悉和掌握它们吧。

导读卡一 **电能生产、输送和分配**

电能与其他形式的能源相比较，具有转换容易、效率高、便于输送和分配、有利于实现自动化等许多优点。因此，人们总是尽可能地将其他形式的能量转换为电能加以利用。目前，电能由发电厂生产，经升压变压器升压后，用高压输电线送出，再经区域变电所的变压器降压后分配给各个电力用户，整个过程构成了发电、输送、变电、配电和用电的整体，称为电力系统，如图7-1所示。

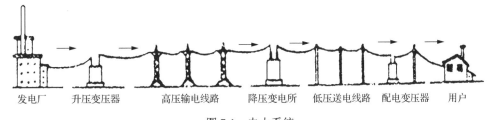

发电厂　升压变压器　　高压输电线路　　降压变电所　低压送电线路　配电变压器　　用户

图 7-1　电力系统

1. 电能的生产

电能主要是由发电厂生产的。发电厂是把其他形式的能量转变成电能的场所。发电厂（站）的种类很多，一般根据它所利用能源的不同分为火力发电厂、水力发电厂、核能发电厂、风力发电厂、沼气发电厂、潮汐发电厂、地热发电厂和太阳能发电厂（站）等。目前，常见的类型主要有火力发电厂、水力发电厂和原子能发电厂等，它们的特点如表 7-1 所示。

表 7-1　常见三类发电厂的特点

类型	发电形式	图示	特点
火力发电	火力发电就是以煤、重油和天然气为燃料，燃烧锅炉产生蒸汽，高压高温蒸汽驱动汽轮机，然后由汽轮机带动发电机来发电		需要消耗大量的煤炭、重油和天然气，排放大量温室气体等废气，污染环境
水力发电	水力发电就是利用自然水力资源作为动力，通过水库或筑坝截流的方式提高水位，利用水流的势能驱动水轮机，由水轮机带动发电机来发电		发电成本低，对环境无污染，但只有在某些水资源丰富的地域才可以建造
原子能发电	原子能发电就是利用核燃料在反应堆中的裂变反应所产生的热能来加热水，产生高压高温蒸汽，驱动汽轮机再带动发电机来发电。原子能发电又称核发电		燃料体积小，使用时间长，产生的电能巨大，但对发电技术要求高

火力发电需要消耗大量宝贵的地球资源，在发电的同时还释放大量的温室气体，水力发电又有很强的地理条件要求，而原子能发电只需要在技术能力达到标准，就可以在合适地域长期提供巨大的电能，是目前解决能源危机的一个发展方向。

书本先生的提示

　　目前，世界上由发电厂提供的电能，绝大多数是交流电。我国交流电频率为 50Hz，称为工频，频率太低或不稳定时，会使电动机转速不稳定，自动控制装置失灵。国家规定频率偏差范围为 ±0.2Hz。

2. 电能的输送

电能的输送又称输电。从发电厂生产的电能，先经过升压变压器将电压升高，用高压输电线送到远方用户附近，再经过降压变压器降低电压，供给用户使用。输电的距离越长，输送的容量越大，输电电压升得越高。一般情况下，输电距离在 50km 以下，采用 35kV 电压；输电距离在 100km 左右，采用 110kV 电压；输电距离在 200km 以上，采用 220kV 或更高的电压。

注意：输电线路的损耗主要由输电导线的热效应引起。采用高压输电可以保证在输送电功率不变的情况下，减少输电过程中电能的损耗。

电能的输送一般需要经过变电、输电和配电三个环节，它们的特点如表 7-2 所示。

表 7-2 电能输送的三个环节

环节	说明
变电	指变换电压等级。它可分为升压和降压两种，升压是将较低等级的电压升到较高等级的电压，反之即为降压。变压通常由变电站（所）来完成，相应的变电站可分为升压变电站（所）和降压变电站（所）
输电	电能的输送，一般由输电网来实现。输电网通常由 35kV 及以上的输电线路及其连接的变电站组成
配电	指电能的分配，通常由配电网来实现。配电网一般由 10kV 及以下的配电线路组成。现有的配电电压等级为 10kV、6kV、3kV、380V/220V 等多种，常采用的是 10kV/0.4kV 变配电站、380V/220V 配电线路

书本先生的提示

　　在工厂配电系统中，对车间动力用电和照明用电采用分别配电的方式，即把各个动力配电线路与照明配电线路一一分开，这样可以避免因局部故障而影响整个车间的生产用电和照明用电。

3. 电能的分配

　　高压输电到用电点（如住宅、工厂）后，须经区域变电（即将交流电的高压降低到低压），再供给各用电点。电能提供给民用住宅的照明电压为交流 220V，提供给工厂车间的交流电电压为 380V/220V。

　　一般电力系统要求总用电负荷与总供电功率保持平衡，以确保供电质量，避免或减少供电事故的发生。根据不同用电用户的重要性及对供电可靠性的要求，用电负荷一般可分为三级，如表 7-3 所示。

表 7-3 电力系统负荷三级分类

负荷分类	重要性和可靠性要求	采取措施
一级负荷	如果供电中断会造成生命危险，造成国民经济的重大损失，损坏生产的重要设备以致使生产长期不能恢复或产生大量废品，破坏复杂的工艺过程，以及破坏大城市正常社会秩序，如钢铁厂、石化企业、矿井、医院等	必须有两个独立电源供电，重要的应配备用电源，以保证持续供电
二级负荷	停止供电会造成大量减产，机器和运输停顿，城市的正常社会秩序遭受破坏。对这类负载应尽可能保证供电可靠，是否设置备用电源，要经过经济技术比较，如中断供电造成的损失大于设置备用电源的费用时，可以设置备用电源，如化纤厂、生物制药厂、体育馆、剧院等	设置备用电源，提高供电的连续性
三级负荷	断电后造成的损失与影响不太大，如生产单位的辅助车间、小城市及农村的照明负载等	可以不设置备用电源，应该在不增加投资的情况下尽量提高供电的可靠性

　　我们经常看见的白炽灯上"220V40W"或电阻器上"100Ω1W"的标记，这是为保证电气设备能长期安全工作的额定值。电气设备的额定值主要有额定电流 I_N、额定电压 U_N、额定功率 P_N。

导读卡二 电气工作人员工作职责和从业条件

1. 电气工作人员的职责

电气工作人员的职责是运用自己掌握的专业知识和技能，勤奋工作，防止、避免和减少电气事故的发生，保障电气线路和电气设备的安全运行及人身安全，不断提高供/用电装备水平和安全用电水平。在一切可能的地方实现电气化，为祖国的电力事业做贡献。电气工作人员除了完成本岗位的电气技术工作外，还应对自己工作范围内的设备和人身安全负责，杜绝或减少电气事故的发生。

2. 电气工作人员的从业条件

（1）有良好的精神素质。精神素质包括为人民服务的思想，忠于职守的职业道德，精益求精的工作作风。体现在工作上就是要坚持岗位责任制，工作中头脑清醒，作风严谨、文明、细致；不敷衍塞责，不草率从事，对不安全的因素时刻保持警惕。

（2）有健康的身体。由医生鉴定无妨碍电气作业的疾病。凡有高血压、心脏病、气喘、癫痫、神经病、精神病以及耳聋、眼瞎、色盲、高度近视（裸眼视力，一眼低于0.7，另一眼低于0.4）和肢体残缺者，都不宜直接从事电气工作。

（3）必须持证上岗。从事电气工作的人员，必须年满十八周岁，具有初中以上的文化程度，有电工基础理论和电工专业技能，并经过技术培训，熟悉电气安全工作规章，了解电气火灾扑救方法，掌握触电急救技能，经考试合格，发给特种作业人员操作证才能上岗。严禁无证操作。已持证操作的电气人员，必须定期进行安全技术复训和考核，不断提高安全技术水平。

（4）遵照工作规程。一切电气工作人员必须严格遵照执行由国家能源局发布的《电力安全工作规程 发电厂和变电站电气部分》（DL/T 408—2023）。潮湿、高温、多尘、有腐蚀性气体等场所，是安全用电和管理工作的重点，不能麻痹大意，不能冒险操作，必须做到"装得安全，拆得彻底，修得及时，用得正确"。这些场所的电气设备要有良好的绝缘性能，要有可靠的保护接地和保护接零。电气工作和管理人员必须突出一个"勤"字，对电气设备要做到勤检查、勤保养、勤维修。任何违反规程的做法，都可能酿成事故，肇事者应对此承担法律责任。

（5）熟悉设备和线路。电气工作人员必须熟悉本厂或本部门的电气设备和线路情况。工作人员在不熟悉的设备和线路上作业，容易出差错，造成电气事故。对重要的设备，应建立技术档案，内存运行、维修、缺陷和事故记录。只有熟悉设备和线路情况的工作人员方可单独工作。对新调入人员，在熟悉本厂电气设备和线路之前，不得单独从事电气工作，应在本单位有经验人员的指导下进行工作。

（6）掌握触电急救技术。电气工作人员必须掌握触电急救技术，首先学会人工呼吸法和胸外心脏挤压法。一旦有人发生触电事故，能够快速、正确地实施救护。

电气工作人员务必明确自己的安全职责，如表7-4所示。

表7-4　电气工作人员的安全职责

序号	安全职责条目
第1条	认真学习积极宣传贯彻执行党和国家的劳动保护用电安全法规
第2条	严格执行上级有关部门和本企业内的现行有关安全用电等规章制度
第3条	认真做好电气线路和电气设备的监护、检查、保养、维修、安装等工作
第4条	爱护和正确使用机电设备、工具和个人防护用品
第5条	在工作中发现有用电不安全情况，除积极采取紧急安全措施外，应向领导或上级汇报
第6条	努力学习电气安全技术知识，不断提高电气技术操作水平
第7条	主动积极做好非电工人员的安全使用电气设备的指导和宣传教育工作
第8条	在工作中有权拒绝违章指挥，有权制止任何人违章作业

导读卡三　照明设备管理范围

从物业管理角度讲，照明设备一般指住宅小区建筑电气设备，对其电气设备管理范围较大、内容较多，且牵连到各种房屋的使用功能是否达到预期的目标。照明设备电气管理范围是以住宅变配站为起点，至各楼层用户电能表。其管理项目如下。

（1）定期检查照明设备和线路。对出现故障的照明设备和线路不能继续使用的，必须及时进行检修。

（2）保证照明设备不受潮。照明设备要有防雨、防潮的措施，且通风条件良好。

（3）照明设备的金属外壳，必须有可靠的保护接地装置。凡有可能遭雷击的用电设备，都要安装防雷装置。对设备接地装置的电气管理应做到：①接地装置的性能必须满足设备的安全防护和工作要求；②接地装置应无危险地承受接地故障电流和泄漏电流的作用；③接地装置应足够牢固；④接地装置应长期保持有效性；⑤对接地装置的金属部分，特别是接地极等易受腐蚀部分应采取防腐措施。

（4）必须严格遵守电气操作规程。合上电源时，应先合上电源侧开关，再合上负荷侧开关；断开电源时，应先断开负荷侧开关，再断开电源侧开关。

（1）建立安全检查管理制度。各种电器，尤其是移动式电器应建立经常的与定期的检查制度，若发现不安全因素，应及时加以处理。

（2）严格执行安全规程。停电检修电气设备时要悬挂"有人工作、不准合闸"的警示牌。电工操作应严格遵守操作规程和制度。

（3）熔断器的熔丝选择必须符合规范的要求，不能随意加大熔丝的等级。

导读卡四 电气作业安全防范措施

为了贯彻"安全第一、预防为主"的基本方针，从根本上杜绝触电事故的发生，必须在制度上、技术上采取一系列的预防和保护措施，这些措施统称为安全预防技术。

设置屏护和间距是最常用的电气安全防范措施。屏护和间距可以防止人体与带电部分的直接接触，从而避免电气事故的发生。

1. 屏护与间距

（1）屏护。屏护就是采用遮栏、栅栏、护罩、护盖等防护装置，将带电部位和场地隔离开来的安全防护。屏护分永久性屏护（装置如配电装置的遮栏、开关的罩壳）和临时性屏护（装置如检修工作中使用的临时屏护装置、临时设备的屏护装置）两大类。屏护装置应有足够的尺寸，与带电体有足够的安全距离，安装要牢固。用金属材料制成的屏护装置应可靠接地（或接零）。常见的屏护装置如表 7-5 所示。

表 7-5 常见屏护装置

种类		图示	说明
永久性装置	栅栏、遮栏		用于电气工作地点四周的、用支架做成的固定围栏，以防止无关人员误入带电区域
	护罩	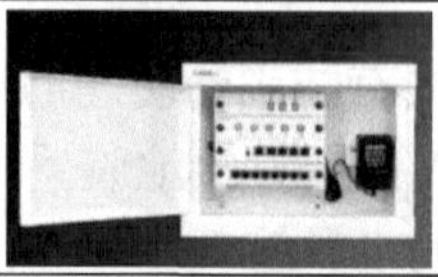	用于电器外围的保护装置
	护盖		用于电器可动部分的装置
临时性装置		  	用于室内外电气工作地点四周的、支架或绝缘绳索做成的临时性围栏，以防止无关人员误入临时带电区域

（2）间距。间距是指带电体与地面之间、带电体与其他设备和设施之间、带电体与带电体之间所必须保持的最小安全距离或最小空气间隙。其距离的大小取决于电压高低、设备类型、安装方式和周围环境等。直接埋设电缆时，其深度不得小于 0.7m，并应

位于冻土层之下。当电缆与热力管道接近时,电缆周围土壤温升不应超过10℃,超过时,必须进行隔热处理。

表7-6～表7-9所示,分别是人在带电线路杆上工作时与带电导线的最小安全距离;架空线路与交通设施之间的最小安全距离;电缆之间,电缆与管道、道路、建筑物之间平行和交叉时的最小安全距离;室内低压配电线路与工业管道和设备之间的最小安全距离。

表7-6 人在带电线路杆上工作时与带电导线的最小安全距离

电压等级/kV	最小安全距离/m	电压等级/kV	最小安全距离/m
10及以下	0.70	220	3.00
20～35	1.00	330	4.00
80～110	1.50	500	5.00

表7-7 架空线路与交通设施之间的最小安全距离

项目	分项	测量基点		最小安全距离/m	
道路	垂直	路面		6.0	7.0
	水平	电杆至道路边缘		0.5	0.5
铁路	标准轨距	垂直	轨道顶面	7.5	7.5
			承力索或接触线	3.0	3.0
		水平	电杆外缘至轨道中心 交叉	5.0	5.0
			电杆外缘至轨道中心 平行	杆高加3.0	
	窄轨距	垂直	轨道顶面	6.0	6.0
			承力索或接触线	3.0	3.0
		水平	电杆外缘至轨道中心 交叉	5.0	5.0
			电杆外缘至轨道中心 平行	杆高加3.0	

表7-8 电缆之间,电缆与管道、道路、建筑物之间平行和交叉时的最小安全距离

项目		最小安全距离/m	
		平行	交叉
电力电缆间及其控制电缆间	10kV及以下	0.10	0.50
	10kV以上	0.25	0.50
控制电缆间		—	0.50
不同使用部门的电缆间		0.50	0.50
热管道(管沟)及热力设备		2.00	0.50
公路		1.50	1.00
铁路路轨		3.00	1.00
电气化铁路路轨	交流	3.00	1.00
	直流	10.00	1.00
杆基础(边缘)		1.00	—
建筑物基础(边缘)		0.60	—
排水沟		1.00	0.50

表 7-9　室内低压配电线路与工业管道和设备之间的最小安全距离　　（单位：mm）

管线形式		导线穿金属管	电缆	明敷绝缘导线	裸母线	配电设备	天车滑触线
煤气管道	平行	100	500	1000	1000	1000	1500
	交叉	100	300	300	500	500	—
乙炔管道	平行	100	1000	1000	2000	3000	3000
	交叉	100	500	500	500	500	—
氧气管道	平行	100	500	500	1000	1500	1500
	交叉	100	500	300	500	500	—
蒸汽管道	交叉	300	300	300	500	500	—
通风管道	平行	—	200	100	1000	1000	100
	交叉	—	100	100	500	500	—
上下水道	平行	—	200	100	1000	1000	100
	交叉	—	100	100	500	500	—
设备	平行	—	—	—	1500	1500	—
	交叉	—	—	—	1500	1500	—

注：室内低压配电线路是指 1kV 以下的动力和照明配电线路。

2. 安全标识

安全标识是指在有触电危险的场所或容易产生误判断、误操作的地方，以及存在不安全因素的现场设置的文字或图形标志。

（1）安全色及其含义。安全色又叫颜色标志，用不同的颜色表示不同的意义，其中红色表示禁止、停止；黄色表示警告、注意；蓝色表示指令；绿色表示安全状态通行。安全色含义及举例，如表 7-10 所示。

表 7-10　安全色的含义及用途举例

颜色	含义	用途举例
红色	禁止、停止	禁止标识、停止信号：如机器、车辆上的紧急停止手柄或按钮；禁止人们触动的部位；红色也表示防火
黄色	警告、注意	警告标识、警戒标识：如厂内危险机器和坑池边周围的警戒线；行车道中线；安全帽
蓝色	指令	指令标识：如必须佩戴个人防护用具；道路上指引车辆和行人行驶方向的指令
绿色	提示安全状态通行	提示标识：车间内的安全通道、行人和车辆通行标志；消防设备及其他安全防护设备的位置

注：蓝色只有与几何图形同时使用时，才表示指令。

（2）安全标识的构成及类型。安全标识是用以表达安全信息的标志，根据国家有关标准，安全标识由图形符号、安全色、几何形状（边框）或文字等构成。按用途可分为禁止标识、警告标识、指令标识、提示标识等类型，分别如图 7-2～图 7-5 所示。

禁止吸烟　　　　禁止靠近　　　　禁止启动　　　　禁止跨越

禁止烟火　　　　禁止停留　　　　禁止合闸　　　　禁止戴手套

禁止用水灭火　　禁止通行　　　　禁止触摸　　　　禁止穿带钉鞋

禁止放易燃物　　禁止入内　　　　禁止攀登　　　　禁止穿化纤服装

图 7-2　禁止标识

当心触电　　当心火灾　　注意安全　　当心爆炸　　当心弧光

当心电缆　　当心坠落　　当心绊倒　　当心伤手　　当心扎脚

图 7-3　警告标识

必须戴防护眼镜　　必须系安全带　　必须穿防护鞋　　必须戴安全帽

必须戴防护手套　　必须穿防护服　　必须加锁　　　必须戴防护帽

图 7-4　指令标识

紧急出口（左向）   紧急出口（右向）   避险处   可动火区

图 7-5 提示标识

3. 带电作业制度

低压带电作业是指在不停电的低压设备或低压线路（设备或线路的对地电压在250V 及以下者为低压）上的工作。其与停电作业相比，不仅使供电的不间断性得到保证，同时还具有手续简化、操作方便、组织简单、省工省时等优点。但对作业者来说，触电的危险性较大。对于工作本身不需要停电和没有偶然触及带电部分危险的工作，或作业者使用绝缘辅助安全用具直接接触带电体及在带电设备的外壳上工作均可以进行带电作业。在工企系统中，电气工作者的低压带电作业是相当频繁的，为防止触电事故发生，带电作业者必须掌握并认真执行各种情况下带电作业的安全要求和规定。在低压设备上和线路上，带电作业安全要求如下。

（1）低压带电工作应设专人监护，即至少有两人作业，其中一人监护，一人操作。采取的安全措施是：使用有绝缘柄的工具，工作时站在干燥的绝缘物上，工作者要戴两副线手套及安全帽，必须穿长袖衣服工作，严禁使用锉刀、金属尺和带有金属物的毛刷等工具。这样要求的目的：一是防止人体直接触碰带电体；二是防止超长的金属工具同时触碰两根不同相的带电体造成相间短路，或者同时触碰一根带电体和接地体造成对地短路。

（2）高低压同杆架设，在低压带电线路上工作时，应检查与高压线间的距离，并采取防止误碰高压带电体的措施。

（3）在低压带电裸导线的线路上工作时，工作人员在没有采取绝缘措施的情况下，不得穿越其线路。

（4）上杆前应先分清哪相是低压火线，哪相是中性（零线），并用验电笔测试，判断好后，再选好工作位置。在断开导线时，应先断开火线，后断开中性线；在搭接导线时，则顺序相反。因为在三相四线制的低压线路中，各相线与中性线间都接有负荷，若在搭接导线时，先将火线接上，则电压会加到负荷上的一端，并由负荷传递到将要接地的另一端；当作业者再接中性线时，相当于是第二次带电接线，这就增加了作业的危险系数。故在搭接导线时，先接中性线，后接火线。在断开或接续低压带电线路时，还要注意两手不得同时接触两个线头，否则会使电流通过人体，即电流自手经人体至手的路径通过，这时即使站在绝缘物上也起不到保护作用。

（5）严禁在雷、雨、雪天以及有六级及以上大风时在户外带电作业。也不应在雷电时进行室内带电作业。

（6）在带电的低压配电装置上工作时，应采取防止相间短路和单相接地的绝缘隔离措施。也应防止人体同时触及两根带电体或一根带电体与一根接地体。

（7）在潮湿和湿度过大的室内，禁止带电作业；工作位置过于狭窄时，禁止带电作业。

实践卡　畅谈电气安全作业的方法

议一议

　　星期天，小柯与爸爸一起去看爷爷，爷爷很高兴。爷爷似乎不懂地问小柯："邻居赖叔叔在洗衣服时，为了安全起见，将自来水管作洗衣机的安全接地线，被我制止了。我说说其中的道理，你看对不对？"

　　"洗衣机工作在环境比较潮湿的地方，为了安全，在使用时一定要将洗衣机的接地保护线接好。因为电流有个特性，它专拣电阻小的通道'走'。与人体的电阻相比较，接地保护线的电阻要小得多，电流也就自然地从电阻小的接地线中走了。"爷爷停顿了一下，接着说，"像赖叔叔那样，将自来水管作洗衣机的安全接地线（图 7-6），这种方法不可取。因为高层建筑中，居室的自来水管并不一定与大地相通，三楼以上室内用水大都是由房顶上的水箱供给，进入屋内的自来水管当然也不是从地底下直接而来；再则，自来水管的连接口和小水表等，大都是采用不导电的塑料材料制成。由此可见，自来水管与大地之间，还是有着相当大的电阻，用这种导电不好的自来水管作地线，就起不到防止触电的安全保护作用。"小柯听完了爷爷的一席话，开心地笑了，翘起大拇指说："爷爷，你真行"。同学们，你们说小柯爷爷说得对吗？还有什么补充？

图 7-6　楼房里的自来水管不是安全接地线

你的意见：

...

说一说

看图说话，说出图 7-7（a）～（c）操作是否正确，说明理由。

（a）　　　　　　　　　　（b）　　　　　　　　　　（c）

图 7-7　三种用电操作

图（a）：＿＿＿＿＿＿＿＿＿＿＿＿＿＿＿＿＿＿＿＿＿＿＿＿＿＿＿＿＿＿＿；

图（b）：＿＿＿＿＿＿＿＿＿＿＿＿＿＿＿＿＿＿＿＿＿＿＿＿＿＿＿＿＿＿＿；

图（c）：＿＿＿＿＿＿＿＿＿＿＿＿＿＿＿＿＿＿＿＿＿＿＿＿＿＿＿＿＿＿＿。

写一写

管理人员应具备的素质有：

（1）职业道德：＿＿＿＿＿＿＿＿＿＿＿＿＿＿＿＿＿＿＿＿＿＿＿＿＿＿＿；

（2）身体素质：＿＿＿＿＿＿＿＿＿＿＿＿＿＿＿＿＿＿＿＿＿＿＿＿＿＿＿；

（3）专业理论：＿＿＿＿＿＿＿＿＿＿＿＿＿＿＿＿＿＿＿＿＿＿＿＿＿＿＿；

（4）专业技能：＿＿＿＿＿＿＿＿＿＿＿＿＿＿＿＿＿＿＿＿＿＿＿＿＿＿＿。

温馨提示

　　聪明的员工应该知道，要尽量学习，尽快学习，以便增加你对自己事业的市场价值。

——美国企业家巴尔·卡特

评一评

通过学习，把加强电气设备管理的认识和体会写在表 7-11 中，同时完成评价。

表 7-11　加强电气设备管理总结表

课题	加强电气设备管理					
班级		姓名		学号		日期	
训练 收获 或 体会						
训练 评价	评定人	评语			等级	签名
	自己评					
	同学评					
	老师评					
	综合评					

探讨卡一　核能为什么是能源世界的"巨人"

所谓核能发电，就是用"原子锅炉"燃烧核燃料来发电。那么，1kg 核燃料铀能发多少度［即 kW·h（千瓦时）］电呢？说出来你也许不信，它能发 $800×10^4$kW·h 的电。而 1kg 煤却只能发 3kW·h 电。所以，核能是新能源世界里的"巨人"。

与其他能源相比，核能又是一种安全可靠的能源。例如，英国北海油田爆炸死亡了 166 人；美国在往火力发电站运煤过程中，每年约有 100 人死于交通事故；而井下采煤，每采 100 万吨煤就有几人死亡。比较起来，核电站的风险要小得多。

关于核电的成本，早在 20 世纪 70 年代初，在一些工业发达国家已与火力发电成本相当。后来，由于石油价格上涨和核电技术的提高，核电成本已低于火力发电成本。在法国，核电的成本比火力发电成本要低 30%。随着核电技术的不断进步，核电的成本将会更加低于火力、水力发电成本，如图 7-8 所示。由此看来，核能发电前景自然是十分可观的。

图 7-8　核电成本将会更加低

我国政府倡导推进能源革命，建设清洁低碳、安全高效的能源体系、提高能源供给保障能力。《中华人民共和国国民经济和社会发展第十四个五年规划和 2035 年远景目标纲要》中就提出"安全稳妥推动沿海核电建设"。

探讨卡二 远程电力输电为什么要采用超高电压传输

一般发电厂的汽轮发电机本身发出的电压只有 15750V。把它接入输电电网时，先要将电压升高到 $22×10^4$V 或 $33×10^4$V，因为在远距离输电中，对输电电力用裸绞线有着较高的要求。首先要具有一定的拉力强度。一般输电铁塔间的距离很远，为了能承受足够的拉力，输电用裸绞线都采用钢芯铜绞线来增添它的强度。除此之外，为了降低电能传输的损耗，要求输电线的直流电阻越小越好。要降低输电线损耗可用两种方法：一种是增大导线的截面积，导线截面积越大，单位长度的电阻就越小，它所能通过的电流也越大。但是，输电线也不能无限度地加粗，线径加粗后，输电线的自重也会随之增加，而且线路用材费用也要增加。另一种方法是，提高线路传输电压。随着输电电压的升高，输电电流可大幅度减小，从而使输电线上的损耗大大降低，因为传输功率等于电压和电流的乘积。在功率相等的情况下，传输电压越高，传输电流就越小，而线路损耗与传输电流成正比，与传输电压成反比。目前已有将传输电压提高到（50～100）$×10^4$V 的超高压输电，这样在同等线径的输电线上就能成倍地增加传输电力，如图 7-9 所示。

图 7-9 远程电力输电采用超高压电传输

探讨卡三 电力变压器外壳为什么漆上深色

在户外的电线杆上，经常能看到一只只大型的电力变压器。电力变压器工作时会产生很大的热量，为了保持良好的工作环境，应尽可能地使其散热降温。

电力变压器的散热主要依靠在其循环管内流动的冷却油以对流换热方式将其热量带走。同时，它也以热辐射的方式向外界散热。

人们通过实验发现，当温度一定时，粗糙的、色泽较深的金属表面的黑度要比磨光的、色泽较淡的金属表面的黑度高得多。金属表面黑度越高，其热辐射能力越大。因此，为增强各种电力设备表面的辐射散热能力，常在其表面涂上色泽较深的油漆，以使其表面黑度增高。在一些需要减少辐射换热的场合，如保温瓶胆夹层，都在其表面镀以色泽较淡且光滑的银、铝等薄层，使其表面黑度减小。所以，为了提高散热效果，在户外电力变压器外壳上应涂以深色油漆，如图 7-10 所示。

图 7-10 户外电力变压器外壳涂深色油漆

任务二 节约用电措施

任务目标▶ （1）了解节约用电的意义及方法。

（2）知道电子技术在照明节能方面的实际应用。

任务描述▶   细水能长流，峰谷能节电。同样的住宅人口和户型，各户每月的电费为什么有差别？累月经年，数额惊人。节约用电有学问，一方面要节约电能消耗，另一方面要减少电能浪费。

    你知道节约用电的意义吗？你掌握节约用电的方法吗？你能将电子技术应用在照明节能上吗？请你通过本任务的学习，去熟悉和掌握它们吧。

导读卡一 电气照明节电的意义及方法

1. 节约用电的意义

    电能是由其他形式的能源转换而来的二次能源，是一种与工农业生产和人民生活密切相关的优质能源。我们要实现高速发展，就必须采用先进的科学技术，利用机械化、电气化和自动化来提高劳动生产率。同时，为了提高全民族的文化和物质生活，也要消耗大量的电能。我国虽然有丰富的资源，但人均占有率很有限，因开采、运输、利用效率等各种原因的制约，还远远不能满足工农业生产飞速发展和人民生活不断提高的要求，特别是电能，尤为突出。目前我国电能供应不足，但却还存在很大的浪费。节约资源是我国的基本国策，节约用电就是节约资源。

你知道 1 度电能做什么事吗？看一看图 7-11 所列出的具体材料，就能足以说明节约用电在节能工作中和国民经济中举足轻重的地位。

图 7-11　1 度电的作用真不小

2. 节约用电的方法

据有关资料统计，照明用电占整个电能消耗的 15%。因此，节约照明用电是值得人人重视的一项工作。节约用电首先要在思想上树立"节约用电光荣，浪费电能可耻"的正确观念，养成随手关灯的良好习惯；其次是充分利用自然光、灯光合理布置，采用高效电光源、有效的照明配线和自动控制开关等。表 7-12 所示是家用照明装置的主要节电方法。

表 7-12　家用照明装置的主要节电方法

方法	具体措施	说明
减少开灯时间	① 安装光控照明开关，防止照明昼夜不分 ② 安装定时开关或延时开关，使人不常去或不长时间停留地方的灯及时关闭	① 提高节电的自觉性 ② 自动开关故障率较高，注意其形式和负荷能力的选择
减少配电线路损耗	① 采用三相四线制供电线路 ② 使用功率因数高的（电子）镇流器 ③ 用并联电容器提高荧光灯线路的功率因数	① 镇流器必须与荧光灯的额定功率相配合 ② 并联电容器必须与荧光灯的额定功率及电感式镇流器的参数配合
减少镇流器损耗	用电子镇流器替代电感式镇流器	电子镇流器必须与荧光灯的额定功率配合

续表

方法	具体措施	说明
降低需要照度	① 重新估计照明水平 ② 改善自然采光 ③ 采用调光镇流器或调光开关，进行调光 ④ 控制灯的数目	要确保生活、学习和工作的需要
减少灯的数目	检查已有的照明器具中是否有无用的灯；改善不良的照明器具的安装以减少灯的数目	一定要分清照度过分或照度不足
提高利用系数	采用高效率的照明器具	必须注意抑制眩光
提高维护系数	① 选用反射面的反射率逐年下降率比较小的照明器具 ② 定期清扫照明器具和更换白炽灯（灯管）	清扫和更换照明器具要注意安全
采用高光效的灯	换用节电型的灯	在条件允许的情况下，照明可采用高效电光源。为了便于比较，将目前市场上主要型号的高效节能灯光通量与相应荧光灯光通量对照关系列于表 7-13 中

表 7-13 高效节能灯光通量与荧光灯光通量对照

荧光灯			高效节能灯		
型号	额定功率/W	光通量/lm	型号	额定功率/W	光通量/lm
YZ6	6	150	PL-S5W	5.4	250
YZ8	8	250	SU1A-5	5	225
YZ15	15	580	PL-S7W	7.1	400
YZ20	20	970	DY2U.7	7	380
YZ30	30	1550	PL-S9W	8.7	600
YZ40	40	2400	SU1A-10	10	450

（1）减少配电线路损耗。配电方式涉及所有的电气设备，配电线路的损耗因配电方式不同而有很大差别。我国民用照明配电方式规定为三相四线制，进入各家用户必须是单相两线制。因此要减少配电线路损耗只能是提高线路的功率因数，减少无功电流。对于采用荧光灯为电光源的照明线路，用并联电容器或用电子镇流器替代电感式镇流器是最为有效的方法。

（2）降低照度。在不影响工作和学习的前提下适当降低照度，为此可以采取相应的技术措施。例如，使用调光型镇流器或调光开关随时进行调光，使用开关控制灯的数量等。

（3）提高利用系数。如前所述，利用系数是灯具效率、各部位的反射系数及室形指数的函数。所以，对于照明灯具，要选用灯具效率高或光束效率高的产品。

（4）提高维护系数。为了使照明效率不降低，首先要选用灯具效率逐年降低比例较小的灯具，其次是定期清扫灯具和更换 LED 灯或灯管。灯具效率降低的原因主要是反射镜上积有灰尘或遭到腐蚀，而镜面性能维护良好的程度与反射镜的材质、加工精度和有无保护膜等有关。

（5）采用高效电光源。光效是指一种光源每单位功率所发出的光通量。由于照明电能几乎是由照明灯消耗掉的，因此，光效的好坏对节电有很大影响。

（6）减少镇流器的损耗。电感式镇流器会使电流滞后，产生无功损耗。据统计分析，采用荧光灯照明的场合，电感式镇流器的损耗占 20%～35%。其功率因数较低。因此，除了安装电容器进行无功补偿外，还应积极推广电子镇流器。

导读卡二 **电子技术在节能方面的应用**

1. 触摸式延时开关

这是一种新颖的电子触摸式延时开关，使用时只要用手指摸一下触摸电极片，灯就点亮，延时 1min 左右灯会自动熄灭。这个延时开关的最大特点是它和普通机械开关一样，对外也只有 2 个接线端子，因而可以直接取代普通开关，不必更改室内原有布线，安装方便。

（1）工作原理。触摸式延时开关如图 7-12 所示，虚线右侧是普通照明线路，左侧是电子开关部分。VD_1～VD_4、VS 组成开关的主回路，IC 组成开关控制回路。平时，VS 处于关断状态，灯不亮。VD_1～VD_4 输出的 220V 脉动直流电经 R_5 限流，VD_5 稳压，电容器 C_2 滤波输出 12V 左右的直流电供 IC 使用。此时 LED 发光，指示开关位置，便于夜间寻找开关。

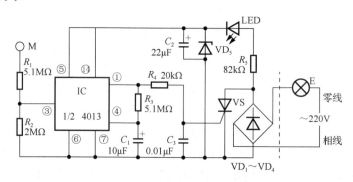

图 7-12　触摸式延时开关电路图

IC 为双 D 触发器，只用其中一个 D 触发器将其接成单稳态电路，稳态时，①脚输出低电平，VS 关断。当人手摸一下电极 M 时，人体泄漏电流经 R_1、R_2 分压，其正半周使单稳态电路翻转，①脚输出高电平，经 R_4 加到 VS 的门极，使 VS 开通灯亮。这时，①脚输出高电平经 R_3 向电容器 C_1 充电，使④脚电平逐渐升高直至暂态结束，电路翻回稳态，①脚突变为低电平，VS 失去触发电压，交流电过零时即关断，灯熄灭。

（2）元器件选择与制作。IC 应采用 CMOS 数字集成电路 CD4013，它为双 D 触发器，本电路里只使用它的一半，另一个 D 触发器悬空。VS 用 2N6565、MCR100-8 等小型塑封单向晶闸管，可控制任何 100W 以下的照明灯。VD_1～VD_4 为 1N4004～1N4007 型整流二极管，VD_5 为 12V、1/2W 型稳压二极管。LED 可用普通红色发光二极管，若不需要此弱光照明，则可省去 LED，在电路中只用短导线将 LED 短接即可。电阻器均为 RTX 型 1/8W 碳膜电阻器。C_1、C_2 用 CDll-16V 型电解电容器，C_3 为瓷片电容器。

　　图 7-13 所示是延时开关的印制电路板图，印制电路板尺寸为 55mm×35mm。印制电路板应采用环氧基质敷铜板制作，纸基板因易失潮使绝缘电阻变小，不能使用。

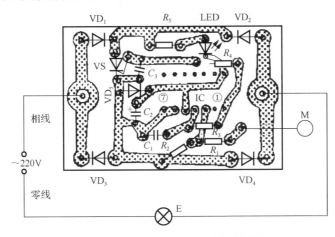

图 7-13　触摸延时开关印制电路板图

　　整个开关可以安装在一块 86 系列开关的背面，方法是：拆除 86 系列开关上的所有结构件，只保留其开关面板，自制两个 L 形铜脚，用螺钉、套管将铜脚、印制电路板、开关面板三者紧固在一起，如图 7-14 所示。铜脚就成为开关的两个对外引线。触摸片 M 可用 502 胶将 20mm×20mm 的马口铁皮粘在开关面上，为确保用户绝对安全，在紧贴马口铁皮的背面焊一只 2MΩ、1/8W 的电阻，再引出软导线接到印制电路板 R_1 的开端。这样印制电路板对外等于有两只高阻值电阻器串联，人体触摸时，流过人体的泄漏电流远小于用试电笔测电时的电流，所以是非常安全的。在面板适当位置再开一个 ϕ5mm 的圆孔，以便嵌放 LED。延时开关接入市电电路里，交流电相线和零线必须按图 7-12 所示位置连接，若接反了，可能造成开关不能正常工作。相线过开关这种接法是符合电工规范的。开关的延时时间主要由 R_3、C_1 值决定，图示数据为 1min 左右。如要延长或缩短延时时间，可以增大或减小 R_3 及 C_1 值。

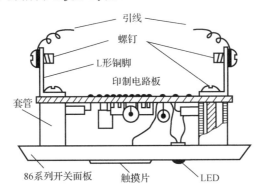

图 7-14　开关结构示意图

2. 触摸式灯开关

这是一个新颖实用的电子触摸式开关，人手摸一下电极片，灯就亮；再摸一下，灯就灭。它对外也只有两个接线端，可直接取代普通开关。

（1）工作原理。图 7-15 所示是触摸式灯开关的电路图，它主要采用一块新型调光集成块制成。

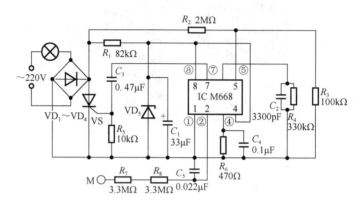

图 7-15 触摸式灯开关电路图

$VD_1 \sim VD_4$、VS 构成开关的主回路，开关的控制回路主要由集成电路 IC 组成。$VD_1 \sim VD_4$ 输出的 220V 脉动直流电经 R_1 限流，VD_5 稳压，C_1 滤波输出约 6V 直流电，分别送到 IC 的 Vcc 端⑧脚和 Vss 端①脚端，供 IC 用电。人体触摸信号经 M、R_7 和 R_8 送入 IC 的触摸感应输入端 SEN 即②脚，IC 的⑦脚即触发信号输出端 TR 就会输出一系列触发脉冲信号，经 C_3 加到 VS 的门极，使 VS 开通，灯亮。再触摸一次 M，⑦脚就停止输出触发脉冲信号，交流电过零时，灯熄灭。

R_4、C_2 为 IC 内部触发脉冲振荡器的外接振荡电阻器和振荡电容器。IC 的同步信号由 R_2、R_3 分压后经⑤脚输入。

IC 的④脚是功能选择端，现接 Vcc 高电平，触摸功能为：触摸一次 M，灯亮；再触，灯灭。如将④脚改接到 Vss 端低电平，则为 4 挡调光开关，触摸一次改变一次亮度，即微亮—稍亮—最亮—熄灭。

（2）元器件选择与制作。IC 为 M668 集成电路，它是采用 CMOS 工艺制造而成，为双列直插式塑料封装。工作电压为 3～7V，典型值为 6V。VS 用 2N6565、MCR100-8 等小型塑封单向晶闸管，可控制功率为 100W 以下的电灯或其他家用电器的关和开。$VD_1 \sim VD_4$ 用 1N4004～1N4007 型整流二极管。VD_5 用 6V、1/2W 型稳压二极管，如 2CW13 等。

电阻器均为 RTX 型 1/8W 碳膜电阻器。C_1 用 CDll-10V 型电解电容器，C_2、C_3、C_5 用涤纶电容器，C_4 用独石电容器。

开关结构可参考图 7-14 所示的制作方法，此开关用于交流电网里，可以不必考虑相、零线位置，均能可靠工作。

3. 声控式延迟开关

夜间回家，房间里一片漆黑，寻找电灯开关颇感不便。这里介绍一种声控电子开关，只要你吹一下口哨或拍一下手掌，电灯就能自动点亮一段时间，给你的生活带来不少方便。此开关和前面介绍的开关一样，它对外也只有两个接线端，可以直接取代普通开关。

（1）工作原理。图 7-16 所示是声控延迟开关的电路图，$VD_1 \sim VD_4$、VS 组成开关的主回路，开关的控制回路由 IC、$VT_1 \sim VT_3$ 及送话器（俗称话筒）MIC 等组成。R_7、VD_5 及 C_3 组成简单稳压电路，输出 3.9V 直流电压供控制回路使用。

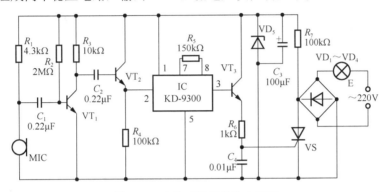

图 7-16　声控延迟开关的电路图

平时，VT_2、VT_3 截止，VS 无触发电压而处于关断状态，灯不亮。需要开灯时，只要拍一下手掌，送话器 B 接收到的声波信号由 C_1 送到 VT_1 的基极进行放大，VT_1 的集电极电位就出现一个正向脉冲，由 C_2 耦合到 VT_2 基极作为 VT_2 的偏置电压使其瞬间导通。音乐 IC 就被触发工作，其 3 脚输出一首乐曲信号注入 VT_3 基极，使 VT_3 导通，VS 因获得触发电流而开通，灯通电发光。当一首乐曲终了时，VT_3、VS 即进入截止态，灯就熄灭。开关延迟时间长短，即灯点亮发光的时间取决于音乐 IC 音符读出速率，它可以由音乐 IC 外接振荡电阻器 R_5 调节，R_5 阻值大，音符读出速率慢，延时时间就长，反之就短。同学们可根据需要调节，图示数据延迟时间约为 1min，已可满足一般使用要求。

（2）元器件选择与制作。IC 可用 KD-9300、CW-9300 等普通单曲音乐门铃芯片，它采用软包封装，其外形和引脚如图 7-17 所示。

目前有些软包封音乐 IC，其振荡电阻器 R_5 已集成在芯片内部，这种 IC 音符读出速率已被固化，乐曲时间约为 20s，因此不能调节。采用这种 IC 制作的延迟开关，延迟时间只能为 20s，如不能满足要求，可改用单列直插塑封 CIC2851 或双列直插塑封 HY2851 等音乐 IC，但要相应更改引脚接线。

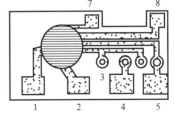

图 7-17　KD-9300 芯片

VT_1、VT_2 均为 9014 型硅 NPN 晶体管，要求 $\beta \geqslant 200$；VT_3 可用 9013 型硅 NPN 晶体管，$\beta \geqslant 100$；VD_5 用 3.9V、1/2W 型稳压二极管，如 UZ-39B 或 2CW52 等；VS 用 2N6565、MCR100-8 等小型塑封单向晶闸管；$VD_1 \sim VD_4$ 最好采用

1N4007 型硅整流二极管。

MIC 为驻极体电容送话器；电阻器均为 RTX 型 1/8W 碳膜电阻器；C_3 为 CD11-6V 电解电容器，其余均为玻璃釉电容器。

此开关不用调试，即能可靠工作。

｜议一议

图 7-18 所示是 2009 年的"地球一小时"活动宣传海报。2009 年 3 月 28 日晚 8 点 30 分，从新西兰东岸查塔姆群岛开始，参与这一活动的全球各地按照所处时区不同相继熄灯。从澳大利亚悉尼歌剧院，到美国"赌城"拉斯维加斯的赌场；从中国北京的鸟巢，到英国伦敦的"伦敦眼"；从埃及吉萨金字塔，到法国巴黎的埃菲尔铁塔，全球多个地标性建筑都熄灯了。全球 84 个国家和地区超过 3000 个城市和村镇，"接力"参加了世界自然基金会发起的"地球一小时"熄灯活动，以实际行动呼吁节约能源、减少温室气体排放。

图 7-18   "地球一小时"活动宣传海报

中国第一次有组织、大规模地参与了 2009 年的"关灯"行动，北京的鸟巢、水立方等标志性建筑以及一些企业和小区居民自愿"关灯"。图 7-19 所示是来自各地的志愿者赶到鸟巢参加活动时的感人场景。

图 7-19   志愿者赶到鸟巢参加"关灯"活动

在活动开始那一刻，引人注目的、恢宏雄伟的鸟巢、水立方和玲珑塔准时关灯。在 3 个建筑中，恢宏雄伟的鸟巢第一个开始关灯。在"10,9,8,…,3,2,1"的倒数声中，红、黄灯光相间的鸟巢最高层的灯光开始熄灭，紧接着鸟巢中部的灯光和底部的灯光相继熄灭，整个过程持续了不到 10s。在全部变暗的瞬间，现场响起了一片掌声。

图 7-20 所示为引人注目的、恢宏雄伟的鸟巢、水立方关灯活动前的场景。

图 7-20 引人注目的、恢宏雄伟的鸟巢、水立方

据北京电网负荷实时监测系统显示，此时北京地区用电负荷比正常负荷降低 $7×10^4$ kW 左右。业内人士分析说，这一数字意味着北京地区的照明用电节省 $7×10^4$ kW・h。虽然这个变化对整个电网来说，是一个非常微小的变化，但这一数字反映了公众对节能的关注。

写一写

（1）"地球一小时"简介："地球一小时"由世界自然基金会发起。2007 年 3 月 31 日，这一活动首次举行，澳大利亚悉尼超过 220 万民众关闭照明灯和电器 1h。2008 年 3 月 29 日，活动吸引了 35 个国家和地区大约 400 个城镇的 5000 万民众参与。2009 年 3 月 28 日，活动得到全世界 80 多个国家和地区 3000 多座城市约 10 亿人响应。我国的北京、上海、香港等许多城市也加入到这一活动中。

（2）"关灯"行动的意义：＿＿＿＿＿＿＿＿＿＿＿＿＿＿＿＿＿＿＿＿＿＿
＿＿＿＿＿＿＿＿＿＿＿＿＿＿＿＿＿＿＿＿＿＿＿＿＿＿＿＿＿＿＿＿＿＿＿。

实践卡 **交流节约用电的方法**

与同学交流自己节约用电的方法，并记录下来。

树立"节约用电光荣，浪费电能可耻"的正确观念，养成随手开、关灯的良好习惯。

评一评

通过学习和行动，把对"2009 地球一小时"的认识和体会写在表 7-14 中，同时完成评价。

表 7-14　"2009 地球一小时"行动总结表

课题	"2009 地球一小时"行动					
班级		姓名		学号		日期	
训练收获或体会						
训练评价	评定人	评语			等级	签名
	自己评					
	同学评					
	老师评					
	综合评					

探讨卡一　制作枕边方便灯

人们有时半夜醒来，想看一下手表，如果打开电灯，强光往往会驱赶睡意。这里介绍一个方便灯，晚上睡觉时将它放在枕头边，需要弱光照明时，只需轻轻按一下它上面的按钮，就会发出柔和的光线，十几秒后又能自动熄灭。由于它光线柔和，使用时不需要"开""关"两次动作，因此不会影响睡意。

（1）工作原理。方便灯电路如图 7-21 所示。

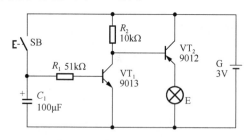

图 7-21　枕边方便灯电路图

晶体管 VT_1、VT_2 接成直耦式直流放大器，电珠 E 串接在 VT_2 的集电极回路里。平时由开关 SB 断开，VT_1、VT_2 都处于截止状态，电珠 E 不发光。当按一下 SB 时，电源经电阻器 R_1 注入 VT_1 基极，VT_1、VT_2 迅速饱和导通，电珠获得电流放光。SB 闭合瞬间，电源还通过 SB 向电容器 C_1 充电。当按钮 SB 松开后，C_1 储存的电荷就通过 R_1 向 VT_1 发射结放电，使 VT_1、VT_2 继续维持导通状态，所以 SB 松开后，E 能继续发光。十余秒后，C_1 电荷基本放完，VT_1、VT_2 就由导通状态恢复为截止状态，E 就停止发光。

电珠发光时间长短，主要取决于 R_1、C_1 的放电时间常数，晶体管 VT_1、VT_2 的放大倍数 β 值对发光时间长短也有影响。如要时间长些，可增大 C_1 容量；反之可减小 C_1 容量。

（2）元器件选择及制作。

① 元器件选择。VT_1 可用 9013、3DG201、3DG6 等型号 NPN 硅小功率晶体管，VT_2 用 9012、3CG3 等型号 PNP 硅晶体管，放大倍数 β 值均应大于 100。E 最好采用 2.5V、0.15A 的小电珠，也可用普通手电筒上的电珠（2.5V、0.3A）代替。SB 为按键开关，可用弹性铜皮自制。R_1、R_2 为 1/8W 碳膜电阻器，C_1 为耐压 6.3V 的小型电解电容器，电源用 5 号电池 2 节。

② 制作。图 7-22 所示是方便灯的印制电路板图，印制电路板尺寸为 55mm×45mm。此印制电路板不需要腐蚀也不必钻孔，只要用小刀按此图将印制电路板的铜箔面划开即可，晶体管、电阻器和电容器元件都直接焊在印制电路板的铜箔面上。电池夹用厚 0.5mm 的弹性铜皮弯制，然后也直接焊在铜箔面上。

最后将全机装进一个塑料小盒里，按钮 SB 固定在盒面适当位置，电珠 E 最好能配制一个乳白色的小灯罩，这样光色就更加柔和。

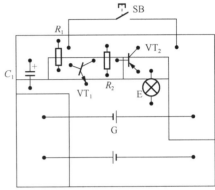

图 7-22　枕边方便灯印制电路板图

探讨卡二　制作自熄台灯

在普通台灯上增加少量电子元件，可使台灯具有触摸自熄功能。使用时，只要用手触摸一下台灯上的金属装饰件，台灯就能自动点亮，数分钟后，它又能自动熄火，这为夜间上床就寝提供方便。

（1）工作原理。自熄台灯电路如图 7-23 所示。图中虚线左边部分是台灯原有电路，虚线右边部分是新加的电路。合上台灯开关 S，台灯亮，新加的自熄电路不起作用；打开开关 S，台灯熄灭，这时台灯具有触摸自熄功能。工作原理是：时基电路 IC 接成典型的单稳态电路，其暂态时间由 R_1、C_3 决定。

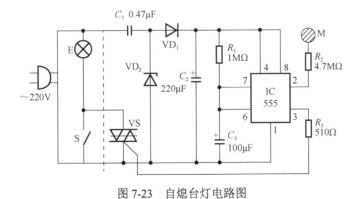

图 7-23　自熄台灯电路图

VD_1、VD_2、C_1、C_2 组成电容降压整流稳压电路，当插头插入 220V 交流电插座时，

C_2 两端就能输出 12V 左右的直流电压，供给时基电路 IC 使用。IC 稳态时，其 3 脚为低电平，双向晶闸管 VS 因无触发电压，处于关断状态，台灯不亮。当人手碰一下电极片 M 时，人体感应的杂波信号经 R_2 送入 IC 的第 2 脚，其信号负半周能触发 IC 翻转进入暂态，3 脚突变为高电平，经 R_3 加到 VS 的门极，VS 导通，台灯发光。C_3 即经 R_1 充电，当 6 脚电平上升到 2/3Vcc 时，暂态结束，IC 翻回稳态，3 脚恢复为低电平，VS 失去触发电压，交流电过零时即关断，台灯熄灭。

本电路经实测，每触摸一次 M，台灯能发光 150s 左右，如需改变暂态时间，可调整 R_1 或 C_3 值，具体可由公式 $t \approx 1.1R_1C_3$ 计算，但实测值一般大于计算值，这是由于电解电容器的容量误差多为正误差，且加上漏电的影响，故使暂态时间变长。

（2）元器件选择及制作。

① 元器件选择。IC 可采用 NE555、uA555 或 SL555 等时基集成电路。VD_1 用 1N4004 型整流二极管，VD_2 用 12V、1/2W 稳压二极管，如 2CW19 等。VS 用小型塑封双向晶闸管 BCRlAM/600V。

C_1 应采用 CJIO-400V 型金属膜纸介质电容器，C_2、C_3 采用 CD11 型 16V 电解电容器。电阻器 R_3 的作用是提供安全和隔离，保证人手触摸 M 时的绝对安全，最好采用 RJ 型 1/4W、4.7MΩ 高阻金属膜电阻器。R_1、R_2 则采用普通 RTX 型 1/8W 碳膜电阻器。

② 制作。图 7-24 所示是本电路的印制电路板图，印制电路板尺寸为 50mm×50mm，所有电子元件均插焊在该板上，然后将该板安放在台灯底座里面。用各种金属小工艺品或台灯罩的金属铁丝架作为触摸电极 M，用软导线将它与印制电路板上的相应输入接点焊接即可。

只要电路安装正确，通电后就能正常可靠地工作。如认为台灯触摸后的发光时间（即 IC 暂态时间）不符合要求，可适当调整电阻器 R_1 或电容器 C_3 的数值。

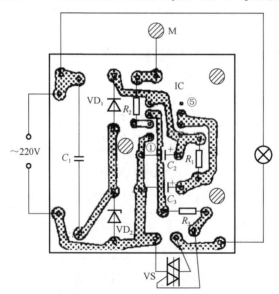

图 7-24　自熄台灯印制电路板图

探讨卡三 制作声控流水彩灯

你一定见过流水彩灯吧。它可以给商店橱窗、家庭卧室或精品柜增添不少艺术感染力。这里介绍的流水彩灯别具一格，它的流水速率可随室内音乐声响度而改变。音乐声愈响，流水速度就愈快。如用它来渲染家庭舞会气氛，彩灯的流水速度就会随着舞曲节奏高低而变化，其艺术效果是可想而知的。

（1）工作原理。声控流水彩灯的电路如图 7-25 所示。电路由电源整流、音频放大器、压控振荡驱动器和晶闸管可控输出器四大部分组成。电源整流由 R_1、R_2、VD_1、VD_2 和 C_1 组成，它是一个简单的电阻降压半波整流稳压电路，接通电源后，C_1 两端即输出 12V 左右的直流电供给其他部分使用。

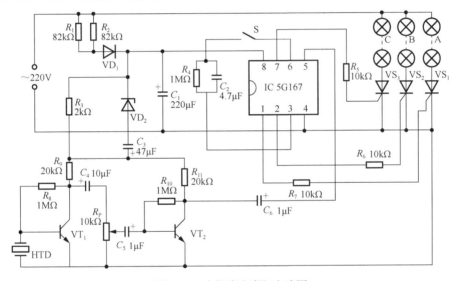

图 7-25 声控流水彩灯电路图

VT_1、VT_2 等元件组成两级音频电压放大器，压电陶瓷片 HTD 拾取室内声波信号并输出相应音频电压送至 VT_1 的基极，经两级放大后由 VT_2 集电极输出，经 C_6 耦合到 IC 的输入端⑤脚。压控振荡驱动器主要由 IC 担任，图 7-26 所示是该 IC 内部功能框图，由图可见，其内部含整流放大器、压控振荡器、环形计数分配器和 3 个开漏极场效应输出器。压控振荡器输出振荡脉冲经环形计数分配器依次分配给 3 个开漏极场效应输出管，使它们的漏极 A、B、C 即 IC 的①、②和⑦脚依次出现高电平。IC③脚是压控振荡器，外接振荡电阻器和电容器端 RC，图 7-25 中的 R_4 和 C_2 即为压控振荡器的外接振荡电阻器和电容器，其数值大小决定压控振荡器的起始振荡频率。整流放大器的作用是将输入端 IN 即⑤脚输入的音频信号进行整流和直流放大去控制压控振荡器的振荡频率，所以当压电陶瓷片 HTD 接收到的声波信号越强，IC 内整流放大器输出直流控制信号越强，压控振荡频率就越高，①、②和⑦脚依次出现高电平的循环速度就越快。⑥脚是输出时序控制端 CON，当⑥脚悬空或接地时，输出时序（即高电平循环方向）为 A→B→C→A→⑥脚接 Vcc 时，输出时序为 C→B→A→C，即与循环方向相反。

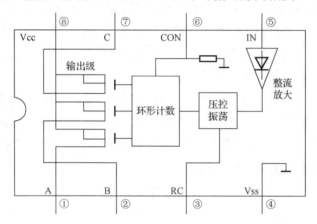

图 7-26　IC（5G167）功能框图

图 7-25 中，$VS_1 \sim VS_3$ 组成可控输出电路，当 IC 的①、②、⑦脚依次出现高电平时，此高电平分别通过 R_5、R_6 和 R_7 加到它们的门极，使 $VS_1 \sim VS_3$ 依次轮流开通。只要将 3 组彩灯 A、B、C 在空间中按一定方式排列，就能形成流动感或放射感。R_P 调节音频电压放大器的增益，能改变声控灵敏度，使彩灯循环速率按音乐声的强弱改变。

（2）元器件选择及制作。

① 元器件选择。IC 为 5G167 旋转式音箱灯驱动集成电路，它是典型的 PMOS 半导体集成电路，采用双列直插式 8 脚塑料封装。使用直流工作电压为 10～20V，最大驱动输出电流为 15～50mA。

VT_1、VT_2 可采用 9013 型硅 NPN 晶体管，放大倍数 $\beta \geqslant 100$。VD_1 可用 1N4004 型硅整流二极管，VD_2 为 12V、1/2W 型稳压二极管，如 2CWl9 等。$VS_1 \sim VS_3$ 可用 0.8～1A/400～600V 小型塑封单向晶闸管，如 2N6565、MCR100-8 型等。

R_P 可用普通小型电位器，其余电阻器均为 RTX 型 1/8W 碳膜电阻器。电容器均为 CD11-16V 型电解电容器。A、B、C 可用市售彩灯串，数目视需要而定。压电陶瓷片可用普通 HTD27A1 型。

② 制作。图 7-27 所示是声控流水彩灯控制器的印制电路板图，其尺寸为 62mm×40mm。此电路由于采用专用集成电路，故不需要做任何调试，只要安装正确就可投入使用，且工作稳定可靠。使用时，彩灯在空间排列有一定技巧，同学们可以将它们排成圆圈形、星形、放射形或梅花形，以形成流水效果或放射效果。根据室内音乐声的响度，适当调节电位器 R_P，就能使彩灯的流水速度或放射速度随音乐起伏而变化。S 为流动方向开关，S 打开时，流动方向为 A→B→C→A→……。S 闭合时，流动方向相反，为 C→B→A→C……。

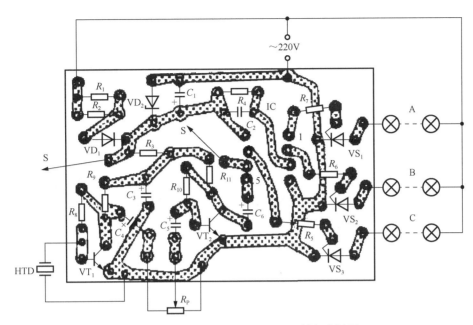

图 7-27 声控流水彩灯控制器的印制电路板图

开卷有益

（1）电能的生产：电能主要是由发电厂生产的，发电厂是把其他形式的能量转变成电能的场所。

（2）电能的输送：电能的输送又称输电。发电厂生产的电能，先经过升压变压器将电压升高，用高压输电线送到远方用户附近，再经过降压变压器降低电压，供给用户使用。电能的输送一般需经过变电、输电和配电三个环节。

（3）电能的分配：高压输电到用电点（如住宅、工厂）后，需经区域变电（即将交流电的高压降低到低压），再供给各用电点。电能提供给民用住宅的照明电压为交流220V，提供给工厂车间的交流电电压为 380V/220V。

（4）电能是由其他形式的能源转换而来的优质能源，它与人民生活和工、农业生产有着密切关系。随手开、关灯是一种良好的习惯。

（5）2009 年 3 月 28 日晚 8 点 30 分，是"地球一小时"全球第三次"关灯"行动。它以实际行动呼吁人们要节约能源、要减少温室气体排放。

大 显 身 手

1. 填空题

（1）电能主要是由发电厂生产的，发电厂是把_____转变成电能的场所。常见的发电厂有_____、_____、_____等。

（2）发电厂生产的电能，先经过_____将电压升高，用高压输电线送到远方用户附近，再经过_____降低电压，供给用户使用。

（3）电能的输送一般需经过_____、_____和_____三个环节。

（4）"地球一小时"由_____发起。

（5）2009 年 3 月 28 日的"地球一小时"活动得到全世界_____个国家和地区_____座城市约 10 亿人响应。

（6）在第三次"关灯"行动中，我国北京地区的照明用电节省_____kW。

2. 选择题

（1）利用自然水力资源作为动力，通过水库或筑坝截流的方式提高水位，利用水流的位能驱动水轮机，由水轮机带动发电机而发电的是（　　）。

    A．火力发电厂　　　　　　　　B．水力发电厂
    C．太阳能发电厂　　　　　　　D．原子能发电厂

（2）一般情况下，输电距离在 50km 以下，采用（　　）kV 电压。

    A．10　　　　　B．35　　　　　C．110　　　　　D．220

（3）停止供电会造成大量减产、机器和运输停顿、城市的正常社会秩序遭受破坏。这类负荷属于（　　）。

    A．一级负荷　　　B．二级负荷　　　C．三级负荷　　　D．重要负荷

3. 简答题

（1）简述电气工作人员的职责。

（2）谈谈节约用电的意义。

参 考 文 献

藉凤荣，陆意昌，1999．家用照明器具设计、安装与检修[M]．北京：电子工业出版社．

金国砥，1997．室内灯具安装入门[M]．杭州：浙江科技出版社．

金国砥，2003．电工实训[M]．杭州：浙江科技出版社．

金国砥，2005．电工操作实务[M]．北京：电子工业出版社．

金国砥，2005．住宅水电操作实务[M]．北京：电子工业出版社．

金国砥，2007．维修电工[M]．杭州：浙江科技出版社．

金国砥，2013．电气照明施工与维护[M]．2版．北京：科学出版社．

鲁晓阳，2012．电子产品工艺与电子技术实训[M]．北京：中国铁道出版社．

鲁晓阳，2014．电子基本电路装接与调试[M]．北京：高等教育出版社．

王立科，张中良，1997．新科学十万个为什么[M]．杭州：浙江科技出版社．

蔚樟福，1994．家用电器维修保养1000个怎么办[M]．杭州：浙江科技出版社．

俞磊，2003．居室装修600问[M]．杭州：浙江科技出版社．

俞艳，鲁晓阳，2022．电工基础[M]．4版．北京：人民邮电出版社．

附　录

特种作业人员安全技术培训考核管理规定

（2010 年 5 月 24 日国家安全生产监督管理总局[①]令第 30 号公布，自 2010 年 7 月 1 日起施行；根据 2013 年 8 月 29 日国家安全生产监督管理总局令第 63 号第一次修正，2015 年 5 月 29 日国家安全生产监督管理总局令第 80 号第二次修正）

第一章　总　　则

第一条　为了规范特种作业人员的安全技术培训考核工作，提高特种作业人员的安全技术水平，防止和减少伤亡事故，根据《安全生产法》、《行政许可法》等有关法律、行政法规，制定本规定。

第二条　生产经营单位特种作业人员的安全技术培训、考核、发证、复审及其监督管理工作，适用本规定。

有关法律、行政法规和国务院对有关特种作业人员管理另有规定的，从其规定。

第三条　本规定所称特种作业，是指容易发生事故，对操作者本人、他人的安全健康及设备、设施的安全可能造成重大危害的作业。特种作业的范围由特种作业目录规定。

本规定所称特种作业人员，是指直接从事特种作业的从业人员。

第四条　特种作业人员应当符合下列条件：

（一）年满 18 周岁，且不超过国家法定退休年龄；

（二）经社区或者县级以上医疗机构体检健康合格，并无妨碍从事相应特种作业的器质性心脏病、癫痫病、美尼尔氏症、眩晕症、癔病、震颤麻痹症、精神病、痴呆症以及其他疾病和生理缺陷；

（三）具有初中及以上文化程度；

（四）具备必要的安全技术知识与技能；

（五）相应特种作业规定的其他条件。

危险化学品特种作业人员除符合前款第一项、第二项、第四项和第五项规定的条件外，应当具备高中或者相当于高中及以上文化程度。

第五条　特种作业人员必须经专门的安全技术培训并考核合格，取得《中华人民共和国特种作业操作证》（以下简称特种作业操作证）后，方可上岗作业。

第六条　特种作业人员的安全技术培训、考核、发证、复审工作实行统一监管、分

注：① 现为中华人民共和国应急管理部。

级实施、教考分离的原则。

第七条 国家安全生产监督管理总局（以下简称安全监管总局）指导、监督全国特种作业人员的安全技术培训、考核、发证、复审工作；省、自治区、直辖市人民政府安全生产监督管理部门指导、监督本行政区域特种作业人员的安全技术培训工作，负责本行政区域特种作业人员的考核、发证、复审工作；县级以上地方人民政府安全生产监督管理部门负责监督检查本行政区域特种作业人员的安全技术培训和持证上岗工作。

国家煤矿安全监察局（以下简称煤矿安监局）指导、监督全国煤矿特种作业人员（含煤矿矿井使用的特种设备作业人员）的安全技术培训、考核、发证、复审工作；省、自治区、直辖市人民政府负责煤矿特种作业人员考核发证工作的部门或者指定的机构指导、监督本行政区域煤矿特种作业人员的安全技术培训工作，负责本行政区域煤矿特种作业人员的考核、发证、复审工作。

省、自治区、直辖市人民政府安全生产监督管理部门和负责煤矿特种作业人员考核发证工作的部门或者指定的机构（以下统称考核发证机关）可以委托设区的市人民政府安全生产监督管理部门和负责煤矿特种作业人员考核发证工作的部门或者指定的机构实施特种作业人员的考核、发证、复审工作。

第八条 对特种作业人员安全技术培训、考核、发证、复审工作中的违法行为，任何单位和个人均有权向安全监管总局、煤矿安监局和省、自治区、直辖市及设区的市人民政府安全生产监督管理部门、负责煤矿特种作业人员考核发证工作的部门或者指定的机构举报。

第二章 培 训

第九条 特种作业人员应当接受与其所从事的特种作业相应的安全技术理论培训和实际操作培训。

已经取得职业高中、技工学校及中专以上学历的毕业生从事与其所学专业相应的特种作业，持学历证明经考核发证机关同意，可以免予相关专业的培训。

跨省、自治区、直辖市从业的特种作业人员，可以在户籍所在地或者从业所在地参加培训。

第十条 对特种作业人员的安全技术培训，具备安全培训条件的生产经营单位应当以自主培训为主，也可以委托具备安全培训条件的机构进行培训。

不具备安全培训条件的生产经营单位，应当委托具备安全培训条件的机构进行培训。

生产经营单位委托其他机构进行特种作业人员安全技术培训的，保证安全技术培训的责任仍由本单位负责。

第十一条 从事特种作业人员安全技术培训的机构（以下统称培训机构），应当制定相应的培训计划、教学安排，并按照安全监管总局、煤矿安监局制定的特种作业人员培训大纲和煤矿特种作业人员培训大纲进行特种作业人员的安全技术培训。

第三章　考核发证

第十二条　特种作业人员的考核包括考试和审核两部分。考试由考核发证机关或其委托的单位负责；审核由考核发证机关负责。

安全监管总局、煤矿安监局分别制定特种作业人员、煤矿特种作业人员的考核标准，并建立相应的考试题库。

考核发证机关或其委托的单位应当按照安全监管总局、煤矿安监局统一制定的考核标准进行考核。

第十三条　参加特种作业操作资格考试的人员，应当填写考试申请表，由申请人或者申请人的用人单位持学历证明或者培训机构出具的培训证明向申请人户籍所在地或者从业所在地的考核发证机关或其委托的单位提出申请。

考核发证机关或其委托的单位收到申请后，应当在 60 日内组织考试。

特种作业操作资格考试包括安全技术理论考试和实际操作考试两部分。考试不及格的，允许补考 1 次。经补考仍不及格的，重新参加相应的安全技术培训。

第十四条　考核发证机关委托承担特种作业操作资格考试的单位应当具备相应的场所、设施、设备等条件，建立相应的管理制度，并公布收费标准等信息。

第十五条　考核发证机关或其委托承担特种作业操作资格考试的单位，应当在考试结束后 10 个工作日内公布考试成绩。

第十六条　符合本规定第四条规定并经考试合格的特种作业人员，应当向其户籍所在地或者从业所在地的考核发证机关申请办理特种作业操作证，并提交身份证复印件、学历证书复印件、体检证明、考试合格证明等材料。

第十七条　收到申请的考核发证机关应当在 5 个工作日内完成对特种作业人员所提交申请材料的审查，作出受理或者不予受理的决定。能够当场作出受理决定的，应当当场作出受理决定；申请材料不齐全或者不符合要求的，应当当场或者在 5 个工作日内一次告知申请人需要补正的全部内容，逾期不告知的，视为自收到申请材料之日起即已被受理。

第十八条　对已经受理的申请，考核发证机关应当在 20 个工作日内完成审核工作。符合条件的，颁发特种作业操作证；不符合条件的，应当说明理由。

第十九条　特种作业操作证有效期为 6 年，在全国范围内有效。

特种作业操作证由安全监管总局统一式样、标准及编号。

第二十条　特种作业操作证遗失的，应当向原考核发证机关提出书面申请，经原考核发证机关审查同意后，予以补发。

特种作业操作证所记载的信息发生变化或者损毁的，应当向原考核发证机关提出书面申请，经原考核发证机关审查确认后，予以更换或者更新。

第四章　复　　审

第二十一条　特种作业操作证每 3 年复审 1 次。

特种作业人员在特种作业操作证有效期内，连续从事本工种 10 年以上，严格遵守有关安全生产法律法规的，经原考核发证机关或者从业所在地考核发证机关同意，特种作业操作证的复审时间可以延长至每 6 年 1 次。

第二十二条 特种作业操作证需要复审的，应当在期满前 60 日内，由申请人或者申请人的用人单位向原考核发证机关或者从业所在地考核发证机关提出申请，并提交下列材料：

（一）社区或者县级以上医疗机构出具的健康证明；

（二）从事特种作业的情况；

（三）安全培训考试合格记录。

特种作业操作证有效期届满需要延期换证的，应当按照前款的规定申请延期复审。

第二十三条 特种作业操作证申请复审或者延期复审前，特种作业人员应当参加必要的安全培训并考试合格。

安全培训时间不少于 8 个学时，主要培训法律、法规、标准、事故案例和有关新工艺、新技术、新装备等知识。

第二十四条 申请复审的，考核发证机关应当在收到申请之日起 20 个工作日内完成复审工作。复审合格的，由考核发证机关签章、登记，予以确认；不合格的，说明理由。

申请延期复审的，经复审合格后，由考核发证机关重新颁发特种作业操作证。

第二十五条 特种作业人员有下列情形之一的，复审或者延期复审不予通过：

（一）健康体检不合格的；

（二）违章操作造成严重后果或者有 2 次以上违章行为，并经查证确实的；

（三）有安全生产违法行为，并给予行政处罚的；

（四）拒绝、阻碍安全生产监管监察部门监督检查的；

（五）未按规定参加安全培训，或者考试不合格的；

（六）具有本规定第三十条、第三十一条规定情形的。

第二十六条 特种作业操作证复审或者延期复审符合本规定第二十五条第二项、第三项、第四项、第五项情形的，按照本规定经重新安全培训考试合格后，再办理复审或者延期复审手续。

再复审、延期复审仍不合格，或者未按期复审的，特种作业操作证失效。

第二十七条 申请人对复审或者延期复审有异议的，可以依法申请行政复议或者提起行政诉讼。

第五章 监 督 管 理

第二十八条 考核发证机关或其委托的单位及其工作人员应当忠于职守、坚持原则、廉洁自律，按照法律、法规、规章的规定进行特种作业人员的考核、发证、复审工作，接受社会的监督。

第二十九条 考核发证机关应当加强对特种作业人员的监督检查，发现其具有本规定第三十条规定情形的，及时撤销特种作业操作证；对依法应当给予行政处罚的安全生产违法行为，按照有关规定依法对生产经营单位及其特种作业人员实施行政处罚。

考核发证机关应当建立特种作业人员管理信息系统，方便用人单位和社会公众查询；对于注销特种作业操作证的特种作业人员，应当及时向社会公告。

第三十条 有下列情形之一的，考核发证机关应当撤销特种作业操作证：

（一）超过特种作业操作证有效期未延期复审的；

（二）特种作业人员的身体条件已不适合继续从事特种作业的；

（三）对发生生产安全事故负有责任的；

（四）特种作业操作证记载虚假信息的；

（五）以欺骗、贿赂等不正当手段取得特种作业操作证的。

特种作业人员违反前款第四项、第五项规定的，3 年内不得再次申请特种作业操作证。

第三十一条 有下列情形之一的，考核发证机关应当注销特种作业操作证：

（一）特种作业人员死亡的；

（二）特种作业人员提出注销申请的；

（三）特种作业操作证被依法撤销的。

第三十二条 离开特种作业岗位 6 个月以上的特种作业人员，应当重新进行实际操作考试，经确认合格后方可上岗作业。

第三十三条 省、自治区、直辖市人民政府安全生产监督管理部门和负责煤矿特种作业人员考核发证工作的部门或者指定的机构应当每年分别向安全监管总局、煤矿安监局报告特种作业人员的考核发证情况。

第三十四条 生产经营单位应当加强对本单位特种作业人员的管理，建立健全特种作业人员培训、复审档案，做好申报、培训、考核、复审的组织工作和日常的检查工作。

第三十五条 特种作业人员在劳动合同期满后变动工作单位的，原工作单位不得以任何理由扣押其特种作业操作证。

跨省、自治区、直辖市从业的特种作业人员应当接受从业所在地考核发证机关的监督管理。

第三十六条 生产经营单位不得印制、伪造、倒卖特种作业操作证，或者使用非法印制、伪造、倒卖的特种作业操作证。

特种作业人员不得伪造、涂改、转借、转让、冒用特种作业操作证或者使用伪造的特种作业操作证。

第六章 罚　则

第三十七条 考核发证机关或其委托的单位及其工作人员在特种作业人员考核、发证和复审工作中滥用职权、玩忽职守、徇私舞弊的，依法给予行政处分；构成犯罪的，依法追究刑事责任。

第三十八条 生产经营单位未建立健全特种作业人员档案的，给予警告，并处 1 万元以下的罚款。

第三十九条 生产经营单位使用未取得特种作业操作证的特种作业人员上岗作业的，责令限期改正，可以处 5 万元以下的罚款；逾期未改正的，责令停产停业整顿，并处 5 万元以上 10 万元以下的罚款，对直接负责的主管人员和其他直接责任人员处 1 万元以上 2 万元以下的罚款。

煤矿企业使用未取得特种作业操作证的特种作业人员上岗作业的，依照《国务院关于预防煤矿生产安全事故的特别规定》的规定处罚。

第四十条 生产经营单位非法印制、伪造、倒卖特种作业操作证，或者使用非法印制、伪造、倒卖的特种作业操作证的，给予警告，并处 1 万元以上 3 万元以下的罚款；构成犯罪的，依法追究刑事责任。

第四十一条 特种作业人员伪造、涂改特种作业操作证或者使用伪造的特种作业操作证的，给予警告，并处 1000 元以上 5000 元以下的罚款。

特种作业人员转借、转让、冒用特种作业操作证的，给予警告，并处 2000 元以上 1 万元以下的罚款。

第七章 附 则

第四十二条 特种作业人员培训、考试的收费标准，由省、自治区、直辖市人民政府安全生产监督管理部门会同负责煤矿特种作业人员考核发证工作的部门或者指定的机构统一制定，报同级人民政府物价、财政部门批准后执行，证书工本费由考核发证机关列入同级财政预算。

第四十三条 省、自治区、直辖市人民政府安全生产监督管理部门和负责煤矿特种作业人员考核发证工作的部门或者指定的机构可以结合本地区实际，制定实施细则，报安全监管总局、煤矿安监局备案。

第四十四条 本规定自 2010 年 7 月 1 日起施行。1999 年 7 月 12 日原国家经贸委发布的《特种作业人员安全技术培训考核管理办法》（原国家经贸委令第 13 号）同时废止。